21 世纪高等教育土木工程系列教材

土木工程地质

主　编　郭抗美　王　健
副主编　肖有才
参　编　杨建明　贺瑞霞　晏卫革
主　审　陈志坚

机 械 工 业 出 版 社

本书系统地阐述了工程地质的基本原理、土木工程中的工程地质问题及评价的方法、工程地质勘察。本书共8章，主要内容包括：岩石、地质构造、第四纪沉积土及其工程地质特征、地下水、不良地质条件下的工程地质问题、地下洞室围岩稳定性分析、工程地质勘察等。

本书可作为高等院校土木工程专业的工程地质教材，也可供工程地质、水文地质、道路、桥梁及建筑工程的专业技术人员及科研人员参考。

图书在版编目（CIP）数据

土木工程地质/郭抗美，王健主编．—北京：机械工业出版社，2005.5（2023.12重印）（21世纪高等教育土木工程系列教材）

ISBN 978-7-111-16496-8

Ⅰ．土…　Ⅱ．①郭…　②王…　Ⅲ．土木工程—工程地质学—高等学校—教材　Ⅳ．P642

中国版本图书馆CIP数据核字（2005）第040686号

机械工业出版社（北京市百万庄大街22号　邮政编码100037）
责任编辑：马军平　版式设计：霍永明　责任校对：李汝庚
封面设计：张　静　责任印制：常天培
北京机工印刷厂有限公司印刷
2023年12月第1版第10次印刷
169mm×239mm・12.5印张・240千字
标准书号：ISBN 978-7-111-16496-8
定价：29.80元

电话服务
客服电话：010-88361066
010-88379833
010-68326294

网络服务
机　工　官　网：www.cmpbook.com
机　工　官　博：weibo.com/cmp1952
金　　书　　网：www.golden-book.com
机工教育服务网：www.cmpedu.com

序

随着21世纪国家建设对专业人才的需求，我国工程专门人才培养模式正在向宽口径方向转变，现行的土木工程专业已包括建筑工程、交通土建工程、矿井建设、城镇建设等8个专业的内容。经过几年的教学改革和教学实践，组织编写一套能真正体现专业大融合、大土木的教材的时机已日臻成熟。

迄今为止，我国高等教育已为经济战线培养了数百万专门人才，为经济的发展作出了巨大贡献。但据IMD1998年的调查，我国“人才市场上是否有充足的合格工程师”指标在世界排名第36位，与我国科技人员总数排名第一的现状形成了极大的反差。这说明符合企业需要的工程技术人员，特别是工程应用型技术人才供给不足。

科学在于探索客观世界中存在的客观规律，它强调分析，强调结论的惟一性。工程是人们综合应用科学理论和技术手段去改造客观世界的客观活动，所以它强调综合，强调实用性、强调方案的优选。这就要求我们对工程应用型人才和科学研究型人才的培养实施不同的方案，采用不同的教学模式、使用不同的教材。

机械工业出版社为适应高素质　强能力的工程应用型人才培养的需要而组织编写了本套系列教材，编写的目的在于改革传统的高等工程教育教材，结合大土木的专业建设需要，富有特色、有利于应用型人才的培养。本套系列教材的编写原则是：

1）加强基础，确保后劲。在内容安排上，保证学生有较厚实的基础，满足本科教学的基本要求，使学生日后发展具有较强的后劲。

2）突出特色，强化应用。本套系列教材的内容、结构遵循“知识新、结构新、重应用”的方针。教材内容的要求概括为“精”、“新”、

“广”、“用”。“精”指在融合贯通“大土木”教学内容的基础上，挑选出最基本的内容、方法及典型应用实例；“新”指在将本学科前沿的新技术、新成果、新应用、新标准、新规范纳入教学内容；“广”指在保证本学科教学基本要求前提下，引入与相邻及交叉学科的有关基础知识；“用”指注重基础理论与工程实践的融会贯通，特别是注重对工程实例分析能力的培养。

3）抓住重点，合理配套。以土木工程教育的专业基础课、专业课为重点，做好实践教材的同步建设，做好与之配套的电子课件的建设。

我们相信，本套系列教材的出版，对我国土木工程专业教学质量的提高和应用型人才的培养，必将产生积极作用，为我国经济建设和社会发展作出一定的贡献。

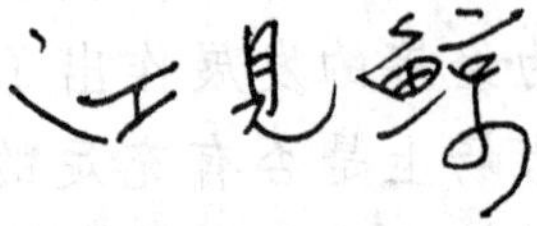

前　　言

本书是根据教育部土木工程专业的课程设置指导意见及机械工业出版社《普通高等教育土木工程及建筑类系列规划教材建设》编写的，是普通高等院校土木工程专业的专业基础课教材。本书系统地介绍了土木工程专业应掌握的工程地质基础理论及知识、岩土体的工程性质、第四纪地层特征、不良地质现象，全面分析了土木工程涉及到的工程地质问题及其分析、评价方法。力求使学生学会如何利用地质环境为工程服务。

本书在编写过程中，除反映本学科的要求外，力求反映国内外工程地质理论及实践的发展水平。同时，在编写过程中还得到许多院校、教师及勘察设计部门的关心与支持，提出了很多宝贵的意见，在此表示诚挚谢意。

本书由河北工业大学郭抗美和北京建筑工程学院王健任主编，平顶山工学院肖有才任副主编。

编写分工为：北京建筑工程学院王健编写第1章和第3章；南华大学杨建明编写第2章；河北工业大学郭抗美编写第4章和第6章（6.3节除外）；平顶山工学院贺瑞霞编写第5章和第8章；河北邢台路桥总公司晏卫革编写第6章的6.3节；平顶山工学院肖有才编写第7章。本书由河海大学陈志坚教授主审，在此谨表谢意。

由于编者水平有限，书中的不足和错误之处，恳请读者指正。

编　者

目　录

第1章 绪论

人类的工程活动主要在地壳的最表层，地壳受到来自于地球内部和外部的物质运动和阳光、大气、水、生物、天体引力等引起的地质作用，出现各种地质现象和地质构造。工程活动是在一定的地质环境下进行，大量的工程活动又会影响或改变地质环境。工程地质学是研究人类工程活动与地质环境相互作用的一门学科，是地质学的一个分支，是服务于工程建设的一门应用学科。

我国地域辽阔，自然地质条件复杂，在各种土木工程中可能遇见不同地貌、地质构造、水文地质、地质作用、地质现象的自然地质条件和问题，我国青藏公路与铁路等许多工程都以工程地质条件复杂而闻名。实践证明，任何工程以及工程建设的任何阶段，对工程地质条件的调查、研究、论证是保证工程建设安全、稳定和正常使用的保证。同时，由于人类大规模工程建设活动破坏环境而造成的工程地质问题越来越多的出现，研究人类活动影响下的地质环境问题是工程地质学一个新的研究领域。

1.1 工程活动与地质环境的关系

人类工程活动与地质环境关系密切，各种工程活动都是在一定的地质环境中进行的，两者相互影响、相互关联和相互制约。

1.1.1 地质环境对工程活动的影响

地质环境对工程活动的影响和制约是多方面的。

首先，不良的工程地质条件会影响工程建筑稳定和正常使用。在土木工程的各个领域中，不同的土木工程建筑有其各自的工程特点，会遇到各自不同的工程地质问题。例如，工业与民用建筑多遇到的问题是承载力和沉降问题。崩塌、岩体滑动和滑坡会带来相关建筑物的破坏和威胁公路、铁路的安全。围岩稳定性是地下洞室要考虑的主要问题。在活动断裂带或强震区的建筑场地选择不当，断层活动或伴随断层活动的强烈地震会造成建筑物的损坏或破坏。石灰岩地区的溶蚀洞穴会造成水库水漏失，不能正常使用等。

其次，不良的地质条件会影响施工安全。复杂地质构造条件下的施工和不良地质现象的发生将威胁施工人员和场地的安全，因此需要采取相应的防范措施。

再次，不良的地质条件会影响工程造价。在复杂地质条件下的建筑物，为了保证建筑物的安全，或对威胁建筑物安全的地质因素采取处理措施，或采用更为复杂的建筑结构，无论从哪个方面讲，工程建筑造价的提高是显而易见的。

1.1.2 工程活动对地质环境的影响

人类的各种工程活动，又会反作用于地质环境，使自然地质条件发生变化，影响建筑物的安全和正常使用。工程活动对地质环境的影响甚至超出局部场地的范围而波及到广大地区，威胁人类的生活和生存环境。

工程建筑荷载会引起地基土压缩变形、建筑物沉降。过量抽取地下水会造成大范围地面沉降，使沉降区建筑物的工作条件、市政设施的使用和人民生活受到严重影响。桥梁工程的局部水流条件使河流局部河段冲刷和淤积规律发生变化。修建大型水库改变了区域的水文地质条件，会发生区域性塌岸或浸没，造成平原地区沼泽化、黄土地区湿陷及诱发地震等。因此应充分预计一项工程，特别是重大工程对地质环境的影响，采取相应的防治措施，避免破坏或灾害的发生。

1.2 工程地质条件

工程地质条件是指工程建筑所在地区或建筑场地地质环境各项因素的综合。它包括土和岩石的工程性质、地质构造、地貌、水文地质、地质作用、自然地质现象和天然建筑材料等几个方面。其中最基本的因素是地层岩性，包括岩层地层产状、软弱夹层、接触关系及物理力学性质等，其次是对土木工程安全和稳定构成巨大威胁的褶皱、断层、节理等地质构造因素，还有地下水的成因、埋藏、分布、运动和化学成分等水文地质条件因素，再有就是与地形、岩性、地质构造和地表水地下水地质作用相关的地质现象以及地形地貌因素等。

不同工程地质条件对工程建筑安全和正常使用至关重要。工程技术人员必须全面了解和认识不同工程地质条件与土木工程之间的关系，研究和解决不良工程地质条件下可能出现或诱发的工程地质问题。

1.3 工程地质学的研究内容

工程地质学包括五个分支学科，即工程岩土学、工程地质分析、工程地质勘察、区域工程地质和环境工程地质等。

学科的主要研究内容：①研究土石的分布规律、工程地质性质以及在自然和人类活动影响下的变化；②研究工程活动中工程地质问题的发生发展过程、规律、条件及力学机理，评价和防治它们可能造成的危害，以便采取有效预防和防治措施；③研究和探讨新的工程地质勘察技术和调查研究方法，有效查明与工程活动有关的地质因素；④研究区域性工程地质条件的分布规律和工程地质问题区域性分布的特点。

学科主要工作包括：①调查与分析与工程活动有关的地质环境；②评价工程所辖地区的地质环境和工程地质条件；③解决工程建设中出现的工程地质问题，预测并论证工程建设中各种不良地质现象的发生发展，提出改善和防治的有效措施；④提供工程建筑规划、设计、施工、使用和维护所需的地质资料和数据；⑤预测人类活动干预下岩土变形和破坏过程，预测各种工程活动可能产生的环境效应，研究区域性地质灾害的规律和地质环境评价方法。

1.4 工程地质学的研究方法

工程地质学的研究方法包括：地质（自然历史）分析法、力学分析法、工程类比法与实验法。要查明建筑区工程地质条件的形成和发展，以及它在工程建筑物作用下的发展变化，首先必须以自然历史的观点分析研究其周围其他自然因素和条件，了解在历史过程中对它的影响和制约程度，这样才有可能认识它形成原因和预测其发展趋势和变化，这就是地质分析法，它是工程地质学的基本研究方法，也是进一步定量分析评价的基础。对工程建筑的设计及运用而言，只有定性的论证是不够的，还要求对一些工程质问题进行定量预测和评价。因此，在自然历史分析法的基础上，还需要用到力学分析法和类比法。力学分析法可适当简化某些影响因素，通过一定的理论分析建立模型，并计算和预测某些工程地质问题发生的可能性和发展规律。例如地基稳定性分析、地面沉降量计算、地震液化可能性计算等。类比法是应用那些已研究的、类型和条件相同或相近的工程地质问题的现成经验和方法，对研究区的工程地质问题作出定量预测。采用定量分析方法论证地质问题时，都需要通过室内或野外试验，取得所需岩土的物理性质、水理性质、力学性质数据。另外，通过模仿工程建筑物的形式、规模及其周围的地质环境，进行不同比例的模型及模拟试验，也可以直接得出用于工程设计、施工的定量论证。通过长期观测地质现象的发展速度也是常用的一种试验方法。工程地质工作中，必须综合应用上述定性分析和定量分析方法，才能取得可靠的结论，对可能发生的工程质问题制定出合理防治对策。

工程地质学是土木工程专业的一门专业基础课，学习本课程可为土木工程专业的学习提供必要的地质学基础知识，使学生了解工程地质勘察的内容和方法，懂得如何搜集、分析和运用地质资料评价一般工程地质条件，了解如何运用工程地质勘察资料进行工程设计和施工，解决一般不良地质现象在工程设计、施工、使用过程中发生和可能发生的工程地质问题。

本课程又是一门实践性很强的技术基础课，在重视课堂教学的同时，加强野外实习等实践教学环节是十分必要的。

第2章 岩石

土木工程与岩石的关系很密切，如道路的路基与边坡、桥梁的墩基、城市地铁、高层建筑基础以及矿床开采，都需要详细了解岩石的工程地质性质。而影响岩石的工程地质性质的主要因素是组成岩石的矿物成分、结构及构造。因此掌握造岩矿物特征、各类岩石的特征对于了解岩石的工程地质特性有重要意义。

2.1 地球的总体特性

地球是人类居住的地方。而大量的土木工程都是构筑在地球表层或地下，相应地，地球表面形态变化和物质的变化都会影响到土木工程的正常运营。因此在学习工程地质前，对地球的总体特性了解很有必要。

地球是宇宙间绕太阳公转的一个行星。根据现有资料得知：地球是一个不标准的旋转椭球体，赤道半径（a）6378.14km，两极半径（b）6356.779km，地球的扁平率（$\frac{a-b}{a}$）为$\frac{1}{298.588}$，赤道附近稍微凸出，极区稍微扁平，赤道与极地半径相差22km。地球呈椭球形是地球自转的结果，表明地球具有弹塑性。地球表面起伏不平，可分为陆地和海洋两大部分，陆地面积占29.2%，海洋面积占70.8%。

原始地球是从太阳星云中分化出来的一个较为均质的物体，主要由C、O、Mg、Si、Fe、Ni等元素组成。随着地球内部放射性元素的衰变，而衰变产生的热能使地球物质熔融，在重力作用下，密度大的Fe、Ni等物质下沉，而轻的物质上浮，地球物质不断发生的分异作用逐渐使地球内部分出了不同的圈层。目前以地表为界可分为外圈和内圈。外圈一般分为生物圈、水圈和大气圈三个圈层；内圈通常分为地核、地幔和地壳。

地球内部构造分圈主要根据地球物理资料（特别是地震波资料）得出。据实测，地球内部有两个明显的波速不连续面（界面）。第一个界面位于5~60km深处，大陆部分平均深 33km，最深可达 60km 以上；大洋区较浅，平均为 11 ~ 12km，有些地区小于 5km。在界面附近，纵波波速由 7.6km/s 突增至 8.1km/s。此界面由南斯拉夫学者 A. 莫霍洛维奇于 1909 年发现，称为莫霍面。另一个界面位于 2885km 深处，是美国学者 B. 古登堡于 1914 年发现的，命名为古登堡面。在该界面附近，纵波波速由 13.64km/s 变为 7.98km/s。根据这两个界面，可将地球内部分为三个圈层（见图 2-1）。这三个圈层处在不同深度，具有不同的物理性质。现将各圈层特征简述如下：

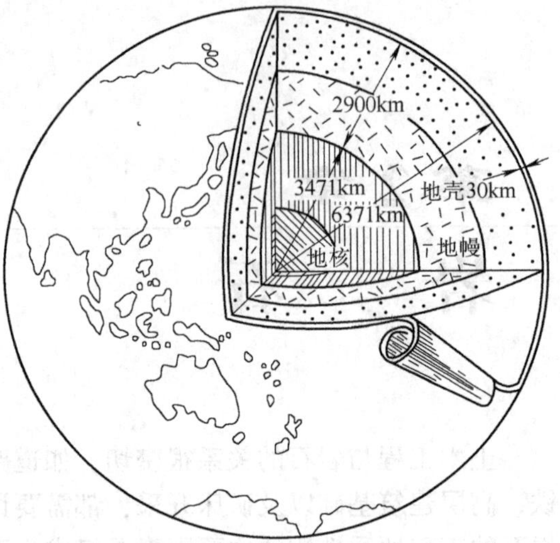

图 2-1 地球内部构造示意图

1. 地壳

地壳是指地表至莫霍面之间厚度极不一致的一部分，其厚度是地球半径的 1/400，占地球总体积的 1.55%，总质量的 0.8%，是一层相对很薄的固体硬壳。地壳的平均密度为 2.6 ~ 2.9g/cm^3。莫霍面在大陆下约 20 ~ 70km，大洋底下平均为 5 ~ 8km。因而大洋地壳平均厚度 5 ~ 8km，大陆地壳平均厚度为 35km，我国青藏高原地壳厚度达 70km 左右。大陆地壳上部岩石为硅铝层（花岗岩质层），下部岩石为硅镁层（玄武岩质层）。大洋地壳主要是硅镁层，有的地方只有很薄的硅铝层或完全缺失硅铝层。

2. 地幔

地幔是地壳以下至 2885km 深处的圈层，其体积占地球的 82.3%，质量占 67.8%，是地球的主体部分，它主要由固态物质组成。根据地震波速的变化，以 650km 为界，分为上地幔和下地幔。

上地幔的平均密度为 3.5g/cm^3。据地球物理及岩石学研究表明，上地幔的物质成分可能与陨石相当。它们是由含 Fe、Mg 多的硅酸盐矿物（辉石、橄榄石）组成的。上地幔 60 ~ 250km 存在一个不连续的地震波低速带，认为组成低速带的岩石有较大的塑性，并称之为“软流层”。按地热增温率推算，软流层的温度可达 700 ~ 1300℃，已接近超基性岩的熔点，推测此带部分熔融。一般认为这可能就是岩浆发源地。软流圈以上的固体圈层（包括地壳及软流圈以上的上地幔部分）称为岩石圈。岩石圈因其下存在着温度高、塑性大的软流层而易于移动。

下地幔（650～2885km）的地震波波速平缓增加，密度已达$5.1g/cm^3$。一般认为它的化学成分与上地幔相似，可能比上地幔含有更多的铁。

3. 地核

地核是地球内自古登堡面至地心部分。按地震波波速的分布，可分为三层：由2885～4170km是地核的外层，称外核，据推测可能是液态的，主要由熔融的铁和镍的混合物组成，其中还包括少量的Si及S等轻元素；4170～5155km是过渡带；5155km至地心为地核的内核，据推测，组成内核的物质的化学成分与铁陨石相似。地核的体积占地球的16.2%，质量却占地球质量的31.3%。地核的密度可达$9.98～12.51g/cm^3$，地核的组成物质为铁、镍的金属氧化物和硫化物，故又称为铁镍核心。

2.2 造岩矿物

2.2.1 矿物的概念

地壳和地球内部的化学元素，除极少量呈单质存在外，绝大多数都是以化合物的形态存在。这些具有一定化学成分和物理性质的自然元素和化合物，称为矿物。已发现的矿物种类有3300多种，绝大多数为固态，少数为液态（如水、自然汞等）和气态（如碳酸气、硫化氢气等）。其中有机矿物（如琥珀）只有几十种。岩石是矿物的集合体，因此要认识岩石首先必须认识矿物。

造岩矿物就是构成岩石的矿物。通常主要造岩矿物只有100多种，而最常见的仅十余种左右，如常见的石英（SiO_2）、正长石（$KAlSi_3O_8$）、方解石（$CaCO_3$）等。

固态矿物按其质点（原子、离子、分子）的有无规则排列，可分为晶质矿物和非晶质矿物。在晶质矿物中，习惯上还根据肉眼对晶粒的能否分辨而分为显晶质和隐晶质两类。晶质矿物的基本特点是组成矿物的元素质点（离子、原子或分子），在矿物内作一定的规律排列，形成稳定的结晶格子构造（见图2-2），在生长过程中如条件适宜，能生成具有一定几何外形的晶体，如食盐的正立方晶体，石英的六方双锥晶体等。非晶质矿物内部质点的排列没有一定的规律，所以不具有固定的几何形态，如蛋白石（$SiO_2 \cdot nH_2O$）。

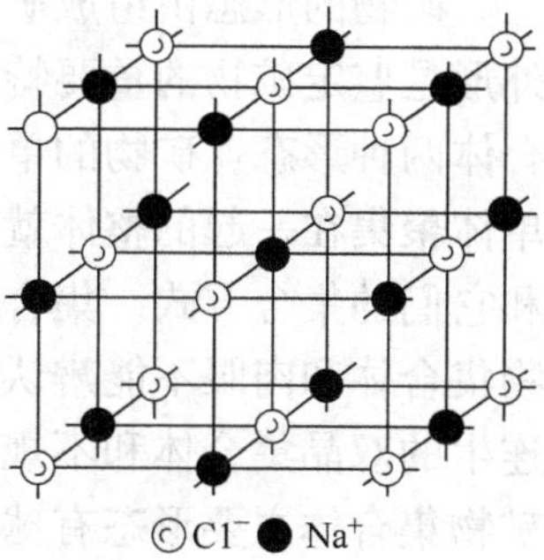

图2-2 岩盐晶体构造

由单一形状的晶面所组成的晶体，称为单形，如黄铁矿的立方体晶形（见图2-3a）。由数种单形聚合而成的晶体，称为聚形。如石英的晶体通常是由六方双锥和六方柱聚合而成（见图2-3b）。同种矿物的两个或两个以上的晶体，其中相邻两晶体，一个恰好是另一个的映象，或者一个正好相当于另一个旋转180°的位置，则此两个或两个以上规则的连生体就称为双晶，例如石膏的燕尾双晶、钠长石聚片双晶（见图2-4）。

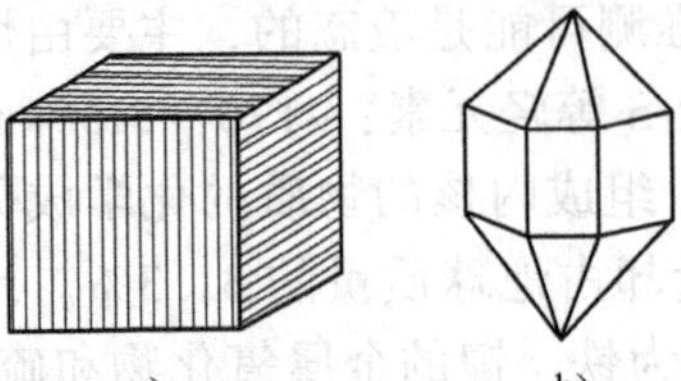

a)　b)

图2-3　单形和聚形

a）黄铁矿的单形　b）石英的聚形

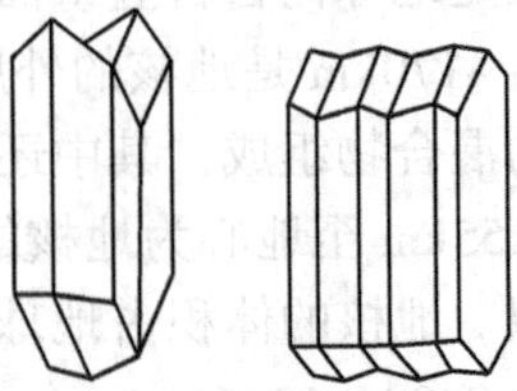

a)　b)

图2-4　双晶

a）石膏燕尾双晶　b）钠长石聚片双晶

自然界的矿物，都是在一定的地质环境中形成的，随后并因经受各种地质作用而不断地发生变化。每一种矿物只是在一定的物理和化学条件下才是相对稳定的，当外界条件改变到一定程度后，矿物原来的成分、内部构造和性质就会发生变化，形成新的次生矿物。地质学家不但把矿物看作是岩石的组成单元，而且把矿物看作是研究岩石生成环境和随后历史的一把重要钥匙。

2.2.2　矿物的（肉眼）鉴定特征

1. *矿物的形态*

矿物的形态由组成矿物的成分、生长环境所决定，所形成的具有一定规律的外形是鉴定矿物的重要特征。根据晶体的空间生长规律可分为矿物单体和矿物集合体两种形态：矿物的单体形态包括结晶形状、晶体大小等特征；同种矿物多个单体聚集在一起的整体就是矿物的集合体。矿物集合体的形态取决于单体的形态和它们的集合方式。集合体按矿物晶粒大小分为：肉眼可辨认晶体颗粒的显晶矿物集合体和肉眼不能辨认的隐晶质或非晶质矿物集合体。显晶矿物集合体有规则连生的双晶集合体和不规则的粒状、块状、板状、片状、纤维状、针状等；隐晶矿物集合体主要形态有球状、土状、结核状、鲕状、豆状、钟乳状、笋状集合体等。

2. *矿物的物理性质*

矿物的物理性质决定于矿物的化学成分和内部构造。由于不同矿物的化学成分或内部构造不同，因而反映出不同的物理性质。所以矿物的物理性质是鉴别矿物的重要依据。

矿物的物理性质是多种多样的。为便于用肉眼鉴别常见的造矿物，这里主要介绍矿物的颜色、光泽、硬度、解理和断口。

（1）颜色 矿物的颜色是矿物对可见光波的吸收作用产生的。太阳光是由7种不同波长的色光所组成的，当阳光照射矿物时，因矿物对不同波长可见光的吸收程度不同，使矿物呈现出白、灰、黑色，如果只吸收某些色光，就呈现另一部分色光的混合色。很多矿物具有特殊颜色，这是肉眼鉴定矿物的重要依据。

根据矿物成色原因，通常将矿物颜色分为三种：

1）自色。自色是矿物固有的颜色，取决于矿物的内部性质，特别是所含色素离子的类别。一般来说，含铁、锰多的矿物，如黑云母、普通角闪石、普通辉石等，颜色较深，多呈灰绿、褐绿、黑绿以至黑色；含硅、铝、钙等成分多的矿物，如石英、长石、方解石等，颜色较浅，多呈白、灰白、淡红、淡黄等各种浅色。自色比较固定，因而具有鉴定意义。

2）他色。他色是矿物混入了某些杂质所引起的，与矿物的本身性质无关。他色不固定，随杂质的不同而异。如纯净的石英晶体是无色透明的，但含碳的微粒时就呈烟灰色（即墨晶），含锰就呈紫色（即紫水晶），含氧化铁则呈玫瑰色（即玫瑰石英）。由于他色不固定，对鉴定矿物没有很大意义。

3）假色。假色是由于矿物内部的裂隙或表面的氧化薄膜对光的折射、散射所引起的。其中由裂隙所引起的假色称晕色，如方解石解理面上常出现的虹彩。由氧化薄膜所引起的假色称锖色，如斑铜矿表面常出现斑驳的蓝色和紫色。

（2）光泽 矿物表面呈现的光亮程度，称为光泽。矿物的光泽是矿物表面的反射率的表现，按其强弱程度，光泽可分为如下几类：

1）金属光泽。它类似于金属磨光面上的光亮程度，闪耀夺目，如方铅矿、黄铜矿、黄铁矿等。

2）半金属光泽。它类似于金属光泽，但较为暗淡，如铬铁矿。

3）非金属光泽。造岩矿物绝大部分属于非金属光泽。由于矿物表面的性质或矿物集合体的集合方式不同，又会反映出各种不同特征的光泽：

①金刚光泽：呈金刚石状光亮，如金刚石。

②玻璃光泽：反光如镜，如长石、方解石解理面上呈现的光泽。

③珍珠光泽：光线在解理面间发生多次折射和内反射，在解理面上所呈现的像珍珠一样的光泽，如云母等。

④丝绢光泽：纤维状或细鳞片状矿物，由于光的反射互相干扰，形成丝绢般的光泽，如纤维石膏和绢云母等。

⑤油脂光泽：矿物表面不平，致使光线散射，如石英断口上呈现的光泽。

⑥蜡状光泽：像石蜡表面呈现的光泽，如蛇纹石、滑石等致密块状矿物表面的光泽。

⑦土状光泽：矿物表面暗淡如土，如高岭石等松散块状矿物表面所呈现的光泽。

（3）硬度　矿物抵抗外力刻划、研磨的能力，称为硬度。由于矿物的化学成分的不同或内部构造缺陷，不同的矿物常具有不同的硬度。在矿物的肉眼鉴定工作中，通常采用摩氏硬度。摩氏硬度是德国 Friedrich Mohs 于 1812 年根据 10 种标准矿物提出的硬度定性级别。可以看出，摩氏硬度（见表 2-1）只反映相对硬度的顺序，它并不是矿物的绝对硬度的等级。

表 2-1　矿物的相对硬度表（摩氏硬度计）

硬度	1	2	3	4	5	6	7	8	9	10
矿物	滑石	石膏	方解石	萤石	磷灰石	长石	石英	黄玉	刚玉	金刚石

测定某矿物的硬度，只须将该矿物同硬度计中的标准矿物相互刻划，进行比较即可。野外工作中，常用指甲（硬度为 2 ~ 2.5）、铁刀（硬度为 3 ~ 3.5）、玻璃（硬度为 5 ~ 5.5）、钢刀（硬度为 6 ~ 6.5）鉴别矿物的硬度。

矿物的硬度对岩石的强度有明显影响。风化、裂隙、杂质等会影响矿物的硬度。所以在鉴别矿物的硬度时，要注意在矿物的新鲜晶面或解理面上进行。

（4）解理和断口　矿物受外力打击后，能沿一定方向裂开成光滑平面的性质，称为解理。裂开的光滑平面称为解理面。不同的晶质矿物，由于其内部构造不同，在受力作用后开裂的难易程度、解理数目以及解理面的完全程度也有差别。根据解理的完全程度，可将解理分为以下几种：

1）极完全解理。矿物在外力作用下极易裂成薄片，解理面光滑、平整，很难发生断口，例如云母、石墨、石膏等。

2）完全解理。矿物在外力作用下，很易沿解理方向裂成平面（不成薄片）。解理面平滑，较难发生断口，如方解石、方铅矿、萤石等。

3）中等解理。矿物在外力作用下，可以沿着解理方向裂成平面。解理面不太平滑，断口易出现，如白钨矿、普通辉石等。

4）不完全解理。矿物在外力作用下，不容易裂出解理面。解理面不平整，容易成为断口，如磷灰石等。

5）极不完全解理。矿物受外力的作用后，极难出现解理面，在碎块上常为断口，如石英、石榴子石等。

如矿物受外力打击后，无固定方向的破裂并呈各种凹凸不平的断面，如贝壳状、参差状等，则称为断口。根据断口面的形状，可将断口分为以下几类：

1）贝壳状断口。该断口呈不规则椭圆形曲面，曲面上常有不规则同心圆与贝壳相似，如石英断口。

2）锯齿参差状断口。凡延展性强的矿物破碎后断面粗糙不平呈参差状和尖锐齿状，如黄铁矿、自然铜。

3）纤维状及鳞片状断口。破碎断口面呈纤维丝状或错综的细片状，如蛇纹石。

4）土状断口。土状矿物粗糙断口，像泥土或砂粒状，如高岭土、铝矾土等。

断口只对鉴定某些矿物有辅助意义，例如石英常具贝壳状断口。

矿物的解理和断口是互相消长的，解理完全时则不显断口。反之，解理不完全或无解理时，则断口显著，如不具解理的石英，呈现贝壳状断口。

另外，矿物的密度、弹性、挠性等对某些矿物的鉴别有时是十分重要的，滑石的滑腻感、方解石遇盐酸起泡等，都可作为鉴别该矿物的特征。

3. *矿物的肉眼鉴定方法*

利用肉眼鉴定矿物，必须对各种矿物标本认真观察、仔细分析、相互比较、反复练习，在建立起对矿物外表特征感性认识的基础上，按如下步骤来进行：首先观察矿物的光泽，是金属光泽还是非金属光泽，借以确定是金属矿物还是非金属矿物；其次确定矿物的硬度，是大于小刀还是小于小刀；再次是观察它的颜色；最后观察矿物的形态和其他物理性质，这样可以逐步缩小范围，确定矿物名称。肉眼鉴定矿物的方法虽然比较粗糙，但利用此法可正确地鉴别很多常见的矿物。

2.2.3 常见的造岩矿物

常见的造岩矿物及其物理性质如表2-2所示。

表2-2 常见造岩矿物物理性质简表

矿物名称及化学成分	形状	物理性质				主要鉴定特征
		颜色	光泽	硬度	解理、断口	
石英 SiO_2	六棱柱状或双锥状、粒状、块状	无色、乳白或其他色	玻璃光泽、断口为油脂光泽	7	无解理，贝壳状断口	形状、硬度
正长石 $K[AlSi_3O_8]$	短柱状、板状、粒状	肉色、浅玫瑰或近于白色	玻璃光泽	6	二向完全解理，近于正交	解理、颜色
斜长石 $Na[AlSi_3O_8]$ $Ca[AlSi_2O_8]$	长柱状、板条状	白色或灰白色	玻璃光泽	6	二向完全解理，斜交	颜色，解理面有细条纹
白云母 $KAl_2[AlSi_3O_{10}][OH]_2$	板状、片状	无色、灰白色至浅灰色	玻璃或珍珠光泽	2～3	一向极完全解理	解理，薄片有弹性

（续）

矿物名称及化学成分	形状	物理性质				主要鉴定特征
		颜色	光泽	硬度	解理、断口	
黑云母 K（Mg，Fe）$_3$［$AlSi_3O_{10}$］［OH］$_2$	板状、片状	深褐、黑绿至黑色	玻璃或珍珠光泽	2.5~3	一向极完全解理	解理，颜色，薄片有弹性
角闪石 (Ca,Na)(Mg,Fe)$_4$(Al,Fe)[(Si,Al)$_4O_{11}$]$_2$[OH]$_2$	长柱状、纤维状	深绿至黑色	玻璃光泽	5.5~6	二向完全解理，交角近56°	形状，颜色
辉石 (Na,Ca)(Mg,Fe,Al)［(Si，Al)$_2O_6$］	短柱状、粒状	褐黑、棕黑至深黑色	玻璃光泽	5~6	二向完全解理，交角近90°	形状，颜色
橄榄石（Fe，Mg)$_2$［SiO_4］	粒状	橄榄绿、淡黄绿色	油脂或玻璃光泽	6.5~7	通常无解理，贝壳状断口	颜色，硬度
方解石 $CaCO_3$	菱面体、块状、粒状	白、灰白或其他色	玻璃光泽	3	三向完全解理	解理，硬度，遇盐酸强烈起泡
白云石 CaMg［CO_3］$_2$	菱面体、块状、粒状	灰白、淡红或淡黄色	玻璃光泽	3.5~4	三向完全解理，晶面常弯曲呈鞍状	解理，硬度，晶面弯曲，遇盐酸起泡微弱
石膏 $CaSO_4\cdot 2H_2O$	板状、条状、纤维状	无色、白色或灰白色	玻璃或丝绢光泽	2	一向完全解理	解理，硬度，薄片无弹性和挠性
高岭石 Al_4［Si_4O_{16}］［OH］$_8$	鳞片状、细粒状	白、灰白或其他色	土状光泽	1	一向完全解理	性软，粘舌，具可塑性
滑石 Mg_3［Si_4O_{10}］［OH］$_2$	片状、块状	白、淡黄、淡绿或浅灰色	蜡状或珍珠光泽	1	一向完全解理	颜色，硬度，触抚有滑腻感
绿泥石（Mg，Fe)$_5$Al［$AlSi_3O_{10}$］［OH］$_8$	片状、土状	深绿色	珍珠光泽	2~2.5	一向完全解理	颜色，薄片无弹性有挠性

（续）

矿物名称及化学成分	形 状	物 理 性 质				主要鉴定特征
		颜 色	光 泽	硬度	解理、断口	
蛇纹石 $Mg_6[Si_4O_{10}][OH]_8$	块状、片状、纤维状	淡黄绿、淡绿或淡黄色	蜡状或丝绢光泽	3~3.5	无解理，贝壳状断口	颜色，光泽
石榴子石 $(Mg, Fe, Mn, Ca)_3(AL, Fe, Cr)_2[SiO_4]_3$	菱形十二面体、二十四面体、粒状	棕、棕红或黑红色	玻璃光泽	6.5~7.5	无解理，不规则断口	形状，颜色，硬度
磷灰石 $Ca_5[PO_4]_3(F, OH)$	六方柱状、锥状，粒状、结核状	纯者无色透明，常见黄绿色、灰白色	玻璃光泽	5	不完全解理	形状、光泽、解理、硬度
黄铁矿 FeS_2	立方体、粒状	浅黄铜色	金属光泽	6~6.5	贝壳状或不规则断口	形状，颜色，光泽
黄铜矿 $CuFeS_2$	偶见四方四面体，粒状或致密状	铜黄色	金属光泽	3~4		颜色、条痕、光泽

2.3 岩浆岩

岩浆岩又叫火成岩，占地壳总质量的95%，在三大类岩石中，岩浆岩占有比较重要地位。

岩浆岩是由岩浆冷凝形成的岩石。岩浆存在于地壳的深处，是处于高温、高压下且富含挥发份的硅酸盐熔融体，它的主要成分是硅酸盐，还有其他元素、化合物以及溶解的气体（H_2O、CO_2 等）。

岩浆经常处于活动状态中，当地壳发生变动或受到其他内力作用时，承受巨大压力的岩浆，就会沿着构造薄弱带上升，侵入地壳或喷出地面。岩浆在上升过程中，压力减小，热量散失，经复杂的物理化学过程，最后冷却凝结，就形成了岩浆岩。

岩浆岩上升侵入围岩，在地壳深处结晶形成的岩石，称为深成岩（形成深度大于3km）。在地面以下较浅处形成的岩石，称为浅成岩（形成深度小于3km）。

两者统称为侵入岩。由喷出地面的岩浆凝固形成的岩石，称为喷出岩。侵入岩和喷出岩，由于生成时的物理环境不同，因而具有不同的结构和构造。

2.3.1 岩浆岩的产状

岩浆岩的产状是指岩体形态、大小及其与围岩的关系。岩浆侵入体和喷出体的产出状态，如图 2-5 所示。

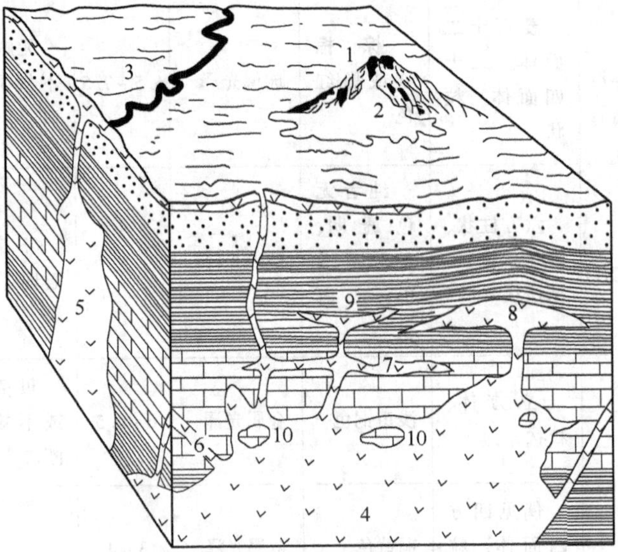

图 2-5 岩浆岩的产状

1—火山锥 2—熔岩流 3—熔岩被 4—岩基 5—岩株
6—岩墙 7—岩床 8—岩盘 9—岩盆 10—捕虏体

1. 深成岩的产状

深成岩岩体一般规模大、分布广、面积达几十平方千米以上，由于热量大、压力大，对围岩有同化现象，边缘有捕虏体。按形成深度分类如下：

（1）岩基 体积巨大，形状不规则，面积一般大于 $100km^2$，平面上常呈椭圆形。常在褶皱的隆起带侵入，成分十分稳定，常见全晶质粗粒等粒花岗岩类岩石。

（2）岩株 是基岩边缘的分枝，深部与岩基相连。上部可分枝切穿围岩，成圆形或不规则状，面积小于 $100km^2$，如黄山-九华山花岗岩体。

2. 浅成岩的产状

浅成岩岩体规模不大、出露面积几十平方千米，按侵入岩体与围岩关系分成以下几类：

（1）岩盘 岩浆沿裂隙上升贯入围岩形成上凸下平的透镜体称岩盘。

（2）岩盆 岩浆顺层侵入围岩形成下凹盆状。

（3）岩床 岩浆顺层状岩石侵入，形成不规则状侵入体。

（4）岩墙 岩浆侵入与围岩层理或片理斜交形成板状岩体称岩墙，厚度从几毫米到几米，长几百米到几十千米。岩墙可一次或多次侵入，可平行排列，或成放射状、环状排列等，由构造断裂的方向控制。不规则的岩墙或其分枝称为岩脉。

3. 喷出岩的产状

喷出岩是岩浆以熔岩或熔岩流的形式喷出地表后形成的各种形式和产状的岩体。其主要类型如下：

（1）中心式喷发 中心式喷发是指岩浆沿颈状通道喷发，在地表上常形成下缓上陡的火山锥，如山西大同、东北五大连池火山群。

（2）裂隙式喷发 裂隙式喷发是指岩浆沿着一个方向的深大断裂或裂隙上升，这种断裂或裂隙形成的火山通道在地表成窄而长的线状，向下呈墙壁状。岩浆可以沿着这个通道全面喷发溢流地表，形成熔岩流、熔岩被或熔岩台地，甚至形成熔岩高原，如美国夏威夷以及峨嵋山玄武岩。

1）火山锥。由火山喷出的熔岩及火山碎屑物质，围绕火山口堆积成圆锥状的堆积地形称火山锥。顶部圆形的漏斗状凹陷就是火山口，如日本富士山、我国长白山的火山群。

2）熔岩流。从火山裂隙或火山口溢出来的熔浆沿山坡或河谷顺流而下，冷凝后形成的岩体称熔岩流。其形状常呈狭长带状或舌状，主要见于粘度小、流速快的基性熔岩浆。

3）熔岩被。从火山喷溢出来的熔浆沿地面向四处流散，当喷发量多时，熔岩可大面积地覆盖在地面上，称熔岩被，如四川峨嵋山玄武岩。

2.3.2 岩浆岩的物质成分

岩浆岩的物质成分包括化学成分和矿物成分。研究物质成分不仅有助于了解各类岩浆岩的内在联系、成因及次生变化，而且可以作为岩浆岩分类的主要依据。

1. 岩浆岩的化学成分

地壳中存在的元素在岩浆岩中几乎都有，O、Si、Al、Fe、Mg、Ca、Na、K、Ti 元素在岩浆岩中普遍存在，其含量（指质量分数，下同）占岩浆岩组分的99.25%，其次为 P、H、Mn、Ba 等元素。

岩浆岩的化学成分常用氧化物表示，其中 SiO_2 的平均含量为 59.14%，其次为 Al_2O_3，占 15.34%。根据 SiO_2 含量，可以把岩浆岩分成四类：超基性岩（SiO_2 含量 <45%）、基性岩（SiO_2 含量 45% ~52%）、中性岩（SiO_2 含量 52%

~65%)、酸性岩(含量 SiO_2 >65%)。

(1)超基性岩类(SiO_2 含量<45%) 矿物成分以橄榄石、辉石为主，其次有角闪石，一般不含硅铝矿物。岩石的颜色很深，密度很大。

(2)基性岩类(SiO_2 含量45%~52%) 矿物成分以斜长石、辉石为主，含有少量的角闪石及橄榄石。岩石的颜色深，密度也比较大。

(3)中性岩类(SiO_2 含量52%~65%) 矿物成分以正长石、斜长石、角闪石为主，并含有少量的黑云母及辉石。岩石的颜色比较深，密度比较大。

(4)酸性岩类(SiO_2 含量>65%) 矿物成分以石英、正长石为主，并含有少量的黑云母和角闪石。岩石的颜色浅，密度小。

从超基性岩到酸性岩，随着 SiO_2 的增加，FeO 及 MgO 逐渐减少；K_2O 和 Na_2O 逐渐增加；而 CaO、Al_2O_3 由超基性岩向基性岩逐渐增加，由基性岩向酸性岩则减少。了解上述变化规律，不仅有助于探讨岩浆岩的成因，而且对于了解岩浆岩中的矿物成分也有很大好处。

2. 岩浆岩的矿物成分

组成岩浆岩的矿物，根据颜色，可分为硅铝矿物(又称浅色矿物)和硅镁矿物(又称深色矿物)两类：

(1)浅色矿物 浅色矿物中 SiO_2 和 Al_2O_3 的含量较高，不含铁镁，如石英、正长石、斜长石及白云母等。

(2)深色矿物 深色矿物中 FeO、MgO 较多，SiO_2 和 Al_2O_3 较少，如黑云母、角闪石、辉石及橄榄石等。

2.3.3 岩浆岩的结构和构造

1. 结构

岩浆岩的结构，是指组成岩石的矿物的结晶程度、晶粒大小、晶体形状及其相互结合的情况。岩浆岩的结构特征，是岩浆成分和岩浆冷凝时物理环境的综合反映。

按岩石中矿物的结晶程度，岩浆岩的结构可分为：

(1)全晶质结构 岩石全部由结晶的矿物组成。这种结构是岩浆在温度缓慢降低的情况形成的，通常是侵入岩特有的结构。

(2)半晶质结构 岩石由结晶的矿物和非晶质矿物组成。这种结构主要为浅成岩具有的结构，有时在喷出岩中也能见到。

(3)非晶质结构 岩石全部由非晶质矿物组成，又称玻璃质结构。这种结构是岩浆喷出地表迅速冷凝来不及结晶的情况下形成的，为喷出岩特有的结构。

按岩石中矿物的晶粒大小，岩浆岩的结构可分为：

(1)显晶质结构 岩石全部由结晶较大的矿物组成，用肉眼或放大镜即可辨认。

（2）隐晶质结构 岩石全部由结晶微小的矿物组成，用肉眼和放大镜均看不见晶粒，只有在显微镜下可识别。

（3）玻璃质结构 岩石全部为非晶质所组成，均匀致密似玻璃。

按岩石中全部矿物晶粒的相对大小，岩浆岩的结构可分为：

（1）等粒结构 岩石中的矿物全部是显晶质粒状，同种主要矿物结晶颗粒大小大致相等，显示岩浆在高温高压下缓慢均匀结晶的特征。等粒结构是深成岩特有的结构。按矿物结晶颗粒大小可进一步划分为：粗粒结构，矿物结晶颗粒平均直径大于5mm；中粒结构，矿物结晶颗粒5～2mm；细粒结构，矿物结晶颗粒2～0.2mm。

（2）不等粒结构 岩石中同种矿物结晶颗粒大小不等，相差悬殊。其中晶形完好、颗粒粗大的称为斑晶，小的称为石基。按其颗粒相对大小又可分为：

1）斑状结构。石基为隐晶质或玻璃质，岩石中较大的斑状晶体散布在较细小基质之间。此种结构的主要成因是矿物结晶时间先后不同。在地下深处，温度、压力较高，部分物质先结晶，生成较大的晶体（斑晶），随着岩浆迅速上升到浅处或喷出地表，尚未结晶的物质，由于温度迅速降低形成结晶细小或不结晶的基质。此种结构是浅成岩或喷出岩的重要特征。

2）似斑状结构。石基为显晶质。此种结构多见于深成岩体的边缘或浅成岩中。

2. 构造

岩浆岩的构造，是指矿物在岩石中排列和充填方式所反映出来的外貌特征。岩浆岩的构造特征，主要决定于岩浆冷凝时的环境。常见的岩浆岩构造有：

（1）块状构造 矿物在岩石中分布比较均匀，无一定的排列方向。这种构造是花岗岩、花岗斑岩等侵入岩所具有的构造。

（2）带状构造 岩石由不同成分的条带相间组成。这种构造主要发育在超基性岩和伟晶岩体中。

（3）流纹构造 岩石中不同颜色的条纹、拉长了的气孔以及长条形矿物沿一定方向排列所形成的流动状构造。这种构造是流纹岩等喷出岩所具有的构造。

（4）气孔构造 岩浆凝固时，挥发性的气体未能及时逸出，以致在岩石中留下许多圆形、椭圆形或长管形的孔洞。这种构造常为玄武岩等喷出岩所具有。

（5）杏仁状构造 这种构造是岩石中的气孔为后期矿物（如方解石、石英等）充填所形成的一种形似杏仁的构造，如某些玄武岩和安山岩的构造。

气孔状构造和杏仁状构造，多分布于熔岩的表层。

2.3.4 岩浆岩的分类和常见的岩浆岩

1. 岩浆岩的分类

根据岩浆岩的化学成分、矿物成分、结构构造及产状等，归纳成岩浆岩的分类简表，如表2-3所示。

表2-3 岩浆岩分类简表

岩石类型					酸性岩	中性岩		基性岩	超基性岩
SiO_2的质量分数（%）					>65	65~52		52~45	<45
颜色					浅（浅灰、黄、褐、红）→深（深灰、黑绿、黑）				
主要矿物					正长石		斜长石		不含长石
产状			构造	结构	石英、黑云母、角闪石	角闪石、黑云母	角闪石、辉石、黑云母	辉石、角闪石、橄榄石	橄榄石、辉石、角闪石
侵入岩	深成岩	岩基岩株	块状	等粒	花岗岩	正长岩	闪长岩	辉长岩	橄榄岩 辉岩
	浅成岩	岩床 岩盘 岩墙	块状、气孔	等粒、似斑状及斑状	花岗斑岩	正长斑岩	闪长玢岩	辉绿岩	少见
喷出岩		火山锥 熔岩流 熔岩被	块状、气孔、杏仁、流纹	隐晶质、玻璃质、斑状	流纹岩	粗面岩	安山岩	玄武岩	少见
			块状、气孔	玻璃质	浮岩、黑曜岩			少见	

2. 常见的岩浆岩

(1) 超基性岩类

超基性岩类中，铁镁矿物占绝对多数，主要有橄榄石、辉石，其次角闪石、黑云母。岩石颜色深，呈致密块状构造。常见的岩石有橄榄岩。

橄榄岩是暗绿色或黑色粒状岩石。其主要矿物为橄榄石，次为辉石或角闪石，不含长石和石英。岩石中若辉石特别多时，则橄榄岩过渡为辉岩。辉岩的颜色多呈绿褐色，主要矿物为辉石，晶粒粗大；次要矿物为橄榄石，晶粒很小。橄榄石散嵌在辉石晶体内。

(2) 基性岩类

基性岩类中，铁镁矿物主要有辉石、角闪石、橄榄石，还有硅铝矿物斜长石和少量石英。岩石颜色较超基性岩浅，但较其他岩类深，侵入岩常呈致密块状构造和带状构造，而喷出岩常具气孔和杏仁构造。常见的岩石有辉长岩、辉绿岩和玄武岩。

辉长岩是深成侵入岩，呈灰黑至黑色，为全晶质等粒结构，块状构造。其主要矿物为斜长石和辉石，其次有橄榄石、角闪石和黑云母。辉长岩强度高，抗风化能力强。

辉绿岩是浅成侵入岩，呈灰绿或黑绿色，为特殊的辉绿结构（辉石充填于斜长石晶体格架的空隙中），矿物成分与辉长岩相同，但常含有方解石、绿泥石等次生矿物，强度也高。

玄武岩是喷出岩，呈灰黑至黑色。其主要矿物成分与辉长岩相同，呈隐晶质细粒或斑状结构，气孔或杏仁状构造。玄武岩致密坚硬、性脆，强度很高。

(3) 中性岩类

中性岩类中，铁镁矿物相应减少，其主要矿物为角闪石、次为辉石和黑云母；硅铝矿物显著增多，主要为中性斜长石，有时少量钾长石和石英。这类岩石颜色较浅，一般为灰或浅灰色。常见的岩石有闪长岩、闪长玢岩、安山岩及正长岩、正长斑岩和粗面岩。

正长岩是深成侵入岩，多呈肉红色、浅灰或浅黄色，为全晶质等粒结构，块状结构。其主要矿物成分为正长石，其次为黑云母和角闪石，一般石英含量极少。其物理力学性质与花岗岩相似，但不如花岗岩坚硬，且易风化。

正长斑岩是浅成侵入岩，一般呈棕灰色或浅红褐色。其矿物成分同正长岩，与正长岩所不同的是具斑状结构，斑晶主要是正长石，石基比较致密。

粗面岩是喷出岩，常呈浅灰、浅褐黄或淡红色，为斑状结构。斑晶为正长石，石英多为隐晶质，其细小孔隙，表面粗糙。

闪长岩是深成侵入岩，呈灰白、深灰至黑灰色。其主要矿物为斜长石和角闪石，其次有黑云母和辉石，全晶质等粒结构，块状构造。闪长岩结构致密，强度高，且具有较高的韧性和抗风化能力，是良好的建筑石料。

闪长玢岩是浅成侵入岩，呈灰色或灰绿色。其矿物成分与闪长岩相同，具斑状结构，斑晶主要为斜长石，有时为角闪石。岩石中常有绿泥石、高岭石和方解石等次生矿物。

安山岩是喷出岩，呈灰色、紫色或灰紫色，它具有斑状结构，斑晶常为斜长石，气孔状或杏仁状构造。

(4) 酸性岩类

酸性岩类中，铁镁矿物大大减少，硅铝矿物大量增加。其主要矿物为石英、钾长石和斜长石。岩石颜色一般较浅，常为浅灰红色。酸性岩类分布较广，特别是侵入岩常呈岩基大面积分布。常见的岩石有花岗岩、花岗斑岩和流纹岩。

花岗岩是深成侵入岩，多呈肉红、浅灰、灰白等色。其矿物成分主要的为石英和正长石，其次有黑云母、角闪石和其他矿物。花岗岩具有全晶质等粒结构，块状构造。根据所含深色矿物的不同，可进一步将其分为黑云母花岗岩、角闪石花岗岩等。花岗岩分布广泛，性质均匀坚固，是良好的建筑石料。

花岗斑岩是浅成侵入岩。其成分与花岗岩相似，所不同的是具有斑状结构，斑晶为长石或石英，石基多由细小的长石、石英及其他矿物组成。

流纹岩是喷出岩，呈岩流状产出，常呈灰白、灰红、浅黄褐等色。其矿物成分同花岗岩，具典型的流纹构造，隐晶质斑状结构。细小的斑晶常由石英或长石组成。

2.3.5 岩浆岩的肉眼鉴定

在野外进行鉴定时，首先应观察岩体的产状等，判断是不是岩浆岩及属何种产状类型。然后观察岩石的颜色以初步判断岩石的类型。含深色矿物多、颜色较深的，一般为基性或超基性岩；含深色矿物少，颜色较浅的，一般为酸性或中性岩。接着观察岩石中矿物的成分、组合及特征，并估计每种矿物的含量，即可初步确定岩石属何大类。进一步观察岩石的结构构造特征，区别是喷出岩还是浅成岩或深成岩。最后综合分析得出岩石名称。

2.4 沉积岩

沉积岩是在地表环境中，先前存在的岩石（岩浆岩、变质岩和早已形成的沉积岩）的物理、化学和生物风化的物质、有机物质和某些火山作用产生的物质，经搬运、沉积和成岩等地质作用而形成的岩石。沉积岩是地壳表面分布最广的一种岩石，虽然它的体积只占地壳的5%，但是出露面积约占陆地表面积的75%。

2.4.1 沉积岩的形成

沉积岩的形成是一个长期而复杂的地质作用过程，一般可分为4个阶段：

（1）风化阶段　地表或接近地表的岩石受温度、水、氧和生物等因素作用，在原地发生机械崩解或化学分解，形成松散碎屑物质、新的矿物或溶解物质。这些风化产物就构成了沉积岩的物质来源。

（2）搬运阶段　原岩风化产物，除一部分残留在原地外，大部分被流水、风、冰川、重力及生物等搬运到其他地方。搬运方式包括机械搬运和化学搬运两种。流水的搬运使得碎屑物质颗粒逐渐变细，并从棱角状变成浑圆形。化学搬运可将溶解物质带到湖、河和海洋。

（3）沉积阶段　当搬运能力减弱或物理化学环境改变时，被搬动的物质逐渐沉积下来。一般可分为机械沉积、化学沉积和生物化学沉积。机械沉积作用是受重力支配的，碎屑物质通常按颗粒大小顺序沉积，即沿着搬运方向依次沉积砾粒、砂粒、粉粒和粘粒。化学沉积包括胶体溶液和真溶液的沉积，如氧化物、硅酸盐、碳酸盐等的沉积。生物化学沉积主要是由生物遗体沉积及生物活动所引起的，如藻类进行光合作用，吸收CO_2，促进碳酸盐的沉淀。

（4）硬结成岩阶段　松散沉积物经压实、固结后形成坚硬的沉积岩。固结成岩作用方式有三种：①压实，即上覆沉积物的重力压固，导致下伏沉积物孔隙减小，水分挤出，从而变得紧密坚硬；②胶结，其他沉积物充填到碎屑沉积物粒间孔隙中，使其胶结变硬；③重结晶作用，新成长的矿物产生结晶质间联结。

2.4.2 沉积岩的物质组成

沉积岩主要由下面的一些物质组成：

（1）碎屑物质　由先成岩石经物理风化作用产生的物质组成。其中大部分是化学性质比较稳定，难溶于水的原生矿物的碎屑，如石英、长石、白云母等；一部分则是原先岩浆岩、沉积岩和变质岩的碎屑。此外，还有其他方式生成的一些物质，如火山喷发产生的火山灰等。

（2）粘土矿物　粘土矿物主要是一些由含硅酸盐类矿物的岩石，经化学风化作用形成的次生矿物，如高岭石、微晶高岭石及水云母等。这类矿物的颗粒极细（<0.005mm），具有很大的亲水性、可塑性及膨胀性。

（3）化学沉积矿物　化学沉积矿物是由纯化学作用或生物化学作用从溶液中沉淀结晶产生的沉积物，如方解石、白云石、石膏、石盐、铁和锰的氧化物或氢氧化物等。

（4）有机质及生物残骸　此类是由生物残骸或有机化学变化而成的物质，如贝壳等。

在上述的沉积岩组成物质中，粘土矿物、方解石、白云石和有机质等是沉积岩所特有的，是物质组成上区别于岩浆岩的一个重要特征。

在沉积岩的组成物质中还有胶结物，这些胶结物或是通过矿化水的运动带到沉积物中，或是来自原始沉积物矿物组分的溶解和再沉淀。碎屑岩类岩石物理力学性质的好坏，与其胶结物有密切关系。常见的胶结物有以下几种：

1）硅质。其胶结成分为石英及其他二氧化硅。其颜色浅，强度高。

2）铁质。其胶结成分为铁的氧化物及氢氧化物。其颜色深，呈红色，强度仅次于硅质胶结。

3）钙质。其胶结成分为碳酸钙一类的物质。其颜色浅，强度比较低，具有可溶性。

4）泥质。其胶结成分为粘土。泥质胶结物多呈黄褐色，胶结松散，强度低，易湿软、风化。

2.4.3 沉积岩的结构和构造

沉积岩的结构是指沉积岩各个组成部分的形态特点（如颗粒的外形、大小、表面性质等）、填充程度、结晶程度等。构造则是指各个组成部分的空间排列和组合方式。

1. 结构

沉积岩的结构，按其组成物质、颗粒大小及形状等方面的特点，一般分为碎屑结构、泥质结构、结晶结构及生物结构四种。

(1) 碎屑结构　碎屑结构是指岩石中由50%以上的碎屑颗粒被胶结物所胶结的结构，是沉积岩所特有的结构。按碎屑粒径的大小，碎屑结构可分为：

1) 砾状结构。该结构的碎屑粒径 >2mm。碎屑形成后未经搬运或搬运不远而留有棱角者，称为角砾状结构；碎屑经过搬运呈浑圆状或具有一定磨圆度者，称为砾状结构。

2) 竹叶状结构。该结构系刚沉积的灰岩，因水浪打击、冲刷而成碎屑（其形态多呈扁平状），再被同类沉积物胶结而成。

3) 砂质结构。该结构的碎屑粒径介于2~0.05mm之间。其中2~0.5mm的为粗粒结构，如粗粒砂岩；0.5~0.25mm的为中粒结构，如中粒砂岩；0.25~0.05mm的为细粒结构，如细粒砂岩。

4) 粉砂质结构。该结构的碎屑粒径为0.05~0.005mm，如粉砂岩。

(2) 泥质结构　该结构由粒径 <0.005mm的粘土矿物颗粒组成，是泥岩、页岩等粘土岩的主要结构。

(3) 结晶结构　该结构是由溶液中沉淀或经重结晶所形成的结构。结晶结构为石灰岩、白云岩等化学岩的主要结构。沉积岩的结晶结构与岩浆岩的结晶结构类似，但其成因和物质组成两者截然不同。沉积岩的结晶结构又可分为：晶质结构，由结晶颗粒直径大于0.01mm的矿物集合体组成；隐晶质结构，由颗粒直径在0.01~0.001mm之间的微晶矿物集合体组成。

(4) 生物结构　该结构由生物遗体或碎片所组成，如贝壳结构、珊瑚结构等，是生物化学岩所具有的结构。

2. 构造

沉积岩的构造是指其组成部分的空间分布及其相互间的排列关系。常见的沉积岩构造有：

(1) 层理构造　沉积岩在形成过程中由于沉积环境的改变，使先后沉积的物质在颗粒大小、形状、颜色和成分上发生变化，从而显示出来的成层现象，称为层理构造。

层与层之间的界面，称为层面。层面是由较短的沉积间断所造成。上下两个层面间连续不断沉积所形成的岩石，称为岩层。一个岩层上下层面之间的垂直距离，称为岩层的厚度。

岩层按厚度可分为块状（>1m）、厚层（1~0.5m）、中厚层（0.5~0.1m）、薄层（0.1~0.01m）及页片状（<0.01mm）。

大厚度岩层中所夹的薄层，称为夹层；岩层一端较厚，一端逐渐变薄以至消失，称为尖灭层；岩层两端在不大的距离内部尖灭而中间较厚，称为透镜体。

由于形成层理的条件不同，层理有各种不同的形态，常见的类型有：

1）水平层理。层与层之间彼此平直的，且相互平行。是在沉积环境比较稳定的条件下形成的（见图2-6a）。

2）斜层理。上下主层面之间有许多细层与主层面呈一定交角的，斜层理是沉积物在水介质中作单向运动时产生的。斜层理的倾斜方向代表了当时水流的方向（见图2-6b）。

3）交错层理。细层倾向变化相互交错的，反映当时水流动荡的环境（见图2-6c）。

4）波状层理。层理面成对称或不对称，规则或不规则的波状线，其总方向平行于总的层面，形成于波浪运动的浅水区（见图2-6d）。

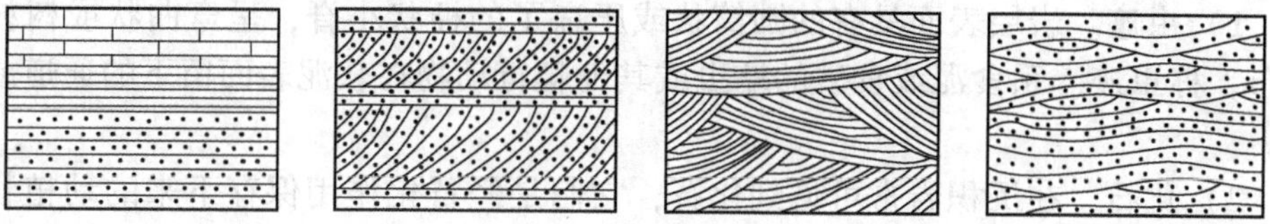

图2-6 层理类型

a）水平层理 b）斜层理 c）交错层理 d）波形层理

（2）块状构造 岩石层理不清楚，矿物颗粒排列无一定规律。

（3）鲕状构造 具有同心圆状的圆形或椭圆形颗粒，形似鱼籽，称鲕状构造。鲕状构造直径一般在0.5～2mm之间，鲕粒的形成系胶体物质围绕砂粒、碎屑在浅海浅水环境中沉积而成。

（4）层面构造 沉积岩岩层面上的特征如波浪、泥裂、雨痕等，这些特征同样反映了沉积岩生成条件和形成环境的特殊性，同时也是我们研究古地理古地貌的标志。

1）波痕。当经过砂层表面的水流或风力达到一定速度时，或在水波浪的振荡下，砂粒发生移动，可在砂层表面出现波状起伏的痕迹，称波痕。波痕是由无数波峰和波谷组成的，按其成因可以分为风成波痕、水流波痕和浪成波痕（见图2-7）。

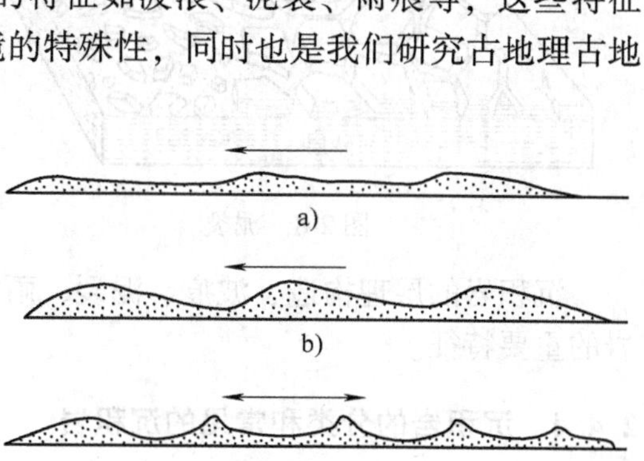

图2-7 波痕剖面

a）风成波痕 b）水流波痕 c）浪成流痕

风成波痕和水流波痕的波峰圆滑，两边不对称，也叫不对称波痕。迎风或迎着水流的一面较缓，称缓坡；另一面较陡，称陡坡。这是由于风和水流等作用向一方向前进而形成的。浪成痕的波峰较尖锐，波谷较圆滑，波峰两边对称，也叫对称波痕。这是由于水流的来回振荡而形成的。

2）泥裂。粘土沉积物表面，由于失水收缩而形成不规则的多边形裂缝（见图2-8），这些裂缝被后来的沉积物充填且保留下来，称为泥裂。泥裂在剖面上表现为上宽下窄的楔形，因而也可以用它来判断岩层是否发生倒转。

3）雨痕。雨点滴落在湿润而柔软的泥质或砂质沉积物的表面上时，便形成圆形或椭圆形的凹穴，在适当条件下，在沉积岩层面上保存下来，这种凹穴称为雨痕。多半是保存当时干旱气候地区的泥质岩中。

(5) 生物成因构造　生物的生命活动在沉积物中形成的构造称生物成因构造，如珊瑚礁、叠层构造、虫迹和化石等。

1）虫迹。岩层表面具有的圆筒状或压扁了的梗状小脊，呈弯曲状或树枝状分布，称虫迹。系食泥或食砂的蠕虫或其他爬行动物在软泥表面留下的通道或爬痕。

2）化石　在沉积岩常可见到化石，它们是经石化作用保存下来的动植物的遗骸或遗迹，如蚌壳、三叶虫（见图2-9）、树叶等，常沿层理面平行分布。根据化石可以推断岩石形成的地理环境和确定岩层的地质年代。

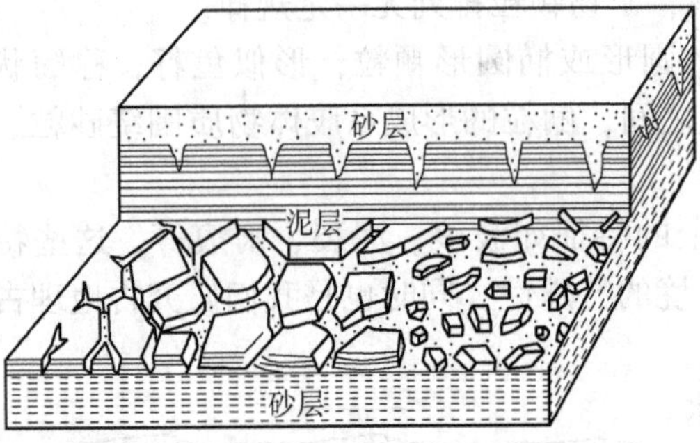

图2-8　泥裂

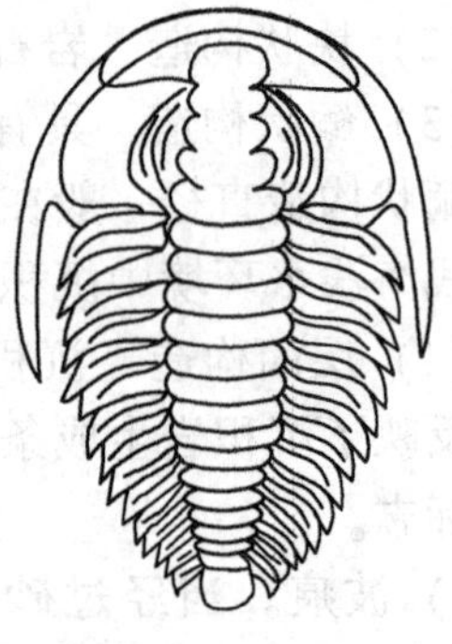

图2-9　三叶虫

沉积岩的层理构造、波痕、泥裂、雨痕和化石是沉积岩在构造上区别于岩浆岩的重要特征。

2.4.4　沉积岩的分类和常见的沉积岩

1. 沉积岩的分类

根据沉积岩成因、物质成分、结构、构造等将沉积岩分为三大类，具体如表2-4所示。

表 2-4 沉积岩分类简表

岩类		结构		岩石分类名称	主要亚类及其组成物质
碎屑岩类	火山碎屑岩	碎屑结构	粒径 >100mm	火山集块岩	主要由 >100mm 的熔岩碎块、火山灰尘等经压密胶结而成
			粒径 100 ~ 2mm	火山角砾岩	主要由 100 ~ 2mm 的熔岩碎屑、晶屑、玻屑及其他碎屑混入物组成
			粒径 <2mm	凝灰岩	由 50% 以上粒径 <2mm 的火山灰组成，其中有岩屑、晶屑、玻屑等细粒碎屑物质
			砾状结构（粒径 >2mm）	砾岩	角砾岩，由带棱角的角砾经胶结而成 砾岩，由浑圆的砾石经胶结而成
	沉积碎屑岩		砂质结构（粒径 2 ~ 0.05mm）	砂岩	石英砂岩：石英（质量分数 >90%）、长石和岩屑（<10%） 长石砂岩：石英（质量分数 <75%）、长石（>25%）、岩屑（<10%） 岩屑砂岩：石英（质量分数 <75%）、长石（<25%）、岩屑（>25%）
			粉砂结构（粒径 0.05 ~ 0.005mm）	粉砂岩	主要由石英、长石及粘土矿物组成
粘土岩类		泥质结构（粒径 <0.005mm）		泥岩	主要由粘土矿物组成
				页岩	粘土质页岩：由粘土矿物组成 碳质页岩：由粘土矿物及有机质组成
化学及生物化学岩类		结晶结构及生物结构		石灰岩	石灰岩：方解石（质量分数 >90%）、粘土矿物（<10%） 泥灰岩：方解石（质量分数 75% ~ 50%）、粘土矿物（25% ~ 50%）
				白云岩	白云岩：白云石（质量分数 100% ~ 90%）、方解石（<10%） 灰质白云岩：白云石（质量分数 75% ~ 50%）、方解石（25% ~ 50%）

2. 常见的沉积岩

(1) 碎屑岩类

1) 火山碎屑岩。火山碎屑岩由火山喷发的碎屑物质在地表经短距离搬运，或就地沉积而成。由于它在成因上具有火山喷发与沉积的双重性，所以是介于喷出岩和沉积岩之间的过渡类型。

火山碎屑岩根据碎屑颗粒大小又可分为火山集块岩、火山角砾岩和凝灰岩。

火山集块岩：主要由粒径大于 100mm 的粗火山碎屑物质组成，火山碎屑主要是岩屑，部分为火山弹。其胶结物主要为火山灰或熔岩，有时为碳酸钙、二氧化硅或泥质。

火山角砾岩：火山碎屑占90%以上，粒径一般为100～2mm，多数为大小不等的熔岩角砾，亦有少数其他岩石的角砾。火山角砾多呈棱角状，分选性差，常为火山灰或硅质胶结。其颜色常呈暗灰、蓝灰或褐灰色。

凝灰岩：一般由粒径小于2mm的火山灰及细碎屑组成。其碎屑主要是晶屑、玻屑及岩屑，胶结物为火山灰等。凝灰岩孔隙性高，密度小，易风化。各地的凝灰岩工程地质性质差异很大，有些强度很低，遇水有软化现象，有些强度较好，可用作建筑石料。

2）沉积碎屑岩。沉积碎屑岩又称正常碎屑岩，是由先成岩石风化剥蚀的碎屑物质，经搬运、沉积、胶结而成的岩石。碎屑岩主要由碎屑、杂基、胶结物三部分组成。

碎屑按成分可分为岩石碎屑和矿物碎屑。岩石碎屑包括岩浆岩、沉积岩和变质岩的岩屑。矿物屑中常见的有石英、钾长石、酸性斜长石、白云母。杂基是指充填在碎屑颗粒之间细小的粒状物质，如砂岩中的粘土矿物及细粉砂。杂基粒度一般都小于0.03mm。胶结物是指碎屑岩中粘结碎屑颗粒的物质，通常可见碳酸钙、硅质、铁质、磷质等。根据胶结类型，即胶结物、杂基与碎屑颗粒之间的接触关系和结合方式分为基底胶结、孔隙胶结、接触胶结（见图2-10）。基底胶结是指碎屑颗粒之间彼此不相接触，而被同期沉积的粉砂、泥质填满的一种胶结类型。孔隙胶结是指碎屑颗粒彼此接触，粒间的空隙被胶结物所充填的一种胶结方式，它的杂基含量较基底式胶结少。接触胶结的胶结物很少，只分布于碎屑颗粒相互接触的地方，是一种较差的胶结类型。

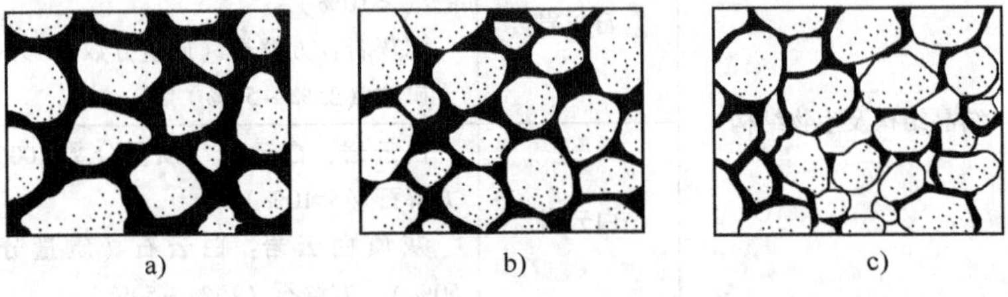

图2-10 胶结类型

a）基底胶结 b）孔隙胶结 c）接触胶结

碎屑岩按粒度分为：

砾岩及角砾岩：砾状结构，由50%以上大于2mm的粗大碎屑胶结而成，粘土的质量分数小于25%。由浑圆状砾石胶结而成的称为砾岩；由棱角状的角砾胶结而成的称为角砾岩。角砾岩的岩性成分比较单一。砾岩的岩性成分一般比较复杂，经常由多种岩石的碎屑的矿物颗粒组成。胶结物的成分有钙质、泥质、铁质及硅质等。

砂岩：砂质结构，由50%以上粒径介于2～0.05mm的砂粒胶结而成，粘土的质量分数小于25%。按砂粒的矿物组成，可分为石英砂岩、长石砂岩和岩屑砂岩。按砂粒粒径的大小，可分为粗粒砂岩、中粒砂岩和细粒砂岩。胶结物的成分对砂岩的物理力学性质有重要影响。根据胶结物的成分，又可将砂岩分为硅质砂岩、铁质砂岩、钙质砂岩及泥质砂岩几个亚类。硅质砂岩的颜色浅，强度高，抵抗风化的能力强。泥质砂岩一般呈黄褐色，吸水性大，易软化，强度和稳定性差。铁质砂岩常呈紫红色或棕红色，钙质砂岩呈白色或灰白色，强度和稳定性介于硅质与泥质砂岩之间。砂岩分布很广，易于开采加工，是工程上广泛采用的建筑石料。

粉砂岩：粉砂质结构，常有清晰的水平层理。粉砂岩由50%以上粒径介于0.05～0.005mm的粉砂胶结而成，粘土的质量分数小于25%。其成分以石英为主，有少量长石、云母等矿物。粉砂岩结构较疏松，强度和稳定性不高。

（2）粘土岩类　粘土岩类又称泥质岩，是沉积岩中最常见的一类岩石，约占沉积岩总体积的50%～60%。它是介于碎屑岩与化学岩间的过渡类型。这类岩石由50%以上粒径小于0.005mm的物质组成。其主要矿物成分为粘土矿物，如高岭石、蒙脱石及水云母，尚有少量石英、长石、云母、碳酸盐及重矿物。这类岩石具典型泥质结构，质地均匀，有细腻感。其可塑性和吸水性很强，岩石吸水后体积增大。这类岩石可根据其固结程度分为：

页岩：由粘土脱水胶结而成，以粘土矿物为主，尚有少量石英、绢云母、绿泥石等混入物。页岩大部分有明显的薄层理，呈页片状。岩石颜色多种，一般呈灰色、棕色、红色、绿色和黑色。页岩可分为硅质页岩、粘土质页岩、砂质页岩、钙质页岩及碳质页岩。除硅质页岩强度稍高外，其余岩性软弱，易风化成碎片，强度低，与水作用易于软化而丧失稳定性。

泥岩：成分与页岩相似，常成厚层状。以高岭石为主要成分的泥岩，常呈灰白色或黄白色，吸水性强，遇水后易软化。以微晶高岭石为主要成分的泥岩，常呈白色、玫瑰色或浅绿色，表面有滑感，可塑性小，吸水性高，吸水后体积急剧膨胀。

粘土岩夹于坚硬岩层之间，形成软弱夹层，浸水后易于软化滑动。

（3）化学及生物化学岩类　岩石风化后有些成分以真溶液或胶体溶液形式搬运到洼地中，经蒸发结晶或胶凝作用形成化学岩。有生物介入称生物化学岩。

石灰岩：矿物成分以方解石为主，其次含有少量的白云石和粘土矿物；常呈深灰、浅灰色，纯质灰岩呈白色。由纯化学作用生成的石灰岩具有结晶结构，但晶粒极细，经重结晶作用即可形成晶粒比较明显的结晶灰岩。由生物化学作用生成的灰岩，常含有丰富的有机物残骸。白云石的质量分数达25%～50%时，称为白云质灰岩。石灰岩地区易形成岩溶，对工程不利；但石灰岩可作水泥和石灰的原料，或作建筑材料。

白云岩：主要矿物成分为白云石，也含有方解石和粘土矿物；结晶结构。纯质白云岩为白色，随所含杂质的不同，可出现不同的颜色。其性质与石灰岩相似，但强度和稳定性比石灰岩为高，是一种良好的建筑石料。白云岩的外观特征与石灰岩近似，在野外难于区别，可用盐酸起泡程度辨认。

泥灰岩：碳酸盐岩与粘土岩之间的过渡类型。其中粘土的质量分数在25%~50%之间，若粘土的质量分数为5%~25%，则称为泥质灰岩。泥灰岩通常为隐晶质或微粒结构，加冷稀盐酸起泡，且有黄色泥质沉淀物残留。其颜色有浅灰、浅黄、浅绿、天蓝、红棕等。

硅质岩：主要由蛋白石、石髓及石英组成，SiO_2 的质量分数在70% ~90%之间，此外尚有粘土、碳酸盐、铁的氧化物等。这类岩石包括硅藻土、燧石岩、碧玉铁质岩和硅华，其中以燧石岩最常见。燧石岩致密坚硬，锤击后有火花。其颜色多为深灰色和黑色，常具隐晶质结构，带状构造。

2.4.5 沉积岩的肉眼鉴定

在鉴定碎屑岩时，除观察颜色、碎屑成分及含量外，尚须特别注意观察碎屑的形状和大小，以及胶结物的成分。

在鉴定泥质岩时，则需仔细观察它们的构造特征，即看有无页理等；在鉴定化学岩时，除观察其物质成分外，还需判别其结构、构造，并辅以简单的化学试验，如用冷稀盐酸滴试，检验其是否起泡。

2.5 变质岩

地壳内部原有的岩石（岩浆岩、沉积岩和变质岩），由于受到高温、高压及化学成分加入的影响，改变原来的矿物成分、结构和构造，形成新的岩石，称为变质岩。这种使岩石改变的作用，称为变质作用。变质岩不仅具有变质过程中所产生的特征，而且还常保留着原来岩石的某些特点。

2.5.1 变质作用的因素

引起变质作用的主要因素是高温、高压和新的化学成分的加入。温度是引起变质作用的主要因素之一，其来源包括地壳深处的高温、岩浆及地壳岩石断裂错动产生的高温。压力包括上覆岩石重力引起的静压力、侵入于岩体空隙中的流体所形成的压力以及地壳运动或岩浆活动产生的定向压力。化学活动性流体则是以H_2O、CO_2、F、Cl、B及其他挥发分。

根据变质作用的地质因素和变质作用因素，将变质作用分为下列类型：

(1) 接触变质作用 接触变质作用指发生在侵入岩与围岩之间的接触带上，并主要由温度和挥发物质所引起的变质作用。其中接触热变质作用中引起变质的主要因素是温度。岩石受热后发生矿物的重结晶、脱水、脱炭以及物质的重新组合，形成新的矿物与变晶结构。在接触交代变质作用中引起变质的因素除温度以外，从岩浆中分异出来的挥发性物质所产生的交代作用同样具有重要意义。故岩石的化学成分有显著变化，产生大量新矿物。接触变质作用形成的岩石有大理岩、角岩、矽卡岩。

按触变质带的岩石一般较破碎，裂隙发育，透水性大，强度较低。

(2) 区域变质作用 区域变质作用是在广大范围内发生，并由温度、压力及化学活动性流体等多种因素引起的变质作用。变质作用的方式以重结晶为主。例如，粘土质岩石可变为片岩和片麻岩。区域变质岩的岩性在很大范围内是比较均一致的，其强度则决定于岩石本身有结构和成分等。

(3) 混合岩化作用 混合岩化作用指原有的区域变质岩体与岩浆状的液体互相混合交代而形成新的岩石（混合岩）的作用。流体的来源可能是原来的变质岩体局部熔融产生的重熔岩浆，也可能是地壳深部富含 K、Na、Si 的热液引起的再生岩浆。

(4) 动力变质作用 动力变质作用指在地壳构造变动时产生的强烈定向压力使岩石发生的变质作用，也叫碎裂变质作用。其特征是常与较大的断层带伴生，原岩挤压破碎，变形并有重结晶现象，可形成糜棱岩、压碎岩，并可有叶蜡石、蛇纹石、绿帘石等变质矿物产生。

2.5.2 变质岩的矿物成分

变质岩的矿物成分可分为两大类：一类是岩浆岩、沉积岩也有的，如石英、长石、云母、角闪石、辉石、方解石等，它们大多是原岩残留下来的，有的是在变质作用中形成的；另一类是变质作用中产生的变质岩所特有的矿物，如石墨、滑石、蛇纹石、石榴子石、绿泥石、绢云母、硅灰石、兰晶石、红柱石等，称为变质矿物。这些特征矿物是鉴定变质岩的标志。根据这些变质矿物，可以把变质岩与其他岩石区别开来。

2.5.3 变质岩的结构和构造

1. 结构

变质岩几乎都具结晶结构，但按变质程度不同，变质岩的结构可分为：

(1) 变余结构 有些岩石经过变质以后，重结晶作用不完全，原岩的矿物成分和结构特征一部分被保留下来，即构成变余结构。如泥质砂岩变质以后，泥质胶结物变成绢云母和绿泥石，而其中碎屑物质（如石英）不发生变化，便形成变余砂状结构。还有其他的变余结构，如与岩浆岩有关的变余斑状结构、变余花岗结构等。

（2）变晶结构　变晶结构是变质岩最重要的结构，是岩石在变质作用过程中重结晶所形成的结构，原岩中各种矿物同时再结晶所形成的。

（3）交代结构　交代结构是原岩在变质过程中，由于交代作用的影响，矿物之间发生穿插，包裹而形成的一种结构。常见于接触交代岩石、混合岩。

（4）碎裂构造　碎裂结构是由于岩石受力使矿物发生弯曲、破裂，甚至粉碎后，又被粘结在一起的结构，如糜棱结构。常见的碎裂结构有压碎角砾结构、碎斑结构及糜棱结构。

2. 构造

变质岩的构造是识别各种变质岩的重要标志，变质岩构造可分为：

（1）片理构造　片理构造不仅是识别各种变质岩而且是区别于其他岩类的重要特征。片理构造，是岩石中片状、板状和柱状的（如云母、长石、角闪石等），在定向压力的作用下重结晶，垂直压力方向成平行排列而形成的。顺着平行排列的面，可以把岩石劈成一片一片和小型构造型态，叫做片理。根据形态的不同，片理构造又可分为以下几种：

1）板状构造。柔软的泥质岩石，受挤压后，形成易劈成薄板的构造。劈开面上常有鳞片状绢云母散布，是板岩所具有的构造。

2）千枚状构造。片理清晰，片理上有许多细小的绢云母鳞片作有规律的分布，使岩石显丝绢光泽，即称千枚状构造，是千枚岩所具有的构造。

3）片状构造。岩石中含有大量片状、板状或柱状矿物（如云母、滑石、绿泥石、角闪石、矽线石等），沿片理面富集，平行排列，光泽较强，沿片理面易剥开成不规则的薄片，是片岩所具有的构造，如云母片岩。

4）眼球状构造。在片麻状构造中，常有某种颗粒粗大的矿物（如石英、长石），呈透镜状或扁豆状，沿片理方向排列，形似眼球。

5）片麻状构造。岩石深色矿物（黑云母、角闪石等）和浅色矿物（长石、石英等）相间呈条带状分布。沿片理面不易劈开，如片麻岩。

（2）块状构造　岩石由粒状结晶矿物组成，无定向排列，也不能定向裂开，如大理岩、石英岩等。

（3）条带状构造　岩石中的矿物成分分布不均匀，某些矿物有时相对集中呈宽的条带，有时成窄的条带，这些宽窄不等的条带相间排列，便构成条带状构造。混合岩常具此构造。

（4）斑点构造　当温度升高时，原岩中的某些成分（如炭质）首先集中凝结或起化学变化，形成矿物集合体斑点，其形状、大小可有不同，某些板岩具有此构造。

板状、千枚状、片状、片麻状等片理构造是变质岩所特有的，是识别变质岩的显著标志。

2.5.4 变质岩的分类和常见的变质岩

1. 变质岩的分类

变质岩按变质作用类型及其结构、构造特点分类，如表2-5所示。

表2-5 变质岩分类简表

类别 \ 分类依据	岩石名称	主要矿物	构造		变质作用
区域变质岩	板岩	肉眼不能辨识	片理	板状	区域变质
	千枚岩	绢云母		千枚状	
	片岩	石英、云母（绿泥石）等		片状	
	片麻岩	石英、长石、云母、角闪石等		片麻状	
	大理岩	方解石、白云石	块状	糖粒状	
	石英岩	石英		致密状	
	混合岩	石英、长石等	片理	条带状或片麻状	混合岩化作用
接触变质岩	大理岩	方解石、白云石	块状	糖粒状	热力变质
	石英岩	石英		致密状	
	角页岩	长石、石英、角闪石、红柱石		斑点或致密状	
	矽卡岩	石榴子石、透辉石等		或斑杂状	接触交代
动力变质岩	构造角砾岩	原岩碎块	角砾状		动力变质
	糜棱岩	原岩碎屑	条带或眼球状		

2. 常见的变质岩

（1）混合岩　原来的变质岩（片岩、片麻岩、石英岩等）由于许多相当于花岗岩的物质（来自上地幔的碱性流质）沿片理贯注或与原岩发生强烈的交代作用（称混合岩化作用）而形成的岩石称混合岩。混合岩通常由两部分物质组成：一部分为原岩如云母片岩、斜长角闪岩等组成，叫基体；另一部分是混合岩化过程中的活动组分，成分以钾长石、石英为主，称脉体。根据混合岩化作用的强度，可将混合岩分为：注入混合岩、顺层混合岩、花岗质混合岩和混合花岗岩。

（2）片麻岩　片麻岩具有典型的片麻状构造，变晶或变余结构，因发生重结晶，一般晶粒粗大，肉眼可以辨识。片麻岩可以由岩浆岩变质而成，也可以由沉积岩变质而成。其主要矿物为石英和长石，其次有云母、角闪石、辉石等，此外有时含有少许石榴子石、矽线石、堇青石、十字石、蓝晶石和石墨等变质矿物。岩石颜色视深色矿物含量而定，石英、长石含量多时色浅，黑云母、角闪石等深色矿物含量多时色深。片麻岩进一步的分类和命名主要根据矿物成分，如角闪石片麻岩、斜长石片麻岩等。片麻岩强度高。如云母含量增多，强度相应降低。因具片理构造，故较易风化。

（3）片岩　片岩具有片状构造，变晶结构。其矿物成分主要是一些片状矿物，如云母、绿泥石、滑石等，此外尚含有少许石榴子石、蓝晶石、十字石等变质矿物。根据片岩中片状矿物种类不同，又可分为云母片岩、绿泥石片岩、滑石片岩、石墨片岩等。片岩的片理一般比较发育，片状矿物含量高，强度低，抗风化能力差，极易风化剥落，岩体也易沿片理倾向滑落。

（4）千枚岩　千枚岩多由粘土岩变质而成。其矿物成分主要为石英、绢云母、绿泥石等；结晶程度比片岩差，晶粒极细，肉眼不能直接辨别，外表常呈黄绿、褐红、灰黑等色。由于含有较多的绢云母，片理面常有微弱的丝绢光泽。千枚岩的质地松软，强度低，抗风化能力差，容易风化剥落，沿片理倾向容易产生塌落。

（5）板岩　板岩具板状构造，变余结构，有时具变晶结构，多是页岩经浅变质而成。其矿物颗粒细小，主要由绢云母、石英、绿泥石和粘土组成。板岩常为深灰色至黑灰色，也有绿色及紫色。板岩易裂开成薄板，打击时有清脆之声，可与页岩区别。板岩能加工成各种尺寸的石板。板岩在水的作用下易于泥化。

（6）大理岩　大理岩由石灰岩或白云岩经重结晶变质而成，等粒变晶结构，块状构造。其主要矿物成分为方解石，遇稀盐酸强烈起泡，可与其他浅色岩石相区别。大理岩常呈白色、浅红色、淡绿色、深灰色以及其他各种颜色，常因含有其他带色杂质而呈现出美丽的花纹。大理岩强度中等，易于开采加工，色泽美丽，有纯白色大理岩（又称汉白玉），浅红色、淡绿色、深灰色及其各种颜色的大理岩，通常用作建筑装饰石料。

（7）石英岩　石英岩一般由较纯的石英砂岩变质而成。其主要矿物成分为石英、尚有少量长石、云母、绿泥石、角闪石等。石英岩常呈白色，因含杂质，可出现灰白色、灰色、黄褐色或浅紫红色。这类岩石亦多具等粒变晶结构，块状构造。石英岩有时易与大理岩相混，其区别在于大理岩遇盐酸起泡，且较石英岩硬度小。石英岩强度很高，抵抗风化的能力很强，是良好的建筑石料，但硬度很高，开采加工相当困难。

（8）蛇纹岩　蛇纹岩是以蛇纹石为主要矿物成分的岩石。其成分较纯者和蛇纹石相似，一般呈黄绿色，也有呈暗绿色和黑色者。石纹岩质软，略具有滑感，片理及碎裂构造常见。

（9）碎裂岩　在压力作用下，岩石沿扭裂面破碎，方向不一的碎裂纹切割岩石，碎块间基本没有相对位移，碎块外形相互适应，这样的岩石称碎裂岩。

（10）糜棱岩 糜棱岩是粒度较小的强烈压碎岩。岩性坚硬时具有明显条带状、眼球状构造，此岩石往往伴随有些重结晶或少量新生矿物析出物，如绢云母、绿泥石及绿帘石等。胶结差时，糜棱岩易风化。

2.5.5 变质岩的肉眼鉴定

肉眼鉴定变质岩主要根据构造和矿物成分。在矿物成分中，应注意那些为变质岩所特有的矿物，如石榴子石、十字石、红柱石、硅灰石等变斑晶矿物。

根据变质岩所具有的构造，可将这一大类岩石划分为两类：一类是具有片理构造的岩石，其中包括片麻岩、片岩、千枚岩和板岩；另一类是不具片理构造的块状岩石，主要包括石英岩、大理岩。

鉴定具有片理状构造的岩石时，首先根据片理构造的类型，很容易将上述岩石分开，然后根据变质矿物和变斑晶矿物进一步给所要鉴定的岩石定名，如片岩中有石榴石呈变斑晶出现时，则可定名为石榴子石片岩；若滑石、绿泥石出现较多时，则称为绿泥石或滑石片岩。

对块状岩石，则结合其构造和成分特征来鉴别，如含较多硅灰石的大理岩则可称为硅灰石大理岩。

2.6 岩石的工程地质性质

岩石的工程地质性质包括物理性质、水理性质和力学性质三个主要方面。就大多数的工程地质问题来看，岩体的工程地质性质主要决定于岩体内部裂隙系统的性质及其分布情况，但岩石本身的性质也起着重要的作用。这里主要介绍有关岩石工程地质的常用指标和影响岩石工程地质性质的主要因素。

2.6.1 岩石工程地质性质的常用指标

1. *岩石的物理性质*

（1）岩石的密度（ρ） 岩石单位体积的质量称为岩石的密度，可用下式表示

$$\rho = \frac{m}{V}$$

式中 ρ——岩石的密度（g/cm^3）；

m——岩石的总质量（g）；

V——岩石的总体积（cm^3）。

岩石孔隙中完全没有水存在时的密度，称为干密度。岩石中孔隙全部被水充

满时的密度，称为岩石的饱和密度。常见岩石的密度为2.3～2.8g/cm³。

（2）岩石的相对密度（d） 岩石的相对密度是固体岩石的质量与同体积4℃水的质量的比值。在数值上，它等于固体岩石的单位体积的质量，即

$$d=\frac{m_S}{V_S\rho_W}=\frac{m_S}{V_S}$$

式中 d——岩石的相对密度（无因次）；

m_S——固体岩石的质量（g）；

V_S——固体岩石的体积（cm³）；

ρ_W——水的密度（g/cm³）。

固体岩石的质量是指不包含气体和水在内的干燥岩石的质量；固体岩石的体积是指不包括孔隙在内的岩石的实体体积。

岩石相对密度的大小取决于组成岩石的矿物的相对密度及其在岩石中的相对含量。常见的岩石，其相对密度一般介于2.5～3.3之间。

（3）岩石的孔隙率（n） 岩石的孔隙率（或孔隙度）是指岩石中孔隙、裂隙的体积与岩石总体积之比值，常以百分数表示，即

$$n=\frac{V_V}{V}\times 100\%$$

式中 n——岩石的孔隙率（%）；

V_V——岩石中孔隙、裂隙的体积（cm³）；

V——岩石的总体积（cm³）。

岩石孔隙率的大小主要取决于岩石的结构和构造，同时也受风化或构造作用等因素的影响。一般硬岩石的孔隙率小于2%～3%，但砾岩、砂岩等多孔岩石，常具有较大的孔隙率。

（4）岩石的吸水性 岩石的吸水率（W_1）是指在常压条件下岩石的吸水能力，以该条件下岩石所吸水分质量与干燥岩石质量之比的百分数表示，即

$$W_1=\frac{m_{W_1}}{m_S}\times 100\%$$

式中 W_1——岩石的吸水率（%）；

m_{W_1}——岩石在常压下吸水的质量（g）；

m_S——干燥岩石的质量（g）。

岩石的吸水率与岩石孔隙的大小、孔隙张开程度等因素有关。岩石的吸水率大，则水对岩石的侵蚀、软化作用就强，岩石强度和稳定性受水作用的影响也就显著。

岩石的饱水率（W_2）是指在高压（15MPa）或真空条件下岩石的吸水能力，

以该条件下岩石所吸水分质量与干燥岩石质量之比，用百分数表示。

岩石的吸水率与饱水率的比值，称为岩石的饱水系数。饱水系数愈大，岩石的抗冻性愈差。一般认为饱水系数小于0.8的岩石是抗冻的。

2. *岩石的水理性质*

岩石的水理性质是指岩石与水作用时的性质，如透水性、溶解性、软化性、抗冻性等。

（1）岩石的透水性　岩石的透水性是指岩石允许水通过的能力。岩石透水性的大小主要取决于岩石中裂隙、孔隙及孔洞的大小和连通情况。

岩石的透水性用渗透系数（k）来表示。渗透系统等于水力坡度为1时，水在岩石中的渗透速度，其单位用m/d或cm/s表示。

（2）岩石的溶解性　岩石的溶解性是指岩石溶解于水的性质，常用溶解度或溶解速度来表示。在自然界中常见的可溶性岩石，有石膏、岩盐、石灰岩、白云岩及大理岩等。岩石的溶解性不但和岩石的化学成分有关，而且还和水的性质有很大关系。淡水一般溶解能力较小，而富含CO_2的水，则具有较大的溶解能力。

（3）岩石的软化性　岩石的软化性是指岩石在水的作用下，强度及稳定性降低的一种性质。岩石的软化性主要取决于岩石的矿物成分、结构和构造特征。粘土矿物含量高、孔隙率大、吸水率高的岩石，与水作用容易软化而丧失其强度和稳定性。

岩石软化性的指标是软化系数。它等于岩石在饱水状态下的极限抗压强度与岩石在风干状态下极限抗压强度的比值。其值越小，表示岩石在水作用下的强度和稳定性越差。未受风化作用的岩浆岩和某些变质岩，软化系数大都接近于1，是弱软化的岩石，其抗水、抗风化和抗冻性强；软化系数小于0.75的岩石，认为是强软化的岩石，工程地质性质比较差。

（4）岩石的崩解性　岩石的崩解性是指粘土质岩石或化学弱胶结岩石与水作用后，由于吸水使体积膨胀或溶解，降低了颗粒联结力，使岩石产生崩解的现象。含蒙脱石的岩石极易发生崩解，如斑脱岩。

（5）岩石的抗冻性　岩石孔隙中有水存在时，水一结冰，体积膨胀，就产生巨大的压力。由于这种压力的作用，会促使岩石的强度和稳定性破坏。岩石抵抗这种冰冻作用的能力，称为岩石的抗冻性。在寒冷地区，抗冻性是评价岩石工程地质性质的一个重要指标。

岩石的抗冻性，有不同的表示方法，一般用岩石在抗冻试验前后抗压强度的降低率表示。抗压强度降低率小于20%～25%的岩石，认为是抗冻的；大于25%的岩石，认为是非抗冻的。

3. *岩石的力学性质*

（1）岩石的变形指标　岩石的变形指标主要有弹性模量、变形模量和泊松比。

弹性模量是应力与弹性应变的比值，即

$$E = \frac{\sigma}{\varepsilon_\gamma}$$

式中 E——弹性模量（Pa）；

σ——应力（Pa）；

ε_γ——弹性应变。

变形模量是应力与总应变的比值，即

$$E_0 = \frac{\sigma}{\varepsilon_0 + \varepsilon_\gamma}$$

式中 E_0——变形模量（Pa）；

ε_0——塑性应变；

σ、ε_γ——意义同上。

岩石在轴向压力的作用下，除产生纵向压缩外，还会产生横向膨胀。这种横向应变与纵向应变的比值，称为泊松比，即

$$\mu = \frac{\varepsilon_1}{\varepsilon}$$

式中 μ——泊松比；

ε_1——横向应变；

ε——纵向应变。

泊松比越大，表示岩石受力作用后的横向变形越大。岩石的泊松比一般在0.2～0.4之间。

（2）岩石的强度指标 岩石受力作用破坏有压碎、拉断及剪断等形式，故岩石的强度可分抗压、抗拉及抗剪强度。岩石的强度单位用Pa表示。

1）抗压强度。抗压强度是岩石在单向压力作用下，抵抗压碎破坏的能力，即

$$R = \frac{p}{A}$$

式中 R——岩石抗压强度（Pa）；

p——岩石破坏时的压力（N）；

A——岩石受压面积（m^2）。

各种岩石抗压强度值差别很大，它主要取决于岩石的结构构造，同时受矿物成分和岩石生成条件的影响。

2）抗剪强度。抗剪强度是岩石抵抗剪切破坏的能力，以岩石被剪破时的极限应力表示。根据试验型式不同，岩石抗剪强度可分为：

①抗剪断强度：在垂直压力作用下的岩石剪断强度，即

$$\tau = \sigma\tan\varphi + c$$

式中 τ——岩石抗剪断强度（Pa）；

σ——破裂面上的法向应力（Pa）；

φ——岩石的内摩擦角；

c——岩石的内聚力（Pa）。

坚硬岩石因有牢固的结晶联结或胶结联结，故其抗剪断强度一般都比较高。

②抗剪强度：是沿已有的破裂面发生剪切滑动时的指标，即

$$\tau = \sigma\tan\varphi$$

显然，抗剪强度大大低于抗剪断强度。

③抗切强度：压应力等于零时的抗剪断强度，即

$$\tau = c$$

3）抗拉强度。抗拉强度是岩石单向拉伸时抵抗拉断破坏的能力，以拉断破坏时的最大张应力表示。

抗压强度，是岩石力学性质中的一个重要指标。岩石的抗压强度最高，抗剪强度居中，抗拉强度最小。岩石越坚硬，其值相差越大，软弱的岩石差别较小。岩石的抗剪强度和抗压强度，是评价岩石（岩体）稳定性的指标，是对岩石（岩体）的稳定性进行定量分析的依据。由于岩石的抗拉强度很小，所以当岩层受到挤压形成褶皱时，常在弯曲变形较大的部位受拉破坏，产生张性裂隙。

2.6.2 影响岩石工程地质性质的因素

影响岩石工程地质性质和因素是多方面的，但归纳起来有两个方面：一是岩石本身的特征，如岩石的矿物成分、结构、构造及成因等因素；另一个是岩石形成后所受外部因素的影响，如水的作用及风化作用等。现就上述因素对岩石工程地质性质的影响讨论如下：

1. *矿物成分*

岩石是由矿物组成的，岩石的矿物成分对岩石的物理力学性质产生直接的影响。例如辉长岩的密度比花岗岩大，这是因为辉长岩的主要矿物成分辉石和角闪石的密度比石英和正长石大的缘故。又如石英岩的抗压强度比大理岩要高得多，这是因为石英的抗压强度比方解石高的缘故。因此如果组成岩石的矿物成分不同，岩石的物理力学性质会有明显的差别。同时不同矿物由于本身晶体结构和元素的交换能力不同，具有不同的抗风化能力。随着岩石中原生矿物的不断分解变化和新的次生矿物不断形成，岩石的工程地质性质也在逐渐变化。通常暗色矿物比浅色矿物（或铁镁矿物比硅铝矿物）易风化分解破坏，因此按矿物的抗风化能力强弱，可将常见矿物分为：不稳定的矿物（如基性斜长石、黑云母、黄铁矿、

橄榄石等)，较稳定矿物（如角闪石、辉石、正长石、酸性斜长石等）及稳定矿物（如石英、白云母、石榴石等)。以上分析表明岩石矿物成分对岩石的工程地质性质影响深远。

从工程要求来看，大多数岩石的强度相对来说都是比较高的。所以，在对岩石的工程地质性质进行分析和评价时，更应该注意那些可能降低岩石强度的因素，如花岗岩中的黑云母含量是否过高，石灰岩、砂岩中粘土矿物的含量是否过高等。因为黑云母是硅酸盐类矿物中硬度低、解理最发育的矿物之一，它容易遭受风化而剥落，也易于发生次生变化，最后成为强度较低的铁的氧化物和粘土矿物。而粘土矿物本身强度低，吸水后容易膨胀，失水后产生收缩，特别是遇水后强度降低较大，影响岩石的工程地质性质。

2. 结构

岩石的结构特征是影响岩石物理力学性质的一个重要因素。根据岩石的结构特征，可将岩石分两类：一类是结晶联结的岩石，如大部分的岩浆岩、变质岩和一部分沉积岩；另一类是由胶结物联结的岩石，如沉积岩中的碎屑岩等。

结晶联结是由岩浆或溶液结晶或重结晶形成的。矿物的结晶颗粒靠直接接触产生的力牢固地联结在一起，结合力强，孔隙度小，比胶结联结的岩石具有较高的强度和稳定性。结晶联结的岩石，结晶颗粒的大小对岩石的强度有明显影响。如粗粒花岗岩的抗压强度，一般在 120～140MPa 之间，而细粒花岗岩有的则可达 200～250MPa。又如大理岩的抗压强度一般在 100～120MPa 之间，而最坚固的石灰岩则可达 250MPa。分析表明，对于矿物成分和结构类型相同的岩石，其矿物结晶颗粒的大小对强度有显著的影响。同时，岩石结构也影响岩石的风化，通常粗粒结构岩石比细粒结构岩石易风化，不等粒结构岩石比等粒结构岩石易风化。

胶结联结是矿物碎屑由胶结物联结在一起的。胶结联结的岩石，其强度和稳定性主要决定于胶结物的成分和胶结的形式，同时也受碎屑成分的影响，变化很大。就胶结物的成分来说，硅质胶结的强度和稳定性高，泥质胶结的强度和稳定性低，铁质和钙质胶结的介于两者之间。如泥质胶结的砂岩，其抗压强度一般只有 60～80MPa，钙质胶结物的可达 120MPa，而硅质胶的则可达 170MPa。胶结联结的形式主要有基底胶结、孔隙胶结和接触胶结。基底胶结的碎屑物质散布于胶结物中，碎屑颗粒互不接触，所以基底胶结的岩石孔隙小，强度和稳定性完全取决于胶结物的成分。当胶结物和碎屑的成分相同时（如硅质)，经重结晶作用可以转化为结晶联结，强度和稳定性将会随之提高。孔隙胶结的碎屑颗粒互相直接接触，胶结物充填于碎屑的孔隙中，所以其强度与碎屑和胶结物的成分有关系。接触胶结则仅在碎屑的相互接触处有胶结物联结，所以接触胶结的岩石，一般都是孔隙度大、密度小、吸水率高、强度低、易透水。因此研究岩石结构有助于了解岩石工程地质性质。

3. 构造

构造对岩石物理力学性质的影响，主要是由矿物成分在岩石中分布的不均匀性和岩石结构的不连续性所决定的。前者是指某些岩石所具有的片状构造、板状构造、千枚状构造、片麻状构造以及流纹构造等。岩石的这些构造，往往使矿物成分在岩石中的分布极不均匀。一些强度低、易风化的矿物，多沿一定方向富集，或成条带状分布，或成局部的聚集体，从而使岩石的物理力学性质在局部发生很大变化。观察和实验证明，岩石受力破坏和岩石遭受风化，首先都是从岩石的这些缺陷中开始发生的。后者是指不同的矿物成分虽然在岩石中的分布是均匀的，但由于存在着层理、裂隙和各种成因的孔隙，致使岩石结构的连续性与整体性受到一定程度的影响，从而使岩石的强度和透水性在不同的方向上发生明显的差异。一般来说，垂直层面的抗压强度大于平行层面的抗压强度，平行层面的透水性大于垂直层面的透水性。假如上述两种情况同时存在，则岩石的强度和稳定性将明显降低。

4. 风化

风化是温度、水、气体及生物等综合因素影响下，改变岩石状态、性质的物理化学过程。它是自然界最普遍的一种地质现象。一般分为物理风化、化学风化和生物风化。

物理风化促使岩石的原有裂隙进一步扩大，并产生新的风化裂隙，使岩石矿物颗粒间的联结松散和使矿物颗粒解理面崩解。风化作用的这种物理过程，能促使岩石的结构、构造和整体遭到破坏，孔隙度增大，密度减小，吸水性和透水性显著增高，强度和稳定性大为降低。化学风化则会引起岩石中的某些矿物发生次生变化，溶解或形成新的矿物，从根本上改变岩石原有的工程地质性质。而生物风化对岩石的破坏作用方式有物理和化学两种。植物根的生长可使岩石遭受机械破坏，生物新陈代谢和遗体腐烂的产物以及微生物的作用，又可对岩石产生化学风化作用。

5. 水

水对岩石工程地质性质的影响很大，首先岩石含水饱和后强度降低，这已为大量的实验资料所证实。当岩石受到水的作用时，水就沿着岩石中可见和不可见的孔隙、裂隙浸入，浸湿岩石自由表面上的矿物颗粒，并继续沿着矿物颗粒间的接触面向深部浸入，削弱矿物颗粒间的联结，使岩石的强度受到影响。如石灰岩和砂岩被水饱和后，其极限抗压强度会降低25%～45%左右。就是像花岗岩、闪长岩及石英岩等一类岩石，被水饱和后，其强度也均有一定程度降低。降低程度在很大程度上取决于岩石的孔隙度。当其他条件相同时，孔隙度大的岩石，被水饱和后其强度降低的幅度也大。同上述的几种影响因素比较起来，水对岩石强度的影响，在一定程度上是可逆的，当岩石干燥后其强度仍然可以得到恢复。其次，岩石中水的存在会影响岩石的抗冻性能；同时岩石中水的静水压力和动水压力对岩石的工程地质性质影响也很大。再次，水溶液以及氧、二氧化碳气体与岩石接触会发生化学反应，这不仅会使岩石破坏，还可能使岩石的化学成分发生显著的变化，形成新矿物，如正长石在水的作用下变成高岭石。又如水和二氧化碳作用使石灰岩溶解，使岩石结构状态发生改变，则岩石工程地质性质发生变化。

2.6.3 岩石按工程特性的划分

岩土工程勘察规范（GB 50021—2001）按岩石的坚硬程度［饱和单轴极限抗压强度f_r（MPa）］划分为5类：坚硬岩石（$f_r>60$）、较硬岩（$60\geqslant f_r>30$）、较软岩（$30\geqslant f_r>15$）、软岩（$15\geqslant f_r>5$）、极软岩（$f_r\leqslant 5$）。

岩土工程勘察规范（GB 50021—2001）按岩石风化程度划分为6类：未风化、微风化、中等风化、强风化、全风化、残积土。

第3章 地质构造

3

3.1 地质作用

在地质历史发展过程中，由自然动力引起，促使地壳的组成物质、构造和地表形态不断变化和发展的作用，称为地质作用。

地质作用按其能量的来源不同，可分为外力地质作用和内力地质作用。

3.1.1 外力地质作用

由地球范围以外的能量所引起的地质作用称为外力地质作用。它的能量主要是来自太阳辐射能、太阳和月球的引力能以及地球的重力能等。其作用方式有风化、剥蚀、搬运、沉积和成岩。外力地质作用的总趋势是削高补低，使地面趋于平坦，使地壳面貌不断发生变化。

(1) 风化作用　在温度变化、气体、水及生物等因素综合影响下，使地壳表层的岩石发生物理和化学变化，在原地发生崩解、破碎、分解的作用称为风化作用。风化作用将在第4章详细介绍。

(2) 剥蚀作用　将风化产物从岩石上剥离下来，同时也对未风化的岩石起破坏作用，不断改变着岩石面貌。剥蚀作用可分为：流水、海水和湖水的冲蚀，地下水的潜蚀，风的吹蚀，冰川的刨蚀等。

(3) 搬运作用　岩石经过风化剥蚀后的产物，被风和地表流水、冰川、地下水、湖水和海水等介质搬运，离开母岩区，搬运到其他地方的作用。搬运方式分为三种：

1) 拖曳搬运。被搬运物质（粗大岩块）在地面和河床底以滚动或跳跃前进，随搬运能力的减弱而逐渐沉积。

2) 悬浮搬运。被搬运物质（颗粒较细）悬浮于水中或随风在空气中搬运。距离可以很远。

3）溶解搬运。被搬运的物质溶解于水中，以真溶液和胶体溶液状态搬运，可被搬运到较远的湖盆和海洋中沉积。

（4）沉积作用　被搬运的物质，经过一定距离后，由于搬运介质的搬运能力的减弱、搬运介质的物理化学条件发生变化或在生物的作用下，被搬运的物质从搬运介质中分离出来，形成沉积物的过程，叫沉积作用。沉积作用的方式有机械沉积作用、化学沉积作用和生物沉积作用。

（5）成岩作用　沉积物转变为沉积岩的过程称为成岩作用。成岩作用可分为：

1）压固作用。先沉积的松散碎屑物，在静压力作用下，水分被排出，逐渐被压实、固结成岩。

2）胶结作用。可溶介质分离出的泥质、钙质、铁质、硅质等充填于碎屑沉积物颗粒之间，经过压实，使碎屑颗粒胶结起来，形成坚硬的碎屑岩。

3）重结晶作用。由溶液中沉淀或重结晶作用产生的沉积矿物组成化学及生物化学沉积岩。

3.1.2 内力地质作用

内力地质作用是由地球旋转能、重力能和放射性元素蜕变产生的热能所引起，主要是在地壳或地幔中进行。内力地质作用包括地壳运动、岩浆作用、变质作用和地震等。岩浆作用、变质作用已在第 2 章介绍，地震将在第 6 章介绍，在此仅阐述地壳运动。

地壳运动又称为构造运动，是由地球自转速度改变等原因，使得组成地壳物质的结构、构造发生变化。地壳运动引起海陆变迁，产生各种地质构造。它是内力地质作用的一种重要形式，也是改变地壳面貌的主导因素。按地壳运动的方向，可分为垂直运动和水平运动。

（1）垂直运动　在地壳演化过程中，地壳的垂直运动，使地面隆起和凹陷，形成海进和海退；地壳的垂直运动，控制了沉积岩的物质成分的来源和性质，同时也影响沉积岩的厚度和空间分布。

（2）水平运动　水平运动是地壳演化过程中，表现得较为强烈的一种运动形式。水平运动主要表现为地壳受水平挤压或拉伸，形成岩层的褶皱、断裂。一般认为，水平运动是形成地壳表层各种构造形态的主要原因。

地壳运动在空间上和时间上发展是不均衡的。在同一地质时期，不同地区地壳运动的方式和强度不同。有的地区运动强度大，称为活动区；有的地区运动强度小，称为稳定区。在同一地区，不同地质时期地壳运动的方式和强度亦不同。有时表现为比较稳定状态，长期缓慢运动；有时表现为比较活动状态的剧烈运动。

地壳运动有一定的规律性，总是由长期缓慢运动转化为急速剧烈运动，使地壳发展历史显示一定的阶段性。地壳运动不仅可以改变地表形态，使地壳发生构造变动，还会导致全球的气候变化，并伴随着岩浆作用、变质作用和地震的发生。地壳运动是地壳发展演变的主要因素。

发生在晚第三纪末和第四纪的构造运动，称为新构造运动。人类历史时期发生的构造运动，称为现代构造运动。

3.2 地质年代

岩层的地质年代有两种，一种是绝对地质年代，另一种是相对地质年代。绝对地质年代是指组成地壳的岩层从形成到现在有多少"年"。它能说明岩层形成的确切时间，但不能反映岩层形成的地质过程。相对地质年代能说明岩层形成的先后顺序及其相对的新老关系，如哪些岩层是先形成的，是老的；哪些岩层是后形成的，是新的，它并不包含用"年"表示的时间概念。可以看出，相对地质年代虽然不能说明岩层形成的确切时间，但能反映岩层形成的自然阶段，从而说明地壳发展的历史过程。所以在地质工作中，一般以应用相对地质年代为主。

3.2.1 绝对地质年代确定

许多岩石中含有微量的放射性元素，岩石形成初期，放射性元素的含量比（丰度）是固定的。自岩石形成开始，其所含的放射性同位素（称母体）开始衰变，如无特殊的地质作用影响，蜕变产物（子体）仍保存于岩石的矿物晶体格架之中。通过仪器可测定岩石中放射性元素（母体）和蜕变产物（子体）的含量，进而可推算出岩石的形成时间。

3.2.2 相对地质年代的确定

1. 沉积岩相对地质年代的确定

沉积岩岩层（地层）的相对地质年代主要是根据地层层序、岩性变化、接触关系和古生物化石来确定。

（1）地层层序　正常沉积的地层应该是先沉积的岩层在下，后沉积的岩层在上，形成上新下老正常、自然的层序规律。这样，可以由岩层在层序中的位置来确定其相对地质年代。经历了剧烈地质构造变动地区的岩层可能会使岩层的正常层序发生变化，因此判断此岩层的相对地质年代就要具体问题具体分析。

（2）岩性　作为岩层对比的基础，在一定区域内，同一地质时期所形成岩层的组成、结构、构造特点是一致或近似的。但需注意，同一地质年代的不同地区，由于沉积物的组成不同，性质不一定相同；同一地区不同地质年代，也有可能形成性质相同或相似的岩层。

（3）接触关系　根据不同地质年代地层之间的接触关系来确定沉积岩的相对

地质年代。

1）整合接触。在沉积盆地的稳定沉积环境中不同时代的沉积物地层一层层连续沉积，中间没有间断，这种地层之间的接触关系称为整合接触。

2）平行不整合接触（假整合）。当地壳原来的沉积环境发生变化，地壳上升，地层表面不但不再沉积新的沉积物，还要受到风化剥蚀作用，形成高低不平的侵蚀面，之后地壳再次下降，侵蚀面上又有新的沉积物和沉积地层出现。这时侵蚀面上下的新老地层之间岩层大致平行，其之间的接触关系为不整合（假整合）接触，该侵蚀面为不整合面（见图3-1）。

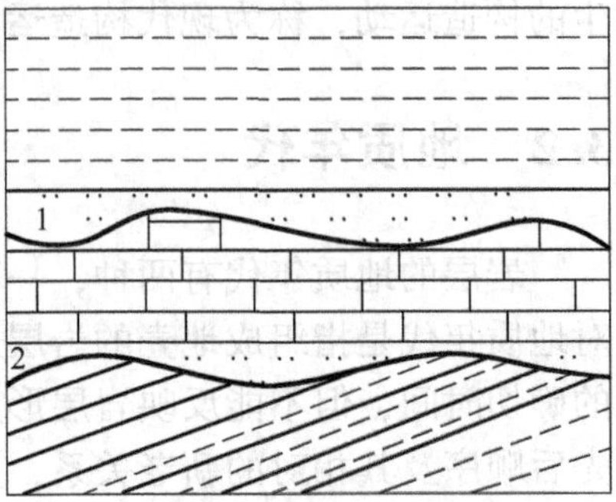

图 3-1 地层接触关系
1—平行不整合 2—角度不整合

3）角度不整合接触。当地壳地层因构造变动发生褶皱和断裂时，水平岩层发生倾斜，上升后的倾斜岩层，经过风化剥蚀后，再次下降有新的沉积物沉积，这时新老地层之间有地层缺失，不整合面上下地层的岩层呈角度相交，这种接触关系为角度不整合接触（见图3-1）。

（4）生物层序 地球上的生物进化是由简单到复杂、由低级向高级发展演化的，灭绝的生物不会重复出现，每一个地质年代都有适应于那个年代地质环境和发展阶段特有的古生物。不同的地质年代沉积的沉积岩中都含有和地质年代对应的特征古生物化石群。不论距离远近，含有相同化石的岩层，都是一个地质年代形成的。因此根据岩层中所含化石的地质年代就可以确定岩层的地质年代。

2. *岩浆岩相对地质年代的确定*

（1）接触关系 根据岩浆岩体与周围围岩的接触关系来确定其相对地质年代。

1）侵入接触。岩浆侵入到沉积岩层中，使围岩发生热力变质现象。根据侵入关系，岩浆侵入体的形成年代晚于周围围岩形成的地质年代（见图3-2a）。

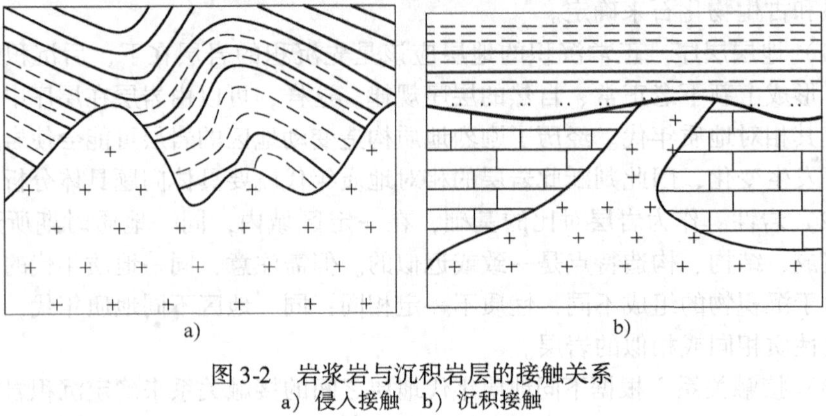

图 3-2 岩浆岩与沉积岩层的接触关系
a）侵入接触 b）沉积接触

2）沉积接触。岩浆岩经过长期风化剥蚀后，在其侵蚀面上又发生新的沉积，形成新的沉积岩层（无变质现象），在新沉积岩的底部有时可发现由岩浆岩组成的砾岩或岩浆岩风化剥蚀的痕迹。根据岩浆岩与沉积岩的接触关系说明岩浆岩形成的地质年代在先，沉积岩形成的地质年代在后（见图3-2b）。

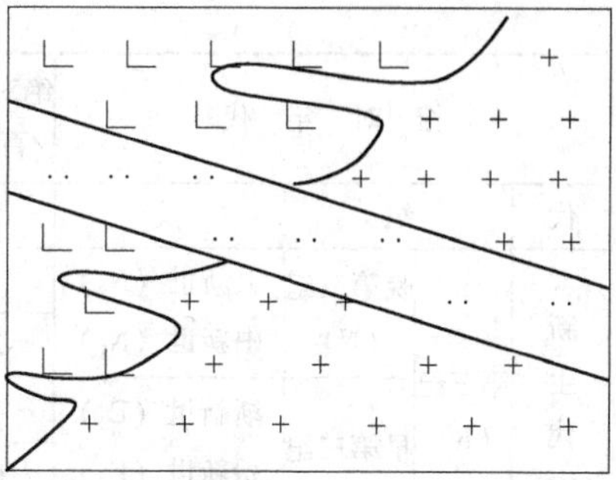
图 3-3 穿插构造

（2）穿插构造 根据岩浆岩的侵入体（岩株、岩脉等）与被它侵入的围岩（可以是岩浆岩和沉积岩）之间的关系来确定其相对地质年代。岩浆岩的侵入体应较被它穿过的最新岩层还要年轻（见图3-3）。

3.2.3 地质年代表

（1）地质年代的划分 地质学家根据地壳的几次大的构造变动和生物演变的阶段性，把地质历史分为五个“代”，“代”以下分为若干个“纪”，由于纪内生物发展和地质情况不同，纪以下又划分为若干“世”和“期”。代、纪、世、期称为地质年代单位。对于特定地质年代内所形成的岩石体，称为时间地层单位。时间地层单位包括：界、系、统、阶。地质年代单位与时间地层单位的对应关系如表3-1所示。

表3-1 地质年代单位与时间地层单位

地质年代单位	代	纪	世	期
时间地层单位	界	系	统	阶

（2）地质年代表 地质年代表在1756年提出，现代地质年代表在19世纪发展起来并不断完善和充实，中国的地质年代表如表3-2所示。

表3-2 地质年代表

相对年代			绝对年龄/百万年	主要构造运动	我国地史简要特征
代	纪	世			
新生代（K_z）	第四纪（Q）	全新世（Q_4）	0.01	喜马拉雅运动	地球表面发展成现代地貌，多次冰川活动，近代各种类型的松散堆积物，黄土形成，华北、东北有火山喷发，人类出现
		更新世上（Q_3）	0.12		
		更新世中（Q_2）	1		
		更新世下（Q_1）	2		

（续）

相对年代				绝对年龄/百万年	主要构造运动	我国地史简要特征
代	纪		世			
新生代（K_z）	第三纪（R）	晚第三纪（N）	上新世（N_2）	12	喜马拉雅运动	我国大陆轮廓基本形成，大部分地区为陆相沉积，有火山岩分布，台湾岛、喜马拉雅山形成。哺乳动物和被子植物繁盛，是重要的成煤时期，有主要的含油地层
			中新世（N_1）	26		
		早第三纪（E）	渐新世（E_3）	40		
			始新世（E_2）	60		
			古新世（E_1）	65		
中生代（M_z）	白垩纪（K）		晚白垩世（K_2）	137	燕山运动	中生代构造运动频繁，岩浆活动强烈，我国东部有大规模的岩浆岩侵入和喷发，形成丰富的金属矿
			早白垩世（K_1）			
	侏罗纪（J）		晚侏罗世（J_3）	195	印支运动	我国中生代地层极为发育，华北形成许多内陆盆地，为主要成煤时期。三叠纪时华南仍为浅海沉积，以后为大祟环境
			中侏罗世（J_2）			
			早侏罗世（J_1）			
	三叠纪（T）		晚三叠世（T_3）	230		生物显著进化，爬行类恐龙繁盛，海生头足类菊石发育，裸子植物以松柏、苏铁及银杏为主，被子植物出现
			中三叠世（T_2）			
			早三叠世（T_1）		海西运动	
古生代（P_z）	晚古生代（P_{z2}）	二叠纪（P）	晚二叠世（P_2）	285		晚古生代我国构造运动十分广泛，尤以天山地区较强烈。华北地区缺失泥盆纪和下石炭统沉积，遭受风化剥蚀，中石炭纪至二叠纪由海陆交替相变为陆相沉积。植物繁盛，为主要成煤期
			早二叠世（P_1）			
		石炭纪（C）	晚石炭世（C_3）	350		
			中石炭世（C_2）			
			早石炭世（C_1）			
		泥盆纪（D）	晚泥盆世（D_3）	400	加里东运动	华南地区一直为浅海相沉积，晚期成煤，晚古代地层以砂岩、页岩、石灰为主，是鱼类和两栖类动物大量繁殖时代
			中泥盆世（D_2）			
			早泥盆世（D_1）			
	早古生代（P_{z1}）	志留纪（S）	晚志留世（S_3）	435		寒武纪时，我国大部分地区为海相沉积，生物初步发育。三叶虫极盛。至中奥陶世后，华南仍为浅海，头足类，三叶虫，珊瑚、蕨类植物发育，是海生无脊椎动物繁盛时代。早古生代地层以海相石灰岩、砂岩、页岩等为主
			中志留世（S_2）			
			早志留世（S_1）			
		奥陶纪（O）	晚奥陶世（O_3）	500		
			中奥陶世（O_2）			
			早奥陶世（O_1）			
		寒武纪（∈）	晚寒武世（$\in_3$）	570		
			中寒武世（$\in_2$）			
			早寒武世（$\in_1$）			

（续）

相对年代				绝对年龄/百万年	主要构造运动	我国地史简要特征
代	纪		世			
元古代（Pt）	晚元古代	震旦纪（Z）		800	晋宁运动	元古代地层在我国分布广、发育厚度大，出露好。华北地区主要为未变质或浅变质的海相硅镁质碳酸盐岩及碎屑岩类夹火山岩。华南地区下部以陆相红色碎屑河湖相沉积为主，上部以浅海相沉积为主，含冰碛物为辅。低等生物开始大量繁殖。菌藻类化石较丰富
		青白口纪（Qn）		1000		
	中元古代	蓟县纪（Jx）		1400		
		长成纪（Ch）		1900	吕梁运动	
	早元古代			2500		
太古代（Ar）				4000	五台运动	太古代构造运动频繁，岩浆活动强烈，侵入岩和火山岩广泛分布，岩石普遍变质很深，形成古老的片麻岩、结晶片岩、石英岩、大理岩等。构成地壳的古老基底。目前已知最古老岩石的年龄为45.8亿年。最老的菌化石为32亿年
地球初期发展阶段						

3.3 地质构造

由于地壳中存在很大的应力，组成地壳的岩层或岩体。在地应力的长期作用下，发生变形变位形成各种构造运动的形迹。构造运动在岩层或岩体中遗留下来的各种构造形迹称为地质构造，如褶皱、断裂。

3.3.1 水平构造与单斜构造

1. 水平构造

未经构造变动影响的沉积岩，其原始产状是水平或近于水平的，称为水平岩层。但在长期复杂的地质运动过程中，即使受地壳构造运动的影响不强烈，或只受升降运动影响，岩层原始产状也经历了一定程度的变化，因此绝对的水平岩层几乎是不存在的。我们经常把倾角小于5°的岩层所具有的构造称为水平构造的岩层（见图3-4）。

2. 单斜构造

由于地壳运动的影响，原来的水平岩层改变了原始状态。如果岩层向一个方向倾斜，岩层层面又近于平面，则其称为单斜岩层。单斜构造可以是褶曲构造的一翼、断层的一盘，可以由局部地层不均匀升降造成（见图3-5）。

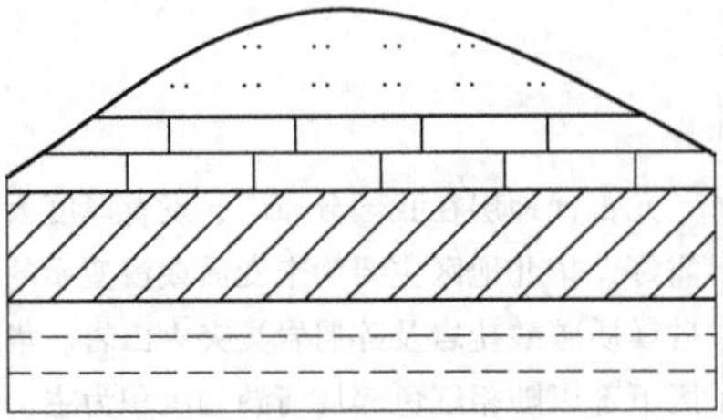

图3-4 水平构造

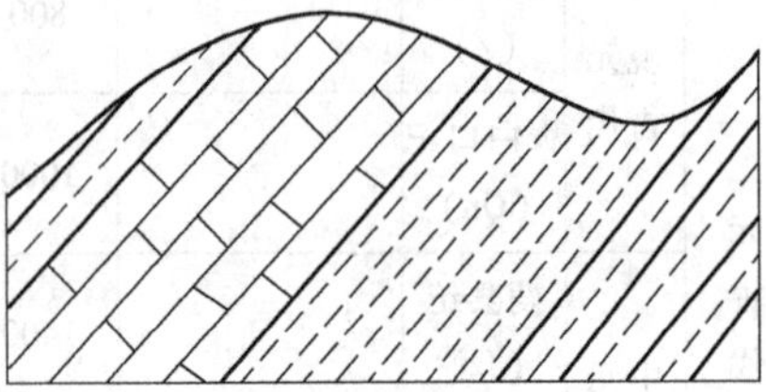

图3-5 单斜构造

3. 岩层产状

岩层产状是指地壳岩层在空间的方位和产出状态。倾斜岩层的产状，是用岩层层面的走向、倾向和倾角三个要素来表示的（见图3-6）。

（1）走向 岩层层面与水平面的交线称为岩层的走向线，走向线的方位角称为岩层的走向。岩层的走向有两个，相差180°。

（2）倾向 在岩层层面上向下做垂直岩层走向线的射线。此射线在水平面上投影称为岩层的倾向线，倾向线所指的方向叫岩层的倾向。岩层的倾向只有一个方向，倾向线与走向线垂直。

（3）倾角 岩层层面与水平面之间所夹的锐角，称为岩层的倾角。其反映岩层在空间的倾斜角度。

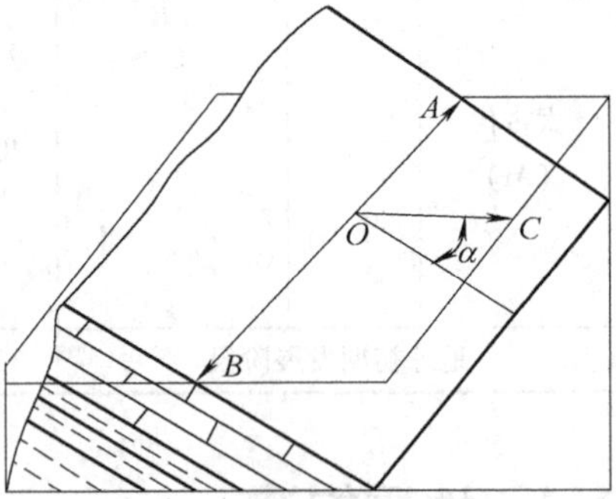

图3-6 岩层产状三要素

AB—走向 OC—倾向 α—倾角

野外地质调查的一项重要工作是测量岩层产状，岩层产状是在野外直接用地质罗盘在岩层层面上测量出来的。其走向、倾向、倾角的测定方法如下：

确定岩层的真正露头，选择层面产状有代表性的平整的岩层层面。将地质罗盘的长边（即罗盘的刻度的南北方向）紧贴岩层层面，并使罗盘水平（气泡居中），读罗盘的南针或北针所指的方位角，即为所测的岩层走向；将罗盘的北端朝向岩层的倾斜方向，罗盘的短边紧贴岩层层面，并使罗盘水平（气泡居中），读罗盘北针所指的方位角，即为所测的岩层倾向；将罗盘的长边沿着最大倾斜方向（与走向线垂直）紧贴岩层层面，并旋转倾角指针，至垂直气泡居中（或放松悬锤倾角指针），此时倾角指示针所指的度数即为所测岩层的倾角。

在地质图上，岩层的产状常用符号 ⊥30°表示，长线表示岩层的走向，与长线垂直的短线表示岩层的倾向，数字表示岩层的倾角。

在文字记录中，岩层产状有方位角表示法和象限角表示法两种表示方法，岩层产状记录中最常用的方法是方位角表示法。

（1）方位角表示法　如走向南西200°，倾向南东110°，倾角30°产状的岩层，因走向可用倾向加减90°得到，一般只记倾向和倾角，可表示为S110°E，∠30°。

（2）象限角表示法　以南、北的方向作为标准，记为0°，正东、西方向为90°。一般按走向、倾向、倾角顺序记录。如前例可表示为S20°W，SE，∠30°。

3.3.2　褶皱构造

组成地壳的岩层在构造应力作用下，使岩层发生一系列波状弯曲而未丧失其连续性、完整性的构造，称为褶皱构造，简称褶皱。

巨大的褶皱构造可延伸达数十甚至数百千米，而小的褶皱只有几厘米。褶皱构造是地壳表层最基本的构造之一。

褶皱构造中的一个弯曲，称为褶曲。褶皱是由一系列的褶曲组成，褶曲是褶皱构造的一个基本组成单位。

1. *褶曲要素*

褶曲的各个组成部分称为褶曲要素，用褶曲要素描述褶曲的空间形态，每一个褶曲构造都有核部、翼、轴面、轴及枢纽等部分（见图3-7）。

核部：指褶曲的中心部分，有时也称轴部。位于褶曲中央，被包裹的部分。

翼部：位于核部两侧的岩层，核部以外向两侧倾斜伸展的部分，即一个褶曲的两边、核部两侧的岩层。

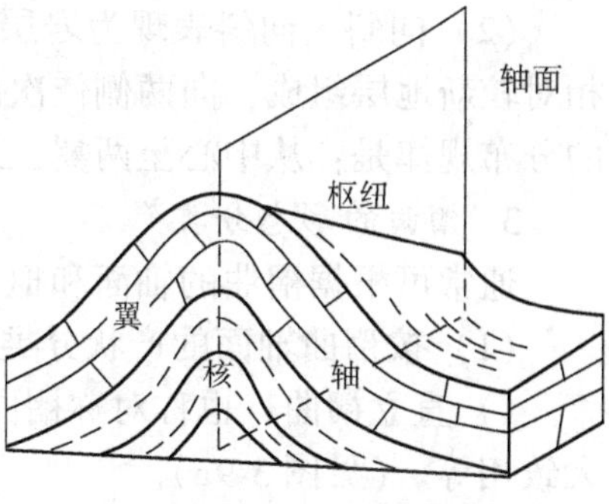

图3-7　褶曲要素

轴面：为了标定褶曲的方位及产状，从褶曲构造顶部平分褶曲两翼的假想面，称为轴面。轴面可以是平面，也可以是曲面，可以是直立的、倾斜的或平卧的。轴面可以随褶曲的形态而变化。

轴：轴面与水平面的交线。当轴面是平面时，轴为水平直线；轴面为曲面时，轴为一水平曲线。轴的方位，表示褶曲构造的方位。轴的长度表示褶曲延伸的规模。

枢纽：是指轴面与同一褶曲岩层层面的交线。枢纽可以是直线或曲线；其产状有水平的，倾斜的，直立的，也有波状起伏的。枢纽可以反映褶曲在延伸方向产状的变化。

2. 褶曲的基本形态

(1) 背斜　背斜表现为岩层向上凸起，两翼岩层倾向相反。其中心核部由相对较老的地层组成，向两侧依次出现较新的岩层。经风化剥蚀后的背斜构造在地面露头的分布规律是：从中心至两翼，地层由老至新，呈对称重复出现（见图3-8）。

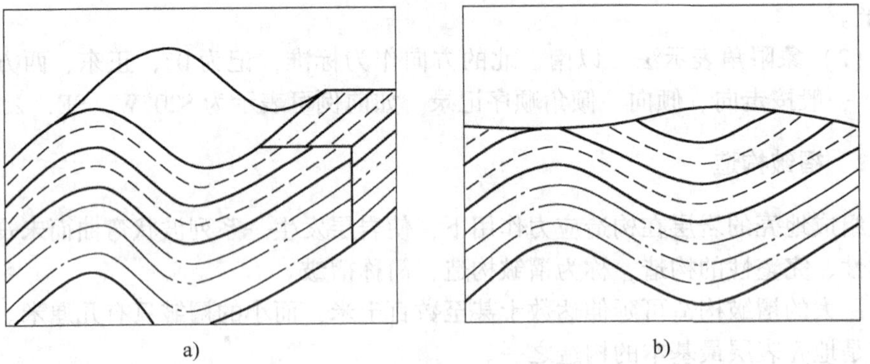

图3-8　褶曲基本形态

a) 剥蚀前　b) 剥蚀后

(2) 向斜　向斜表现为岩层向下弯曲，两翼岩层倾向相向。其中心部位由相对较新地层组成，向两侧依次出现较老的岩层。向斜经风化剥蚀后在地面露头的分布规律是：从中心至两翼，地层由新至老，也呈对称重复出现（见图3-8）。

3. 褶曲的形态分类

通常可根据褶曲的轴面和枢纽产状的变化进行分类。

(1) 按褶曲轴面的产状分类

1) 直立褶曲：也称对称褶曲，褶曲的轴面直立，两翼岩层倾向相反，倾角大致相等。(见图3-9a)。

2) 倾斜褶曲：褶曲轴面倾斜，两翼岩层倾向相反，倾角不等（见图3-9b)。

3) 倒转褶曲：褶曲轴面倾斜，两翼岩层倾向相同，其中一翼岩层的层序正常，另一翼岩层的层序倒转（见图3-9c)。

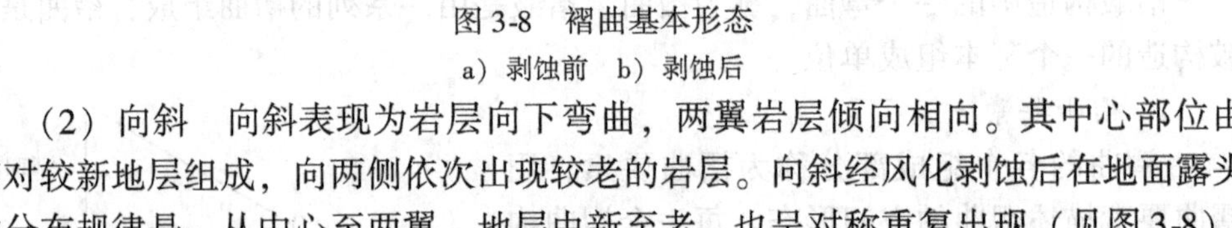

图3-9　按褶曲轴面产状划分褶曲类型

a) 直立褶曲　b) 倾斜褶曲　c) 倒转褶曲　d) 平卧褶曲

4）平卧褶曲：又称横卧褶曲，褶曲轴面近于水平。一翼伏于另一翼之上，故有上下翼分，下翼岩层的层序倒转（见图 3-9d）。

（2）按枢纽产状分类

1）水平褶曲：褶曲枢纽水平，两翼岩层的走向平行，呈不闭合直线状态，向远处延深（见图 3-10a）。

2）倾伏褶曲：褶曲枢纽倾斜，两翼岩层的走向不平行，在倾覆端以闭合曲线交汇（见图 3-10b）。

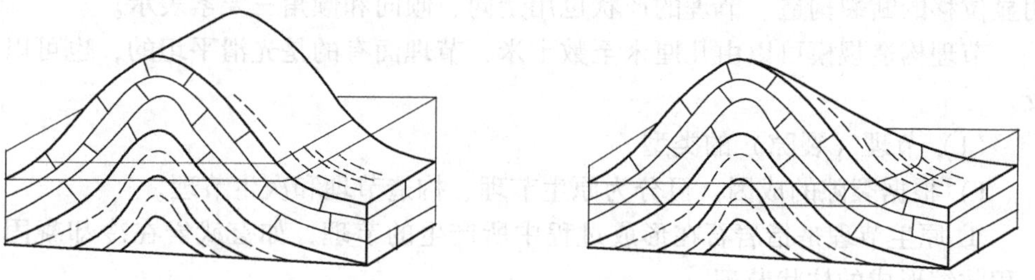

a）

b）

图 3-10 水平褶曲和倾伏褶曲示意图

a）水平褶曲 b）倾伏褶曲

4. 褶皱构造的野外观察

岩层受地应力作用形成背、向斜构造。由于长期的地质作用，原有凸起和凹陷地貌却很难保存下来，一般容易认为的背斜山、向斜谷地貌，在长期遭受地面风化剥蚀和构造作用下，褶皱构造往往残缺不全，甚至向斜山、背斜谷的情况在野外却是比较常见。因此不能仅以地貌、地形的起伏情况作为识别褶曲构造的主要标志。为识别大的褶皱构造形态，首先要观察全区的地层出露规律，进一步可采用路线穿越法和追索法对地层分布规律、地层层序、岩性及露头产状特征，进行系统测量、分析，最终得出其褶皱形态和类型。穿越法和追索法是野外观察各种地质构造和现象的一种基本方法。

穿越法是垂直于岩层的走向进行观察。通过观察可以帮助了解岩层的产状、新老关系和层序，判断是背斜或向斜，进一步通过分析岩层的产状、褶曲要素之间的关系，判断褶曲的形态。

追索法是沿着岩层的走向进行追踪观察，通过观察可了解褶曲的构造变化和延伸方向，在穿越法观察的基础上进一步确定褶曲的类型。两种方法在实践中是以穿越法为主，追索法为辅。结合实际情况灵活使用。

3.3.3 断裂构造

在构造应力作用下地壳中的岩体将产生变形并达到一定程度，使岩石的连续性和完整性受到破坏，产生不同规模的破裂或沿破裂面发生位移而形成断裂构造。

断裂构造是地壳中常见的地质构造。断裂构造发育地区，常成群分布，形成断裂带。根据断裂两侧岩块沿断裂面有无明显位移，断裂构造分为两大类：节理和断层。

1. 节理

节理也称为裂隙，就是岩体中的裂缝。岩体受力破裂后，破裂面两侧岩体无明显位移的断裂构造。节理的产状也用走向、倾向和倾角三要素表示。

节理构造规模可以由几厘米至数十米，节理面有的是光滑平坦的，也可以相反。

（1）节理（裂隙）的类型

1）根据裂隙的成因，可分为原生节理、构造节理和次生节理。

① 原生节理是指岩石在形成过程中所产生的节理，如玄武岩在冷却凝固时体积收缩形成的柱状节理。

② 构造节理是岩体在构造应力作用下产生的节理。它与构造应力的作用方向和作用形式关系密切。因此构造节理分布广泛，具有明显的方向性和规律性，是岩层中主要的破裂结构面，对地下水活动和工程建筑影响极大。

③ 非构造节理是指由于岩体受卸荷、风化、地下水等次生作用而产生的裂隙，如沿沟壁岸发育的卸荷裂隙，岩体近地面表层广泛发育的风化裂隙等。节理分布零乱，没有规律性，破坏了岩体的完整，使岩石成碎块。

2）按节理的力学性质，可分为剪性节理和张性节理。

① 张性节理是岩石受张拉应力作用而形成的裂隙。在褶曲构造向斜和背斜的轴部等张拉应力集中的部位，张性节理发育，且多发育于脆性岩石中。张性节理的裂口呈上宽下窄的楔形，透水性好。节理分布不均匀，间距较大，沿倾向和走向都延伸不远。砾岩中的张性节理面凹凸不平，常伸展于砾石之间。

② 剪（扭）性节理。当岩石所受到的剪应力达到并超过岩石的抗剪强度时，则产生剪性节理。剪性节理面常成对出现，与大主应力成交角 $45° - \varphi/2$（φ 为岩石的内摩擦角），交叉成“X”型，将岩石切割成菱形块体。剪性节理一般是闭合的，节理面平坦光滑，常有摩擦擦痕，剪性节理的产状稳定，沿走向和倾向延伸较远，在砾岩或粗砂岩中，剪性节理能较平整地切割砾石和粗砂碎屑。剪性节理常出现在褶曲的翼部和断层附近。

（2）节理的工程地质评价　地壳中广泛发育的节理，除有利于开挖外，节理对岩体的强度和稳定性均有不利的影响。它破坏了岩体的完整性，水易沿裂隙渗入，加速岩石的风化，降低了基岩的承载力，增大岩石渗透性等。节理会造成边坡失稳和人工开挖边坡崩塌和塌方。可使地下工程围岩失稳和隧洞顶坍塌。在岩体中爆破，节理裂隙会影响爆破作业效果。因此，在节理裂隙发育地区，节理对工程建筑的不利影响，应进行深入的调查研究和详细论证，以采取相应处理措施，保证工程建筑的安全和正常使用。

（3）节理调查、统计和表示方法　为了掌握节理对工程岩体稳定性的影响，了解建筑场地节理的分布规律，在进行工程地质勘测时，可以对节理裂隙进行野外详细调查和室内资料整理，并用统计图表形式把岩体裂隙的分布情况表示出来。

1）节理的野外调查。由于构造节理的产生多与褶皱和断裂构造有关。所以首先了解调查区内构造的轮廓和构造应力的作用特征是必要的。

根据调查工作的性质和任务确定调查的范围和详细程度。

在进行地质测绘时，根据地质构造复杂程度设置适当的观测点，并根据节理发育程度确定每一测点的测量统计面积。如果工程需要，可结合建筑物的位置，选择有代表性的地段，进行详细测量。

对于每一观测点，应确定其地理位置、构造部位、地层岩性产状，并鉴定各组节理的成因和类型、节理面的性质、节理内充填物和含水情况等。观测统计节理规模（长度、宽度、深度）、节理产状（走向、倾向、倾角）、充填胶结情况、节理密度、节理的条数和相互的穿插关系。并按记录表格逐项进行登记，典型测点处要进行拍照。

2）节理观测资料的室内整理。将野外调查统计资料进行整理，并用统计图把它表示出来，以便对比分析。节理的统计常采用节理玫瑰图来表示。节理玫瑰图能较直观反映出节理的产状和分布情况，且作图简单容易，常被广泛应用。

节理玫瑰图可以用节理走向编制，也可以用节理倾向编制。其编制方法是：

① 节理走向玫瑰图。将野外测量统计的节理走向数据按每5°或10°为一组，统计每组节理的条数并计算出每组节理的平均走向。再作任意大小的半圆，画上刻度网，并在圆周标上北、东、西三个方向。自圆心沿半径引射线，射线方位代表每组节理的平均走向方位，射线的长度（按比例）代表每组裂隙的条数，最后把相邻点用直线连接起来，若相邻组内没有线段，则需连回圆心，即作成了走向玫瑰图（见图3-11a）。

为了表示最发育一组节理的倾向、倾角，可在走向玫瑰图上沿最发育一组节理的平均走向方向上，沿径向引一延长线，并将其等分成90°，用来表示节理的倾角。再在该线顶端再作一垂直线，其长度（按比例）代表节理的条数，其所指的方向代表节理的倾向，将该组节理按倾向再分组，根据每组节理倾向和条数点点，每组画成三角形，这就完成了最发育一组节理倾向和倾角图。

在该图上还可标出河流及建筑物方向，分析节理与建筑物关系。可了解勘察区岩体节理裂隙的发育规律。

② 节理倾向玫瑰图。将野外测量统计的节理倾向的数据按每 5°或 10°为一组，统计每组节理的条数并计算出每组节理的平均倾向。用节理走向玫瑰图的制图方法，根据每组节理的平均倾向和条数点点，把相邻点用直线连接起来，即得节理倾向玫瑰图（见图 3-11b）。

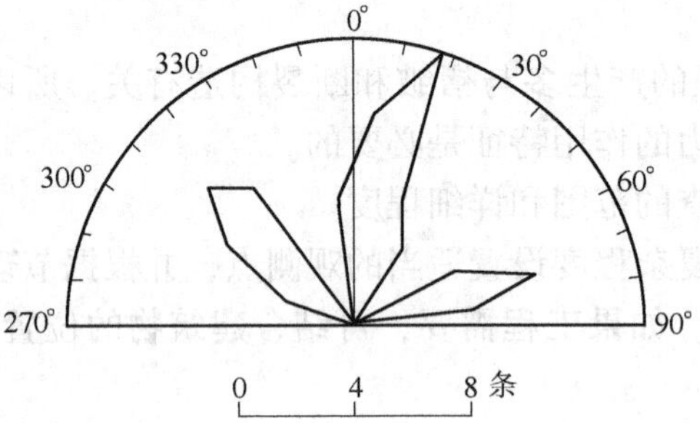

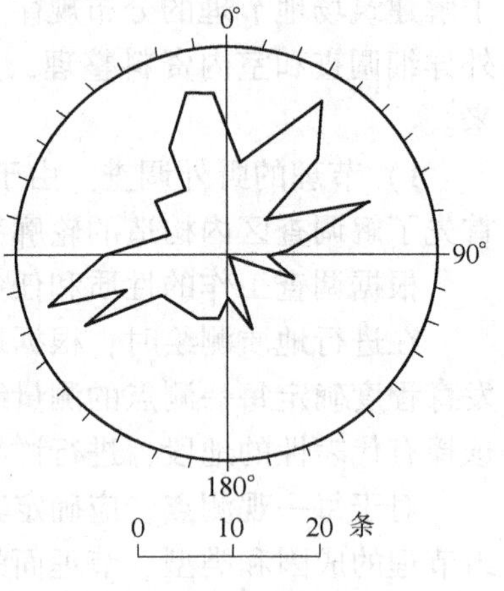

图 3-11 节理玫瑰图

a）节理走向玫瑰图 b）节理倾向玫瑰图

2. 断层

断层是岩体受力断裂后，断裂面两侧岩体有显著位移的断裂构造。断层在地壳中广泛分布，种类繁多，形态各异，规模大小十分悬殊。小的断层只有几米，大的断层可延伸数百千米至上千千米，相对位移从几厘米至几十千米，深度甚至可切穿地壳至上地漫，影响范围很广。断层严重破坏了岩体的完整性，对岩体的稳定性、渗透性、地震活动和区域稳定有重大的影响，断层是地下水汇聚的场所和运动的良好通道。

（1）断层要素 习惯上把断层的各个组成部分叫做断层要素（见图 3-12）。断层由以下几部分组成：

1）断层面和破碎带。两侧岩体发生相对位移的断裂面为断层面。断层面可以是平面或立面，也可以是弯曲的或波状起伏的曲面，由于断层面两侧岩体的错动，常在断层面上留有擦痕。有些规模大的断层，往往不是发生在一个简单的面上，而是沿

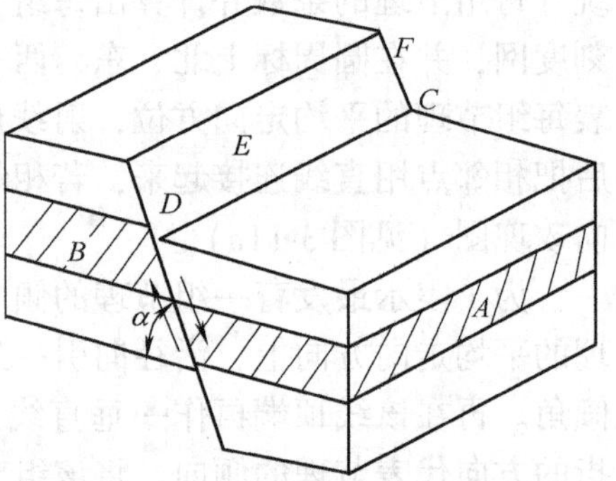

图 3-12 断层要素

A—上盘 *B*—下盘 *CD*—断层线

E—断层面 *α*—断层倾角 *CF*—总断距

着宽度数厘米到数十米不等的断层破碎带发生。破碎带的宽度与断层的规模有关，断层规模越大，破碎带就越宽，越复杂，在断层带中常形成糜棱岩、断层角砾和断层泥等。断层面的产状也是用走向、倾向和倾角表示。

2）断层线。断层线是断层面与地面的交线，或是断层面在地表的出露线。断层线表示断层的延伸方向，是地质界线之一。根据断层面的倾斜、形态及地面起伏情况不同，断层线可以是直线或是曲线。

3）上盘和下盘。被断层面分开的两侧岩块为断盘。当断层面倾斜时，位于断层面上方的叫上盘，位于断层面下方的叫下盘。当断层面近于直立时，没有上下盘之分，则以断层两侧岩块所处方位表示，如东盘、西盘。根据两盘相对位移关系，分为上升盘、下降盘。上升盘、下降盘可以是上盘，也可以是下盘。

4）断距。断层两盘沿断层面相对位移的距离称为断距。

（2）断层的基本类型　断层的分类方法很多，通常是以断层两盘位移的相对关系、断层走向与褶曲轴向的相对关系进行分类。

1）按断层两盘位移相对方向分：

① 正断层：上盘沿断层面相对下降，下盘相对上升的断层（见图3-13a）。正断层是在重力作用或水平张力作用下形成，在垂直于拉张应力的方向上发育。一般规模不大，其断层线比较平直，层面倾角较陡，常大于45°。

② 逆断层：上盘沿断层面相对上升，下盘相对下降的断层（见图3-13b）。逆断层一般受水平压力作用下沿剪裂面形成，常与褶皱构造伴生存在。逆断层的倾角变化很大，断层倾角大于45°的称冲断层；在25°～45°之间的称为逆掩断层，小于25°的称为辗掩断层。逆掩断层和辗掩断层往往是规模很大的区域性断层。

③平推断层：断层两盘沿断层面走向产生相对水平位移的断层（见图3-13c）。平推断层是在水平切应力（扭应力）作用下形成的，其断层面倾角很大，常近于直立，断层线较平直且延伸远，断层面上常有近于水平的擦痕。

正断层、逆断层、平推断层是断层的三个基本类型，由于实际情况岩体受力不仅受单向应力作用，受力条件和边界条件都比较复杂，因此在野外常见到平推断层和正断层或逆断层的复合类型和各种断层的组合形式。平推断层和正断层、平推断层和逆断层的复合类型分别称为平推正断层、平推逆断层。

2）按断层的走向与褶曲轴走向的关系分：

① 纵断层：断层走向与褶曲轴走向平行（见图3-14）。

② 横断层：断层走向与褶曲轴走向垂直（见图3-15）。

③ 斜断层：断层走向与褶曲轴走向斜交。

3）按断层面产状与岩层产状的关系分：

① 走向断层：断层走向与岩层走向一致。

② 倾向断层：断层走向与岩层倾向一致、走向垂直。

③ 斜向断层：断层走向与岩层走向斜交。

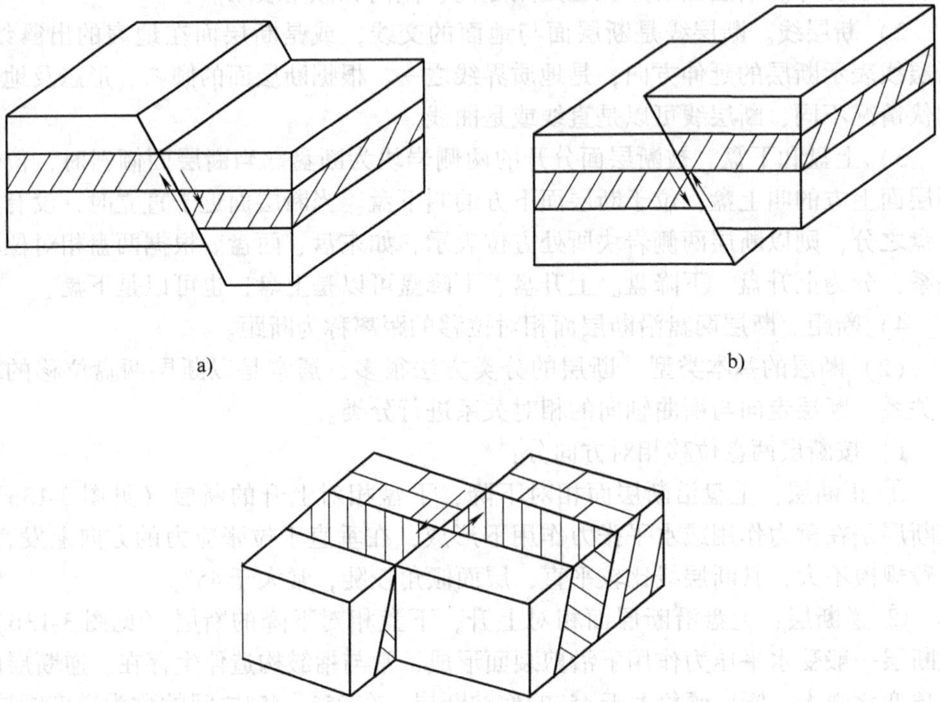

a)　b)　c)

图 3-13　断层的基本类型

a）正断层　b）逆断层　c）平推断层

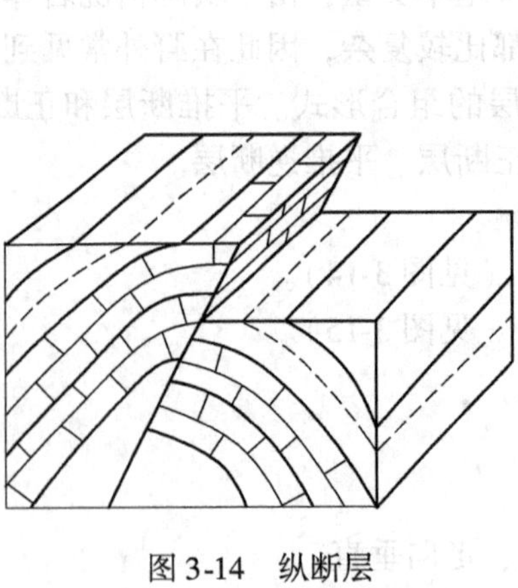

图 3-14　纵断层

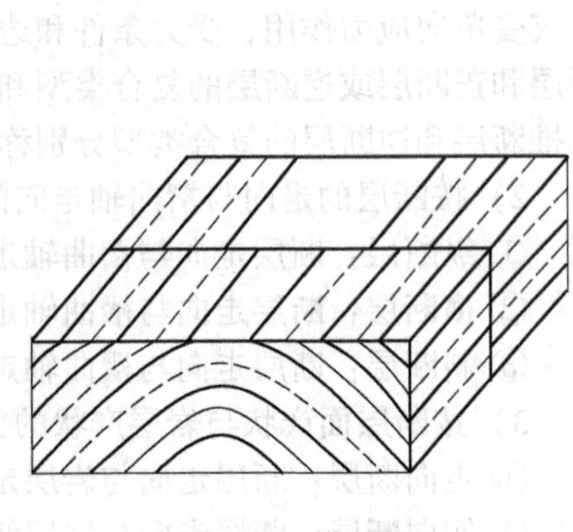

图 3-15　横断层

(3) 断层的组合形式 断层的形成和分布与岩层和岩体的状况、地区性地应力场的分布等因素有关，断层构造很少在一次大的构造运动中孤立存在，而是同时形成多组构造，各构造之间以一定的力学性质作用下的排列组合方式出现，形成多组不同性质的断层带，断层带也叫断裂带。分布比较广泛的一系列大致平行的断层组合，如阶梯状断层（见图3-16）、地垒和地堑（见图3-17）和叠瓦式断层（见图3-18）等。

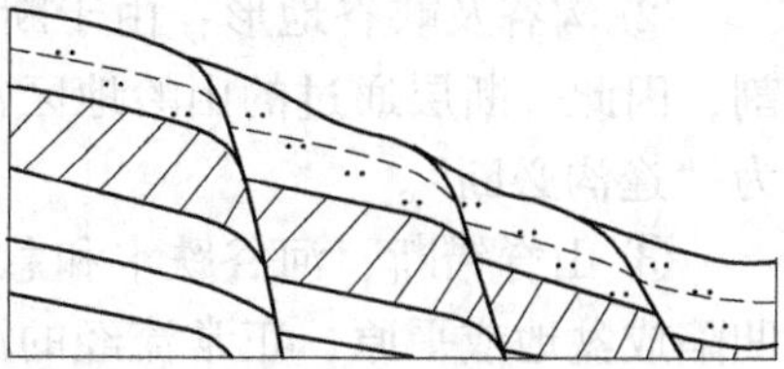

图3-16 阶梯状断层剖面示意图

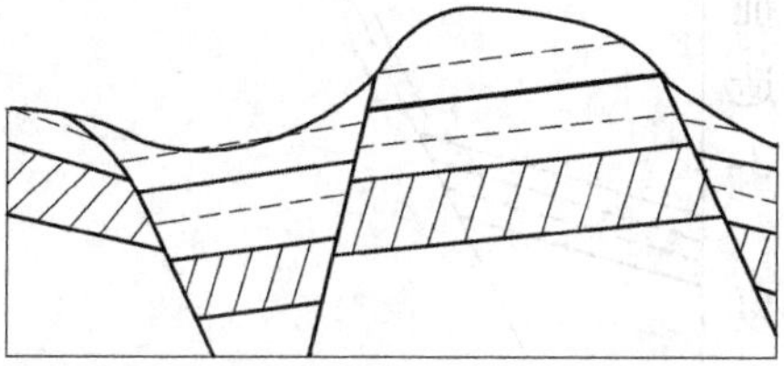

图3-17 地垒和地堑剖面示意图

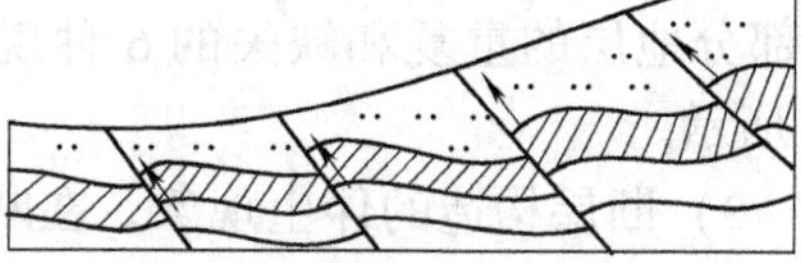

图3-18 叠瓦式断层剖面示意图

(4) 断层的野外识别 为防止断层对工程建筑的不利影响，识别断层的存在及断层面产状是前题，在野外若不能直接见到断层剖面，需要寻找一些其他标志和规律来识别断层的存在。

1) 地貌特征。

① 断层崖及断层三角面：断层两盘相互运动，特别是断距较大时上升盘的断层面常形成断层崖，崖面在风化作用下会形成一排三角形陡壁地形，即断层三角面地形（见图3-19）。

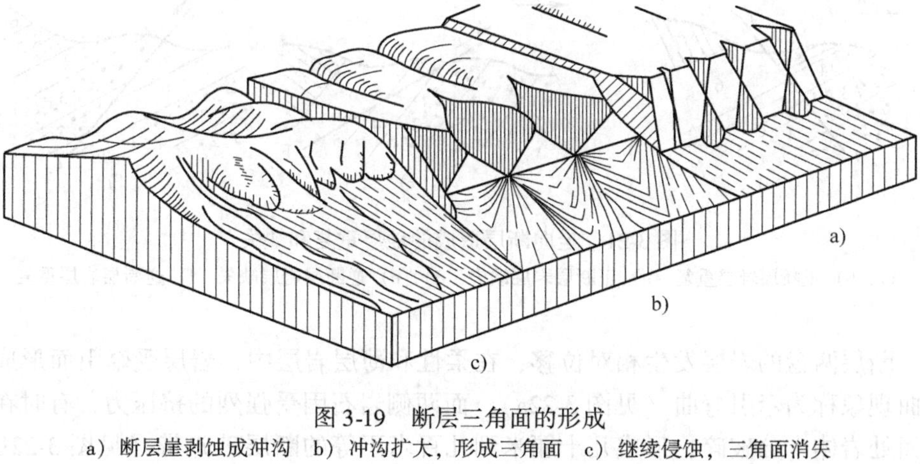

图3-19 断层三角面的形成

a）断层崖剥蚀成冲沟 b）冲沟扩大，形成三角面 c）继续侵蚀，三角面消失

② 沟谷及峡谷地形：由于断层造成岩石的破碎，容易被流水等所剥蚀和切割，因此，断层通过的山岭地区常表现为沟谷或峡谷地形地貌。但也不能绝对认为“逢沟必断”。

③ 山脊错断、河谷跌水和急转的河流：正常延伸的山脊被错断，山脊突然凹陷成盆地或平原，正常流经的河流突然转向，一些深切顺直的河谷及河谷跌水瀑布等地貌标志都有可能是断层构造在地貌上的反映。

2）地层特征。正常层序的岩层发生重复、缺失、岩脉被错断（见图 3-20），在平面或剖面出现不连续，岩层走向突然发生中断或与不同性质的岩层突然发生接触等特征都说明有断层存在的可能性。走向断层常造成部分地层的重复和缺失的 6 种现象如图 3-21 所示。

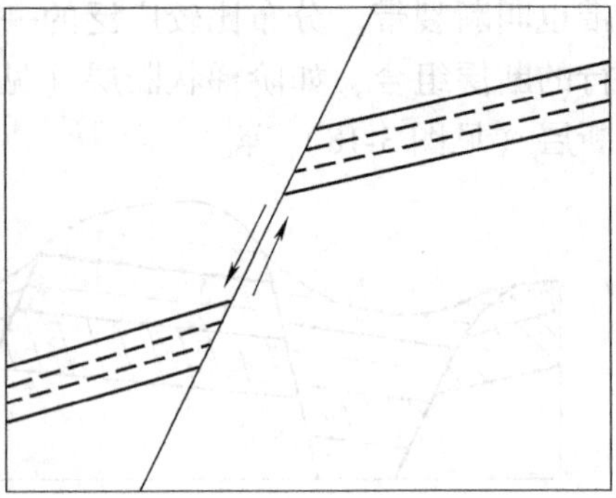

图 3-20　岩脉错断

3）断层构造的伴生现象。在断层构造发展过程中断层面或带上遗留下来的形迹，可作为断层识别的标志。常见的有岩层的牵引弯曲、断层角砾、糜棱岩、断层泥、断层擦痕、阶步和摩擦镜面等（见图 3-22）。

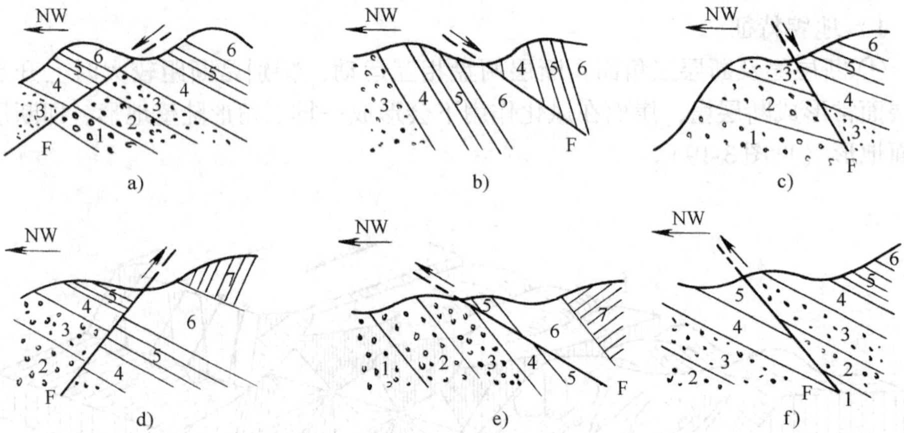

图 3-21　走向断层造成的地层重复和缺失

a)，b）正断层岩层重复　c）正断层岩层缺失　d)，e）逆断层岩层缺失　f）逆断层岩层重复

断层两盘的岩层发生相对位移，在柔性和薄层岩层中，岩层受牵引而形成的弯曲现象称为牵引弯曲（见图 3-22a）。而两侧岩石因受强烈的挤压力，有时在断层面处岩体十分破碎，形成几十厘米到几百米不等的断层破碎带（见图 3-22b）。

破碎带中碎裂的岩土经胶结后成为构造岩。其中碎块直径大于2mm的构造岩称为断层角砾岩，0.01～2mm的构造岩称为碎裂岩，再小称为糜棱岩，泥状时称为断层泥。

断层上下盘相互运动时，因摩擦作用在断层面上形成一些摩擦刻痕（见图3-22c）、小阶梯或磨光面，分别称为断层擦痕、阶步和摩擦镜面。

此外，泉水、温泉呈线性出露的地方，也有可能有断层的存在。

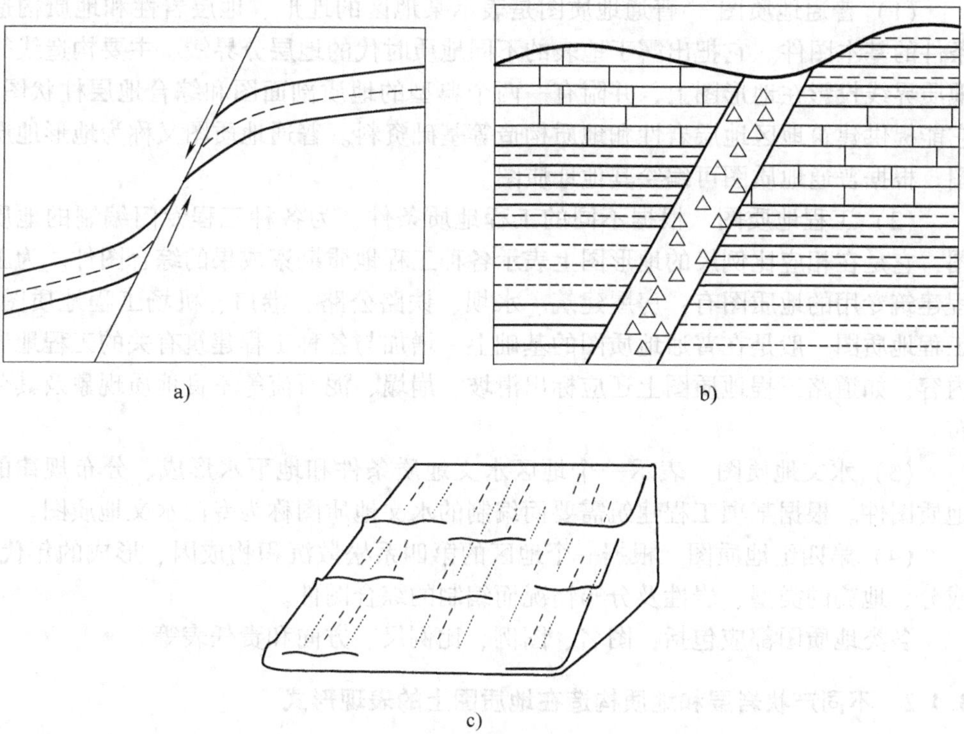

图3-22 断层现象

a）牵引弯曲 b）断层角砾 c）断层擦痕与阶步

3.4 阅读和分析地质图

地质图是综合各项地质勘察的成果，将地层、地貌、地质构造用专门的符号等按一定的比例、颜色、线条表示在地形图上的图件。地质图是反应一个地区各种地质条件的图件。在工程建设中的规划、设计和施工阶段，都需要以地质勘测资料为依据，地质图是直接可以利用的重要图件资料。一份完整的地质图应包括地质平面图、地质剖面图和综合柱状图。平面图可表示地质现象在地表分布的相应位置，剖面图可以更清楚地反映一个地区地表以下一定深度范围内的各种地质现象，包括地层和岩层的岩性、顺序、厚度和接触关系，它们常与平面地质图配合使用。

3.4.1 地质图的种类

地质图的种类繁多，但用于不同的工作目的，绘制和采用的地质图也不同，工程中常用的有以下几种地质图。

（1）普通地质图　普通地质图是表示某地区的地形、地层岩性和地质构造条件的基本图件。它把出露于地表的不同地质时代的地层分界线、主要构造线等地质界线投影在地形图上，并附有一两个典型的地质剖面图和综合地层柱状图。它能提供建筑地区地层岩性和地质构造等基础资料。普通地质图又称为地形地质图。根据普通地质图可编绘其他地质图。

（2）工程地质图　根据不同的工程地质条件、为各种工程专门编制的地质图，它是在相应比例尺的地形图上表示各种工程地质勘察成果的综合图件。为工程建筑专用的地质图有：房屋建筑、水坝、铁路公路、港口、机场工程地质图。工程地质图一般是在普通地质图的基础上，增加与各种工程建筑有关的工程地质内容，如道路工程地质图上还应标出滑坡、崩塌、泥石流等不良地质现象及其分布。

（3）水文地质图　表示一个地区水文地质条件和地下水形成、分布规律的地质图件。根据某项工程建筑需要而编制的水文地质图称为专门水文地质图。

（4）第四纪地质图　根据一个地区的第四系松散沉积物成因、形成的年代、成分、地貌的类型、岩性及分布情况而编制的综合图件。

各类地质图都应包括：图名、图例、比例尺、方向和责任表等。

3.4.2 不同产状岩层和地质构造在地质图上的表现形式

（1）水平岩层　水平构造的地层分界线是与地形等高线相同方向的平行线。老岩层出露在地势较低的地方，较新岩层分布在地形地势较高的地方（见图3-23a）。

（2）直立岩层　走向无变化的直立岩层分界线为一条不受地形影响的与地形等高线相交的直线（见图3-23b）。

（3）单斜岩层　单斜构造的地层分界线在地质平面图上是一条与地形等高线相交的“V”字形或“V”字形曲线，由于岩层产状不同，在地形图上“V”字形的朝向也不同。

1）当岩层倾向与地面坡向相反时，在山脊处“V”字形的尖端朝向山麓，在沟谷处“V”字形的尖端朝向上游（见图3-23c）。

2）当岩层的倾斜方向与地面倾斜方向一致，而倾角大于地面坡度时，在山脊处“V”字形的尖端朝向上游。在沟谷处“V”字形的尖端朝向山麓（见图3-23d）。

3）当岩层的倾斜方向与地面倾斜方向一致，而倾角小于地面坡度时，在山脊处“V”字形的尖端朝向下游。在沟谷处“V”字形的尖端朝向上游（见图3-23e）。

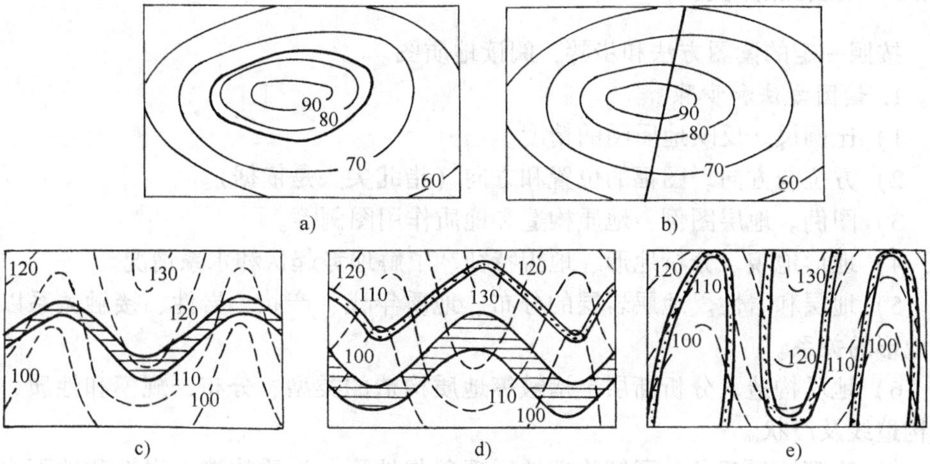

图3-23　水平、直立、单斜岩层在地质图上的表现

a）水平岩层　b）直立岩层　c）岩层倾向与地面坡向相反
d）岩层倾向与地面坡向一致，倾角小于地面坡度
e）岩层倾向与地面坡向一致，倾角大于地面坡度

（4）褶曲岩层　水平褶曲的地层分界线在地质图上成带状分布，岩层新老分布对称于轴（见图3-24a）。倾伏褶曲的两翼成不平行对称分布，似抛物线型，如图3-24b所示。可根据核部和两翼地层的新老关系来判断是向斜和背斜。

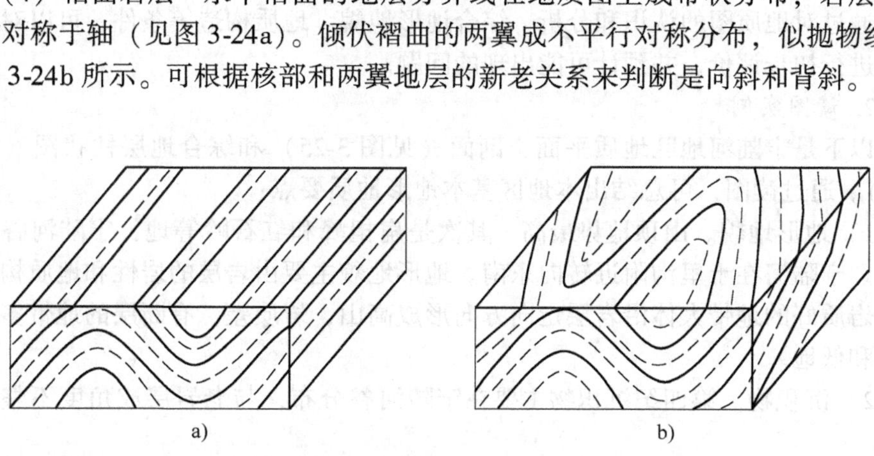

图3-24　褶曲构造在地质图上的表现形式

a）水平褶曲　b）倾伏褶曲

(5) 断层 地质图上用断层线表示，根据断层类型的不同，在断层线两侧有岩层中断、重复、缺失、宽窄变化或前后错动现象。

(6) 不整合接触 平行不整合上下的岩层在地质平面图上产状一致，分界线平行，但地质年代不连续，中间有缺失。角度不整合不仅上下的岩层地质年代不连续，而且产状不同。

3.4.3 地质图的阅读

按照一定的读图方法和步骤，阅读地质图。

1. 读图方法和步骤

1）比例尺。反映地质图的精度。

2）方位与方向。图幅的位置和方向（指北尖头是依据）。

3）图例。地层图例、地质构造和地质作用图例等。

4）地形地貌。分析地形、地貌特征、了解地势起伏和水系情况。

5）地层和岩性。地层岩层的分布、地质年代、产状、岩性、接触关系以及与地形的关系。

6）地质构造。分析断层、褶皱等地质构造的类型、分布、规模和性质，主要构造线及产状。

7）物理地质现象。了解物理地质现象与地形、地质构造、岩性和地下水的关系。

8）分析结论及评价。通过分析单个构造及对它们之间相互关系的综合分析，可以得出整个地区地质构造。也可以先了解整体构造的基本特点，明确局部构造相互之间的关系，然后再对局部构造具体分析。

通过对地质图的认识和分析，综合地形地貌、地质构造等条件，可以对建筑场地进行初步评价，并预计可能出现的问题。

2. 读图实例

以下是宁陆河地区地质平面、剖面（见图3-25）和综合地层柱状图（见图3-26）。通过读图，可总结出本地区基本地形地质要点：

1）地形地貌。山顶地势最高，其次是扁担峰和红石岭等地，宁陆河谷地势最低。宁陆河在十里沟附近转向东南。地形地貌主要由岩层的岩性和地质构造决定，岩质好的地带大体沿岩层走向方向形成高山，岩质差、有断层的地带多形成河谷和低地。

2）沉积物。第四纪沉积物主要在宁陆河谷分布，与老岩层成角度不整合接触。

3）岩层及接触关系。地面出露的岩层最老的是志留系，泥盆系与志留系之间缺失中下泥盆系，二叠系与泥盆系之间缺失石炭系，它们之间为平行不整合接

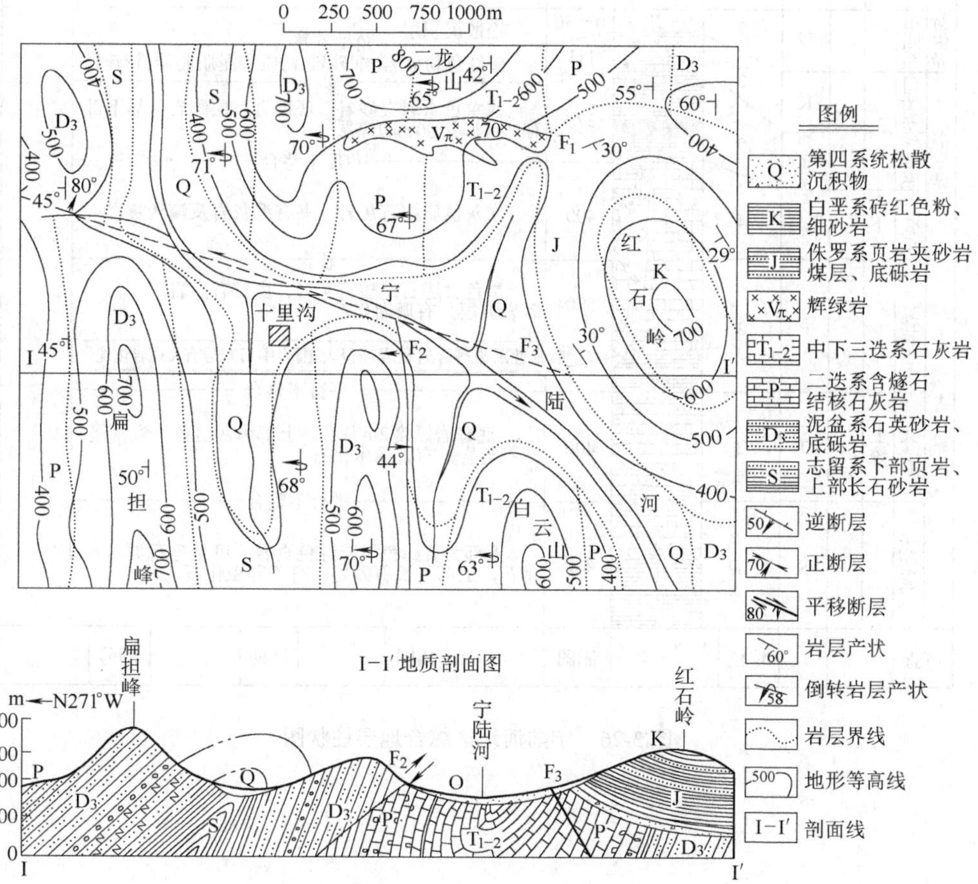

图 3-25 宁陆河地区地质图

触。侏罗系与较老的泥盆系上统、二叠系及中下三叠系成角度不整合接触。

4）断层及岩浆侵入。平面与剖面图显示有三个断层。F_2 为一逆掩断层，断层走向与岩层走向一致，断层倾角小于岩层倾角。F_3 为一平推断层。辉绿岩岩墙沿正断层 F_1（张性断裂）侵入二叠及三叠石灰岩中，它们之间为侵入接触，与侏罗系为沉积接触，因此辉绿岩的形成年代应早于侏罗系，晚于上中三叠系。

5）地质构造。整个地区有十里沟、白云山和红石岭三个褶曲构造。十里沟是一个倒转背斜构造，白云山褶曲是倾角不大的倒转向斜褶曲，红石岭褶曲是一直立对称向斜褶曲。

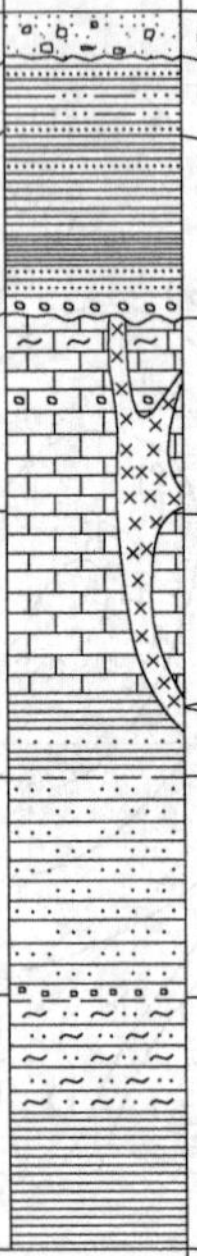

地层单位				代号	层序	柱状图(1∶25000)	厚度/m	地质描述及化石	备注
界	系	统	阶						
新生界	第四系			Q	7		0～30	松散沉积层	
								角度不整合	
中生界	白垩系			K	6		111	砖红色粉砂岩、细砂岩,钙质和泥质胶结,较疏松	
								整合	
中生界	侏罗系			J	5		370	浅黄色页岩夹砂岩，底部有一层砾岩，靠下部有一层厚达50m的煤层	
								角度不整合	
中生界	三叠系	中下统		T_{1-2}	4		400	浅灰色质纯石灰岩，夹有泥灰岩及鲕状灰岩	
								整合	
古生界	二叠系			P	3		520	黑色含燧石结核石灰岩，底部有页岩、砂岩夹层。有珊瑚化石	
								顺张性断裂辉绿岩呈岩墙侵入,围岩中石灰岩有大理岩化现象	
								平行不整合	
古生界	泥盆系	上统		D_3	2		400	底砾岩厚度2m左右，上部为灰白色、致密坚硬石英岩。有古鳞木化石	
								平行不整合	
古生界	志留系			S	1		450	下部为黄绿色及紫红色页岩，可见笔石类化石。上部为长石砂岩，有王冠虫化石	

审查		校核		制图		描图		日期		图号	

图3-26 宁陆河地区综合地层柱状图

第 4 章

4

第四纪沉积土及其工程地质特征

第四纪是地球发展的最新阶段，它包括更新世和全新世。在第四纪时期内，地球上进行着的各种地质作用、显著的气候波动、人类的发展及哺乳动物的兴盛等，不仅与人类的过去，而且与人类的现在和将来都有直接关系；而人类今天的活动反过来对第四纪自然地理条件的变化又起着重要影响。因此，研究第四纪地貌形态以及沉积土的类型和特征，对人类合理地开发地质环境，利用地质环境，使工程活动和地质环境协调发展，都是极其重要的。

第四纪沉积土即为组成地壳的岩石在长期的外动力地质作用下破坏、搬运、堆积而成的未经胶结成岩作用的沉积土。因沉积历史较短，第四纪沉积土是一种松散的沉积土。第四纪沉积土沉积环境比较复杂，沉积土的性质、结构、厚度在水平方向或垂直方向都具有很大的差异性。

根据地质成因，第四纪沉积土可划分为残积土、坡积土、洪积土、冲积土、湖积土、海积土、冰积土和风积土等几大类。下面介绍主要的第四纪沉积土的成因和工程地质特征。

4.1 风化作用及残积土

地表或接近地表的岩石，在温度、大气、水和生物活动等因素的综合影响下，发生物理的和化学的变化，致使岩体崩解、剥落、破碎，变成松散的碎屑性物质的作用称为风化作用。风化作用在地表最为明显，往深处则逐渐消失。风化作用使坚硬致密的岩石松散破坏，改变了岩石原有的矿物组成和化学成分，使岩石的强度和稳定性大为降低，对工程建筑环境带来不良的影响。另外，许多不良地质现象，如崩塌、滑坡、泥石流等，基本上都是在风化作用的基础上逐渐形成和发展起来的。因此，了解风化作用，认识风化现象，分析岩石的风化程度，对评价工程建筑条件是必不可少的。

4.1.1 风化作用类型

根据风化作用的性质，一般分为物理风化作用，化学风化作用和生物风化作用等三种类型。

1. 物理风化作用

处于地表的岩石主要由于温度变化在原地产生机械破碎，而不改变其化学成分、不形成新矿物的作用称为物理风化作用或机械风化作用。物理风化作用的方式主要有温差风化、冰冻风化等。

（1）温差风化　温度变化是引起物理风化作用的最主要因素。由于温度的变化产生温差，温差可促使岩石膨胀和收缩交替地进行，久之则引起岩石破裂。岩石是热的不良导体，导热性差，白昼当其受太阳照射时，表层首先受热发生膨胀，而内部还未受热，仍然保持着原来的体积，这样，必然会在岩石的表层引起壳状脱离。在夜间，外层首先冷却收缩，而内部余热未散，仍保持着受热状态时的体积，这样表层便会发生径向开裂，形成裂缝。由于温度变化所引起的这种表里不协调的膨胀和收缩作用，昼夜不停地长期进行，就会削弱岩石表层和内部之间的联结，使之逐渐松动。在重力或其他外力作用下产生表层剥落。此外，不同矿物受热的体积膨胀系数各不相同，故由多种矿物组成的岩石在温度变化的影响下，各种矿物的体积胀、缩亦有差异，在它们的接触界面产生应力，从而破坏它们之间的结合能力。这样，岩石便可产生纵横交错的裂缝，有的裂缝平行岩石表面，形成层状剥离现象，有的裂缝垂直于岩石表面。久而久之，岩石裂缝可逐渐加大加深，由表及里的不断崩解、破碎成大大小小的碎块，如图 4-1 所示。

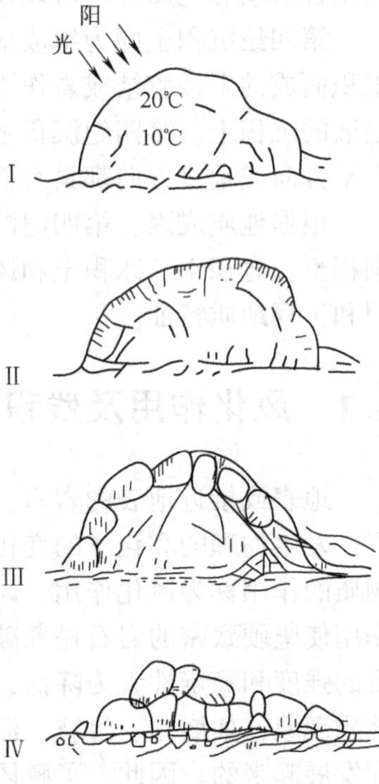

图 4-1　温差风化使岩石逐渐崩解的过程示意图

温差风化的强弱主要决定于温度变化的速度和幅度，特别是昼夜温度变化的幅度越大，温差风化则越强烈。此外，温差风化的强弱还决定于岩石的性质，如矿物成分与岩石结构等。

（2）冰冻风化　充填在岩石裂隙中的水分结冰使岩石破坏的作用，称为冰冻风化。这是温度变化间接地使岩石破碎的现象。地表岩石的裂隙中，常有水分充填，当温度下降到0℃时会冻结成冰。水结成冰时，体积可比原来增大9%左右。由于体积的增大，对岩石的裂隙可产生很大的压力

（可达96~200MPa），使岩石裂隙加宽、加深，故称冰劈作用。当气温回升大于0℃以上，冰体融化，水沿扩大的裂缝更深地渗入岩石内部，同时水可填满裂缝使水量增加。若气温变化在0℃上下波动时，充填在岩石裂隙中的水分可时而冻结、时而融化，岩石在这样反复地作用下，裂隙可不断扩大、加深，从而使岩石崩裂成碎块，如图4-2所示。

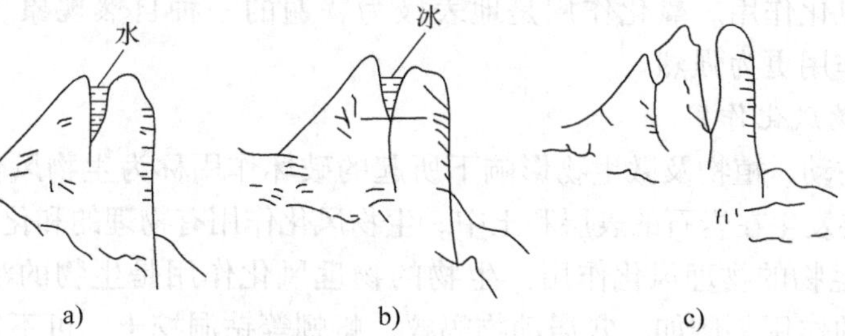

图4-2　水的冻结引起岩石冻胀示意图

2. 化学风化作用

处于地表的岩石与水溶液和气体等在原地发生化学反应逐渐使岩石破坏，不仅改变其物理状态，同时也改变其化学成分，并可形成新矿物的作用，称为化学风化作用。化学风化作用的方式主要有溶解作用、水化作用、水解作用、碳酸化作用和氧化作用等。

（1）溶解作用　水直接溶解岩石中矿物的作用称为溶解作用。溶解作用的结果是使岩石中的易溶物质被逐渐溶解而随水流失，难容的物质则残留于原地。由于可溶容物质被溶解而使孔隙增加，削弱了颗粒间的结合力，从而降低岩石的坚实程度，使岩石更易遭受物理风化作用而破碎。

（2）水化作用　有些矿物与水作用时，能够吸收水分作为自己的组成部分，形成含水的新矿物，称为水化作用。例如，硬石膏经水化作用后形成石膏。矿物经水化作用后体积膨胀而对周围岩石产生压力，使岩石胀裂。

（3）水解作用　某些矿物溶于水后，出现离解现象，其离解物可与水中的H^+和OH^-离子发生化学反应，形成新的矿物，这种作用称为水解作用。例如正长石（$K(AlSiO_3O_8)$）经水解作用后，开始形成的K^+与水中OH^-离子结合，形成KOH随水流失；析出一部分SiO_2可呈胶体溶液随水流失，或形成蛋白石（$SiO_2 \cdot nH_2O$）残留于原地；其余部分可形成难溶于水的高岭石（$Al_4(Si_4O_{12})(OH)_8$）而残留于原地。如正长石经水解作用的化学反应为

$$4K(AlSiO_3O_8) + 6H_2O \Longrightarrow 4KOH + 8SiO_2 + Al_4(Si_4O_{10})(OH)_8$$

（4）碳酸化作用　当水中溶有CO_2时，与水结合形成碳酸，碳酸根（CO_3^{2-}）易与矿物中的阳离子化合成易溶于水的碳酸盐，从而使水溶液对岩石中的矿物离解能力加强，化学反应速度加快，这种化学作用即碳酸化作用。例

如，硅酸盐矿物在碳酸化作用下矿物中的阳离子（K^+、Na^+、Ca^{2+}等）可形成易溶的碳酸盐被带走，部分 SiO_2 呈胶体溶液被带走，而大部分的 SiO_2 形成蛋白石沉淀。如正长石经碳酸化作用后的化学反应为：

$$4K(AlSi_3O_8) + 4H_2O + 2CO_2 = 2K_2CO_3 + 8SiO_2 + Al_4(Si_4O_{10})(OH)_8$$

（5）氧化作用 矿物中的低价元素与大气中的游离氧化合变为高价元素的作用，称为氧化作用。氧化作用是地表极为普遍的一种自然现象。在湿润的情况下，氧化作用更为强烈。

3. 生物风化作用

岩石在动、植物及微生物影响下所起的破坏作用称为生物风化作用。生物风化作用主要发生在岩石的表层和土中。生物风化作用有物理的和化学的两种方式。

（1）生物的物理风化作用　生物的物理风化作用是生物的活动对岩石产生机械破坏的作用。例如，穴居动物蚂蚁、蚯蚓等钻洞挖土，可不停的对岩石产生机械破碎；生长在岩石裂隙中的植物，其根部生长撑裂岩石，不断地使岩石裂隙扩大、加深。

（2）生物的化学风化作用　生物的化学风化作用是生物的新陈代谢、死亡后遗体腐烂分解而与岩石发生化学反应，促使岩石破坏的作用。例如，植物和细菌在新陈代谢过程中，通过分泌有机酸、碳酸、硝酸和氢氧化铵等溶液腐蚀岩石；动、植物死后遗体腐烂可分解出有机酸和气体（CO_2、H_2S等），溶于水后可对岩石腐蚀破坏；遗体在还原环境中，可形成黑色胶状、含钾盐、磷盐、氮的化合物和各种碳水化合物的腐殖质。腐殖质的存在可促进岩石物质的分解。

4.1.2　影响岩石风化的因素

影响岩石风化的因素主要有岩石性质、气候和地形等。

1. 岩石性质

如前所述，岩石风化发生于地壳表层，当成岩环境与地表环境差异愈大时，原岩风化变异愈强烈，即岩石的抗风化能力愈弱。但各类岩石又因矿物组成、结构、构造和裂隙发育程度的不同，抵抗风化的能力也有所不同。

（1）岩石的矿物组成　不同矿物具有不同的结晶格架，由其化学性质所决定的抗风化能力亦不相同。在地表环境下，常见造岩矿物的抗风化能力是不同的。一般情况下，矿物在风化过程中的稳定性由大到小的顺序是：氧化物＞硅酸盐＞碳酸盐和硫化物。当岩石中不稳定矿物含量较多时，其抗风化能力较弱；相反，当岩石中含稳定和极稳定矿物较多时，其抗风化能力较强。一般认为，岩浆岩抗风化能力由大到小的顺序是：酸性岩（花岗岩）＞中性岩（闪长岩、安山岩）＞基性岩（玄武岩）＞超基性岩（橄榄岩）；变质岩抗风化能力由大到小的顺序是：浅变质岩＞中等变质岩＞深变质岩；沉积岩由于形成环境比岩浆岩、变质岩更接近地表，一般说沉积岩的抗风化能力比岩浆岩及变质岩高，最终的化学变化较小。但沉积岩的风化问题比较复杂，如粘土矿物、钙–镁碳酸盐，这些矿物颗粒大都极细，比表面积大，因而表面效应较强，易遭水化、水解及淋滤作用的影响。实践证明：沉积岩的粘土岩、页岩风化速度很快。

（2）岩石的结构、构造　岩石中矿物颗粒的粗细、均匀的程度，胶结的方式和胶结物的成分，层理的厚薄等都影响风化速度。如粗而不均匀的比颗粒较细而均匀的易于温差风化，但后者如透水性好则较易于化学风化。

（3）岩石中节理发育情况　裂隙发育的岩石有利于风化作用的进行。裂隙发育增加岩石出露地表的面积，成为水溶液、气体的通道及生物活动的场所，从而促进风化作用。在砂岩、花岗岩等结构较均匀的岩石中，若有三组近于正交的裂隙发育时，可将岩体分割成许多大小不等的立方形岩块，岩块中在两组裂隙相交的棱和三组裂隙相交的棱角处，岩石的自由表面最大，易受温度、水溶液、气体等因素的作用而首先风化破坏，经过一段时间后，使岩块的棱角逐渐消失而圆化，形成大大小小的球体和椭球体，这种现象称为球状风化，如图4-3所示。

a)　　b)　　c)

图4-3　球状风化演变图

a）岩石被裂隙所切割　b）球状风化的初期　c）球状风化的晚期

2. 气候因素

气候因素主要体现在气温变化、降水和生物的繁殖情况。地表条件下温度增加10℃，化学反应速度增加一倍；水分充足有利于物质间化学反应。故气候可控制风化作用的类型和风化速度，在不同的气候区，风化作用的类型及其特点有明显的不同。例如，在寒冷的极地和高山区，以物理风化作用（冰冻风化）为主，岩石风化后形成薄层具棱角状的粗碎屑残积物。在湿润气候区各种类型的风化作用都有，但化学风化、生物风化作用更为显著，岩石遭受风化后分解较彻底，残积层厚，且往往发育有较厚的土壤层。在干旱的沙漠区，以物理风化作用（温差风化）为主，岩石风化后形成薄层具棱角状的碎屑残积物。

3. 地形

地形可影响风化作用的速度、深度、风化产物的堆积厚度及分布情况。地形起伏较大、陡峭、切割较深的地区，以物理风化作用为主，岩石表面风化后岩屑可不断崩落，使新鲜岩石直接露出表面而遭受风化，且风化产物较薄。在地形起伏较小、流水可缓慢流经的地区，以化学风化作用为主，岩石风化彻底，风化产物较厚。在低洼有沉积土覆盖的地区，由于有覆盖物的保护不易风化。

4.1.3 岩石风化程度的划分

一般来说，在保留完整的风化剖面上，风化程度不同的岩石是逐渐过渡的，其间并不像地层岩性那样，存在着较为清晰和确切的地质界面。但在整个风化剖面上，地表为松软土，下部为新鲜基岩，从上到下存在着性质迥然不同的岩石。岩体从上到下在颜色、破碎程度、矿物成分和水理及物理力学性质等方面存在着明显的不同。从而为岩石风化程度的划分提供了依据。表4-1列出了岩石按风化程度分类的情况。

表4-1 岩石按风化程度分类

风化程度	野外特征	风化程度参数指标	
		波速比 K_v	风化系数 K_f
未风化	岩质新鲜，偶见风化痕迹	0.9~1.0	0.9~1.0
微风化	结构基本未变，仅节理面有渲染或略有变色，有少量风化裂隙	0.8~0.9	0.8~0.9
中等风化	结构部分破坏，沿节理面有次生矿物，风化裂隙发育，岩体被切割成岩块。用镐难挖，岩芯钻方可钻进	0.6~0.8	0.4~0.8
强风化	结构大部分破坏，矿物成分显著变化，风化裂隙很发育，岩体破碎，用镐可挖，干钻不易钻进	0.4~0.6	<0.4
全风化	结构基本破坏，但尚可辨认，有残余结构强度，可用镐挖，干钻可钻进	0.2~0.4	—
残积土	组织结构全部破坏，已风化成土状，锹镐易挖掘，干钻易钻进，具可塑性	<0.2	—

注：1. 波速比 K_v 为风化岩石与新鲜岩石压缩波速度之比。

2. 风化系数 K_f 为风化岩石与新鲜岩石饱和单轴抗压强度之比。

4.1.4 残积土（Q_{el}）

残积土是岩石风化后未经搬运而残留在原地松散物。

残积土主要分布在岩石暴露于地表而受到强烈风化作用的山区、丘陵及剥蚀平原。残积土从上到下沿地表向深处，颗粒由细变粗。由于残积物是未经搬运的，颗粒不可能被磨圆或分选，一般不具层理，碎块呈棱角状，土质不均，具有较大孔隙，厚度在山坡顶部较薄，低洼处较厚。残积土与它下面的母岩之间没有明显的界限，通常经过一个基岩风化层而直接过渡到新鲜基岩，其成分与母岩成分及所受风化作用的类型有密切的关系。例如：酸性岩浆岩地区的残积土中，除含有由长石等矿物分解的粘土矿物外，常以富含石英颗粒的砂土为其特征；石灰岩风化形成的残积土则多为含石灰岩碎石的红色或黄褐色的钙质粘性土。残积物中残留的碎石矿物成分是鉴定残积物的主要依据。

由于山区原始地形变化较大和岩石风化程度不一，残积土厚度变化很大。因此，在残积土地区进行工程建设时，要特别注意地基土的不均匀性。

4.2 暂时性水流的地质作用及其沉积土

地表流水指沿陆地表面流动的水体。根据流动特点，地面流水可分为片流、洪流和河流三种类型。沿地面斜坡呈片状流动的水流（不仅呈片状，而且呈无数股、无固定流路的网状细流），称为片流，又叫坡流。片流汇集于沟谷中，形成急速流动的水流，称为洪流。片流和洪流仅出现在雨后或冰雪融化时短暂的一段时间内，因此，它们都是暂时性水流。沿沟谷流动的经常性水流，称河流。

4.2.1 片流的地质作用及坡积土（Q_{dl}）

片流沿斜坡自高处向低处缓慢流动，不断地使坡面上的细小岩石碎屑和粘土物质向下移动，最后，在坡脚或山坡低凹处沉积下来形成坡积土。片流对整个坡面所进行的这种比较均匀、缓慢和在短期内并不显著的地质作用，称为洗刷作用。尽管片流的动能小，剥蚀性差，但由于它的作用面积大，对地表的剥蚀是很显著的。洗刷作用的产物是河流中搬运的泥砂的主要来源。洗刷作用的强度与气候、地面坡度、岩性以及植被的覆盖程度有关。一般在降水量比较集中，坡度较陡，松散物质分布较多，植被稀少的地区，洗刷作用强烈。

坡积层顺着坡面沿山坡的坡脚或山坡的凹坡呈缓倾斜裙状分布，即坡积裙。坡积层的厚度由于碎屑物质的来源，下伏地层及堆积过程不同，变化很大，一般是中下部较厚，向山坡上部逐渐变薄以至尖灭。坡积土可分为山地坡积土和山麓平原坡积土两个亚组，山地坡积土一般以粉质粘土夹碎石为主，而山麓平原坡积土则以粉质粘土为主，夹有少量的碎石。在我国干旱、半干旱地区的山麓平原坡积土，常具有黄土的某些特征。

坡积土物质未经长途搬运，碎屑棱角明显，分选性不好，通常都是天然孔隙度很高的含有棱角状碎石的粉质粘土，物质成分与斜坡上的基岩成分相同。

4.2.2 洪流的地质作用及洪积土（Q_{pl}）

洪流沿沟谷流动时，由于集中了大量的水，沟底坡度大，流速快，因而，拥有巨大的动能，对沟谷的岩石有很大的破坏力。河流以其自身的水力和携带的砂石，对沟底和沟壁进行冲击和磨蚀，这个过程称为洪流的冲刷作用。由冲刷作用形成的沟底狭窄、两臂陡峭的沟谷叫冲沟。初始形成的冲沟在洪流的不断作用下，可以不断地加深，展宽和向沟头方向伸长，并可在冲沟沟壁上形成支沟，如图4-4所示。在降雨量较集中、缺少植被保护，由第四纪松散沉积土堆积的地区，冲沟极易形成。如我国黄土区，冲沟发展迅速，常常把地面切割得支离破碎，千沟万壑。进一步发展，地面冲刷形成大小冲沟密布的地形，即歹地。冲沟的发展是以溯源侵蚀的方式由沟头向上逐渐延伸扩展的。

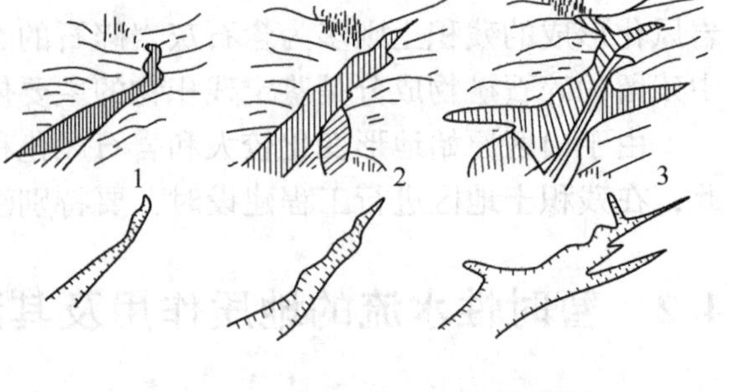

图4-4 冲沟的形成和发展示意图

洪积土是由山洪急流搬运的碎屑物质组成的。当山洪夹带大量的泥砂石块流出沟口后，由于沟床纵坡变缓，地形开阔，水流分散，流速降低，搬运能力骤然减小，所夹带的石块、岩屑、砂砾等粗大碎屑先在沟口堆积下来，较细的泥砂继续随水搬运，多堆积在沟口外围一带。由于山洪急流的长期作用，在沟口一带就形成了扇形展布的堆积体，在地貌上称为洪积扇。其特点是厚度变化大，粗细混杂，碎屑物质多带棱角，磨圆度和分选性都较差，有不规则的交错层理、透镜体、尖灭和夹层等。洪积扇的规模逐年增大，有时与相邻沟谷的洪积扇互相连接起来，形成规模更大的洪积裙或洪积冲积平原。

规模很大的洪积扇一般可划分为三个工程地质条件不同的地段如图4-5所示，靠近沟口的粗碎屑沉积地段，孔隙大，透水性强，地下水埋藏深，承载力较高，是良好的天然地基；洪积层外围的细碎屑沉积地段，如果在沉积过程中受到周期性的干燥，粘土颗粒发生凝聚并析出可溶盐时，则洪积层的结构较牢固，承载力也比较高。上述两地段之间的过渡带，由于经常有地下水溢出，水文地质条件不良，对工程建筑不利。

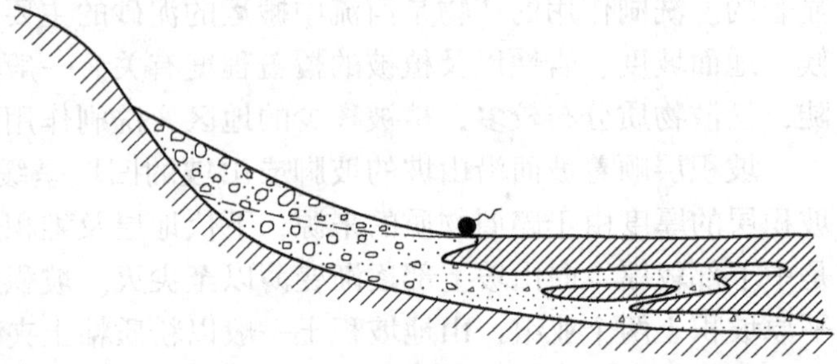

图4-5 洪积扇剖面图

4.2.3 泥石流

泥石流是发生在山区的一种含有大量泥砂、石块的特殊洪流。泥石流与一般洪流的主要区别，在于它是有固体和液体（土石和水）两相物质组成的流体，并且固体物质的体积分数超过10%，密度大于1300kg/m³。它的活动特点是：突然爆发，能量巨大，历时短暂，且复发频繁，因此破坏力巨大。

典型的泥石流流域，一般可以分为形成、流通和堆积三个区如图4-6所示。

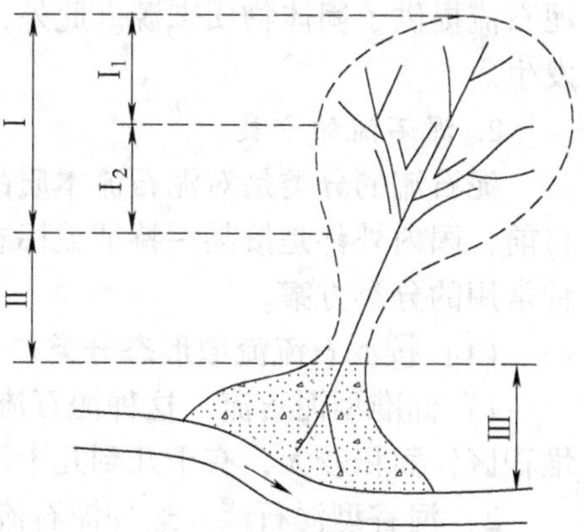

图4-6 典型泥石流流域示意图
I—形成区（I_1—汇水动力区；I_2—固体物质补给区）
II—流通区 III—堆积区

（1）形成区 位于流域上游，包括汇水动力区和固体物质供给区。多为高山环抱的山间小盆地，山坡陡峻，纵坡较陡，有较大的汇水面积。形成区内岩层破碎，风化严重，植被稀少，水土流失严重，崩塌、滑坡发育，松散堆积物丰富。

（2）流通区 一般位于流域的中、下游地段，多为沟谷地形，沟壁陡峻，河床狭窄，纵坡大，多陡坎和跌水。

（3）堆积区 多在沟谷的出口处。地形开阔，纵坡平缓，泥石流在此多漫流扩散，流速减低，固体物质大量堆积，形成规模不同的洪积扇。

以上分区，仅对一般的泥石流而言，由于泥石流的类型不同，常难于明显分区。

1. 泥石流的形成条件

泥石流的形成，必须具备三个基本条件：地形条件、地质条件和气象水文条件。

（1）地形条件 泥石流总是发生在陡峻的山区，沟床纵坡大。完整的泥石流流域，上游多是三面环山，一面出口的漏斗状圈谷。这样的地形既利于储存来自周围山坡的固体物质，也有利于汇集坡面径流。

（2）地质条件 泥石流强烈发育的地区，地质构造复杂、岩石风化破碎、新构造运动活跃、崩塌滑坡多发的地段。这样的地段，既为泥石流准备了丰富的固体物质来源，又因地形高耸陡峻，高差对比大，为泥石流活动提供了强大的动能优势。

（3）气象水文条件 水既是泥石流的组成部分之一，也是泥石流活动的基本动力和触发条件。降雨，特别是暴雨，在我国广大山区泥石流的形成中具有普遍的意义。

由上述泥石流形成的自然地理和地质条件可知，泥石流的发生有一定的地区性和时间性。它在地区上，一般分布于新构造活动强烈的陡峻山区。在时间上，多发生在降雨集中的雨季或高山冰雪强烈消融季节，主要是在每年的夏季。

在自然条件作用下，由于人类活动导致地质和生态环境的破坏，更加促使了泥石流的发生、发展、复活或加重其危害程度。山区滥砍滥伐，不合理开垦土地，破坏了植被和生态平衡，造成水土流失，并产生大面积山体崩塌和滑坡，为泥石流提供了固体物质来源。此外，采矿堆渣和水库溃决等，也可导致泥石流的发生。

2. 泥石流的分类

泥石流的分类是对泥石流本质的概括。它是为研究和防止的需要而进行的。目前，国内外都是按某一特征或标志，将泥石流划分为不同的类别。下面介绍三种常用的分类方案。

（1）按泥石流流域形态分类

1）标准型泥石流。这种泥石流流域呈扇形，具有明显的形成区、流通区和堆积区，面积较大，有十几到几十平方千米。

2）河谷型泥石流。这种泥石流流域呈狭长条形，形成区多为河流上游的沟谷，固体物质来源于沟谷中分散的坍塌体。沟谷中一般常年有水。流通区与堆积区往往不能明显地分开，在流通区内，既有冲刷，又有堆积，如图 4-7 所示。

3）山坡型泥石流。这种泥石流流域面积小，流域呈斗状，无明显流通区，形成区与堆积区直接相连，如图 4-8 所示。

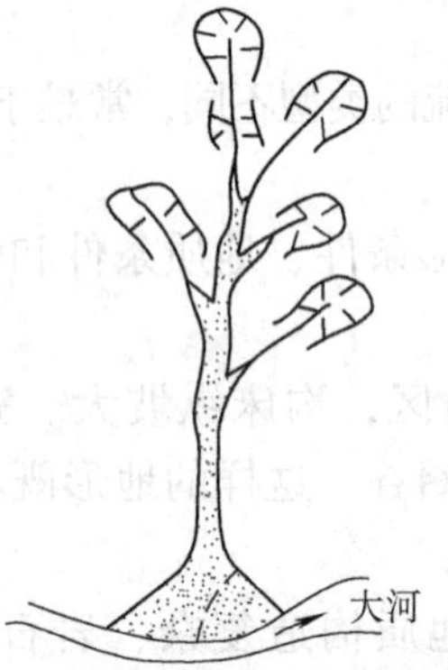

图 4-7 河谷型泥石流流域示意图

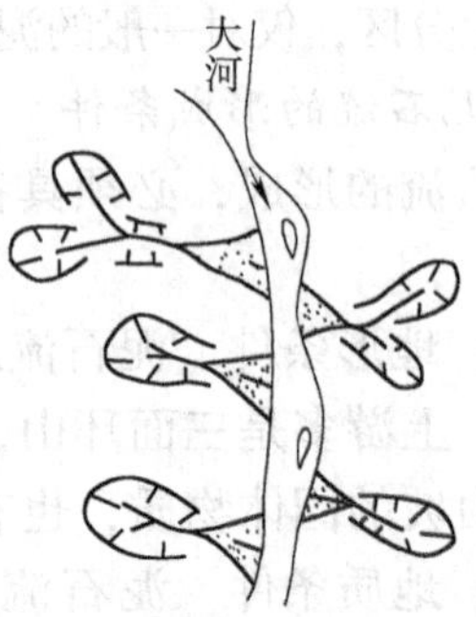

图 4-8 山坡型泥石流流域示意图

（2）按泥石流的固体物质组成分类

1）水石型泥石流。其固体物质主要是石块和砂砾，粘土质细粒物质含量少，而且在泥石流运动过程中极易被冲刷掉。堆积物常常为很大的粗碎屑物质。

2）泥石流型泥石流 其固体物质为很不均一的粗碎屑成分，又含有相当多的粘土质细粒物质。堆积物常形成为粘接较牢固的土石混合物。

3）泥水流型泥石流。其固体物质基本上由细碎屑和粘土物质组成，粗碎屑物质含量少，甚至没有。

（3）按泥石流的流体性质分类

1）粘性泥石流。这类泥水流含有大量的细粒粘土物质，固体物质的质量分数为40%~60%，最高可达80%。水和泥砂、石块凝聚成一个粘稠的整体，粘性很大。其密度大于1600kg/m³。当它在流途上经过弯道或遇障碍物时，有明显的爬高和截弯取直作用，并不一定循沟床运动。粘性泥水流在堆积区不发生散流，而是以狭窄条带状如长舌一样向下奔流和堆积。堆积物地面坎坷不平，堆积物无分选性；且结构往往与运动时相同，故粘性泥水流又称结构型泥石流。

2）稀性泥石流。这类泥石流水是主要成分，固体物质的质量分数为10%~40%，且细粒物质少。在运动过程中，水泥浆速度远远大于石块的运动速度；石块以滚动或跳跃方式下泄。其具有极强的冲刷力。堆积区呈扇状散流，将原来的堆积扇切割成条条深沟。堆积物地面较平坦，结构松散，层次不明显，沿途堆积物有一定的分选性。

3. *泥石流的防治措施*

泥石流的防治，应贯彻综合治理的原则，并应考虑被防护地区与具体工程的要求。具体防治措施有生物措施和工程措施两大类。

（1）生物措施 生物措施包括恢复或培育植被，合理耕牧，维持较优化的生态平衡。通过它可使流域坡面得到保护，免遭冲刷。

（2）工程措施

1）蓄水、引水工程。这类工程包括调洪水库、截水沟和引水渠等。修建于形成区，其作用是拦截部分或大部分洪水、削减洪峰，以控制爆发泥石流的水动力条件。

2）支挡工程。支挡工程有挡土坚、护坡等。在形成区崩塌、滑坡严重的地段，可在坡脚处修建挡墙和护坡，以稳定斜坡。

3）拦挡工程。拦挡工程多布置在流通区。其作用是拦泥滞流和护床固坡。

4）排导工程。排导工程包括排导沟、渡槽、急流槽、导流堤等。多修建在流通区和堆积区。其作用是调整流向，防止漫流，以保护附近的居民、工矿点和交通线路。

5）储淤工程。这类工程包括拦淤库和储淤场。前者设置在流通区内，就是修筑拦挡坝，形成泥石流库。后者一般修筑在流通区的后缘，作用是在一定期限内，一定程度上将泥石流停淤在指定地段，从而削减下泄的固体物质总量和洪峰流量。

4.3 河流的地质作用及冲积土

河流普遍分布于不同的自然地理带，是改造地表的主要地质营力之一。由河流作用所形成的谷地称为河谷。河谷的形态要素包括谷坡和谷底两大部分，如图

4-9 所示。谷底中包括河床和河漫滩。河床是指平水期河水占据的谷底，也称为河槽。河漫滩是经常被洪水淹没的谷底部分。谷坡是河谷两侧因河流侵蚀而形成的岸坡。古老的谷坡上常发育有洪水不能淹没的阶地，阶地是被抬升的古老的河谷谷底。谷坡与谷底的交界称为坡麓，谷坡与山坡交界的转折处称为谷缘，也称为谷肩。

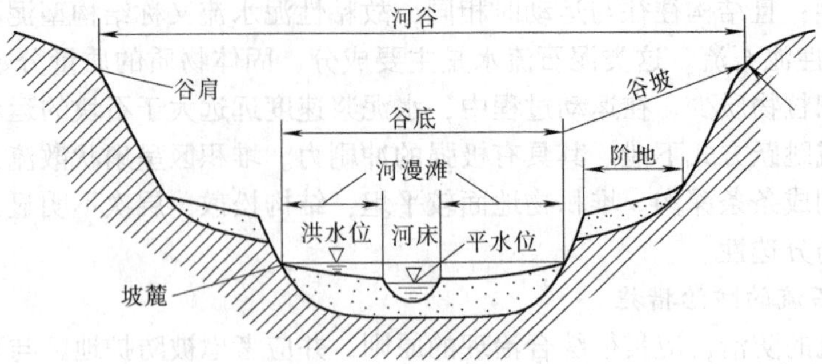

图 4-9　河谷要素图

一般情况下，河流在洪水期的持续时间相对较短，然而其流量和含砂量都远远超过平水期，是河流侵蚀、搬运和堆积作用进行的最活跃的时期。河谷形态的塑造及冲积土的形成主要都在洪水期。

在重力作用下，水流沿河床流动，产生一定的能量。水流的能量可用下列公式表示

$$E = (1/2)\ Mv^2$$

式中　E——水流的动能；

M——流量；

v——流速。

因此，流量与流速均直接与水流的能量有关。水流的能量则消耗于侵蚀作用与搬运作用；堆积作用是能量平衡过程的一种表现。这三种作用就构成了河床水流的地质作用。

4.3.1　河流的地质作用

1. 河流的侵蚀作用

河流在运动过程中对河谷岩石进行破坏的作用称为侵蚀作用。河水沿河谷流动时，以自身的冲力破坏岩石，更主要的是河流中除水体外，还携带着大量的泥砂和砾石等碎屑物，河流以它们为工具对河床进行磨蚀。此外，河水对岩石还有一定的溶解能力。河流就是通过冲蚀、磨蚀和溶蚀三种方式对河底及两岸进行侵蚀的，但以前两种方式为主。

按侵蚀作用的方向，河流的侵蚀作用可分为两种类型，即沿垂直方向进行的

下蚀作用和沿水平方向进行的侧蚀作用。这两种侵蚀作用在任一河段上都是同时存在的，只不过在不同的河段中，由于河水动力条件的差异，下蚀作用和侧蚀作用所显示的优势会有明显的不同。

（1）下蚀作用　河流以携带的泥、砂、砾石为工具，并以自身的冲力和溶解力对河底岩石进行侵蚀而使河床降低的作用称为下蚀作用。下蚀作用的强度首先与流速和河水中泥砂的含量有关。在河流的上游以及山区的河流，由于流速大，搬运力强，以下蚀作用为主，常形成谷底深而窄、谷坡陡峭、横剖面呈“V”字形的峡谷。此外，下蚀作用与河床的岩石性质及地质构造有关。岩石坚硬（如砂岩、砾岩），下蚀作用相对较弱，河床表现为凸起地段；岩性较软（如粘土岩），下蚀作用相对较强，河床表现为凹下地段，致使河床纵剖面显示出坎坷不平的阶梯状形态。

下蚀作用在加深河谷的同时，又使河流向源头方向伸长，河流的这种溯源推进的侵蚀过程称为溯源侵蚀。分水岭不断遭到切割剥蚀，河流长度的不断增加，以及河流的袭夺现象都是河流溯源侵蚀造成的结果。

河流的下蚀作用并不是无止境的，而是有它自己的基准面。因为随着下蚀作用的发展，河床高度降低，坡度变缓，阶梯状高差逐渐消失，使整个河谷纵剖面成为一个圆滑的曲线，这时河床坡度与流速、流量和搬运物质完全达到平衡，河流的侵蚀作用趋于消失，该河谷纵剖面称为侵蚀基准面。海平面为所有入海河流的侵蚀基准面，所以，海平面称为最终侵蚀基准面。

（2）侧蚀作用　河流以携带的泥、砂、砾石为工具，并以自身的动能和溶解力对河床两岸的岩石进行侵蚀，使河谷加宽的作用称为侧蚀作用。河流的中、下游以及平原区的河流，由于河床坡度较为平缓，侧蚀作用占主导地位。

自然界的河流由于地面坡度、岩性、地质构造等的不同，总是存在弯曲。此外，由于滑坡和支流注入等原因，往往在河床的一侧形成碎屑堆积物，迫使河道弯曲，如图4-10a所示。河水在流经弯道时，在惯性和离心力的作用下涌向凹岸，形成单向环流。侧蚀作用主要是单向环流产生的。呈单向环流运动的水质点在凹岸顺坡向下流动，不断对凹岸进行冲蚀和磨蚀，致使凹岸岸壁不断崩塌后退，同时凹岸侵蚀的产物又被沿河底横向流动的水流带到凸岸沉积下来，如图4-10b所示，使凸岸不断增宽并向下游推移。这样使河床曲率逐渐增大形成河曲，同时加宽了谷底。

河曲进一步发展，河床愈来愈弯曲，河长也随之增加，坡度变缓，流速降低，动能减小。当动能减小到即使在洪水期也只能在谷底上蜿蜒徘徊，再也没有能量去侵蚀谷坡，加宽河谷时，这时河流所特有的平面形态称为蛇曲，如图4-11b所示。在蛇曲的发展过程中，洪水期水量增大时可将河道截弯取直。被抛弃的旧河道两端被冲积土淤塞后形成牛轭湖，如图4-11c所示。

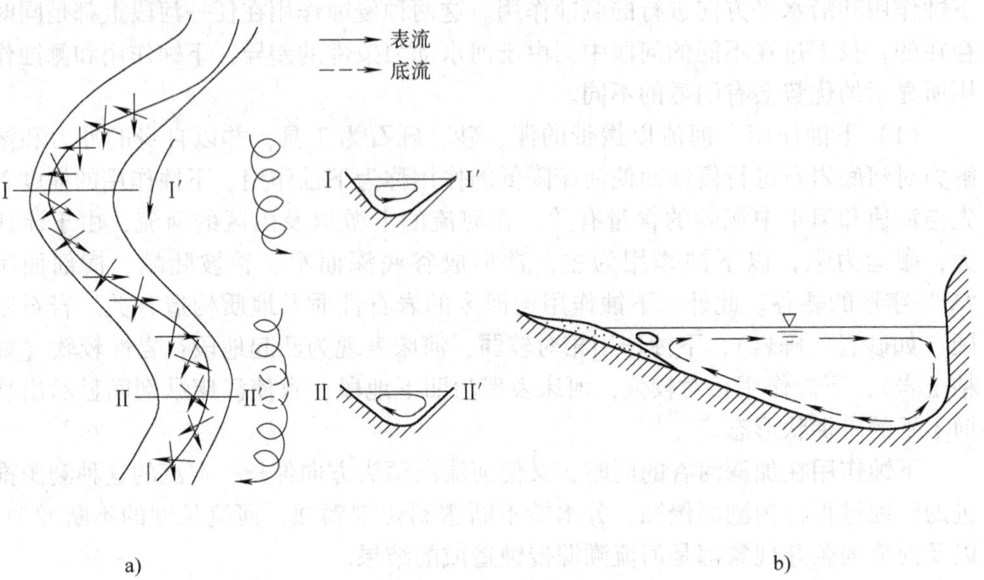

图 4-10 横向环流示意图

a）河流弯道及横向环流 b）弯道处横向环流断面图

2. 河流的搬运作用

环流将所携带的物质向下游方向搬运的过程，称为河流的搬运作用。被河流搬运的物质主要是片流的洗刷作用和洪流的冲刷作用带来的物质及少量河流侵蚀作用的产物。洪流的侵蚀和堆积作用，在一定意义上都是通过搬运过程来进行的。河流搬运能力的大小，决定于河水的流量和流速，在一定的流量条件下，流速是影响搬运能力的主要因素。河流搬运物的粒径 d 与水流流速 v 的平方成正比，即 $d \propto v^2$。

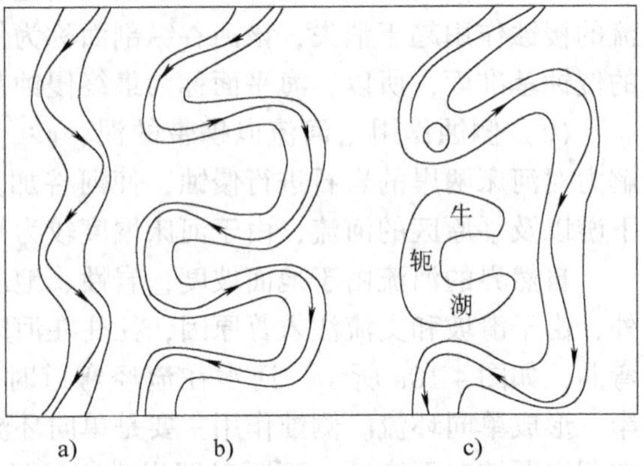

图 4-11 蛇曲及牛轭湖的形成

a）弯曲河道 b）蛇曲 c）牛轭湖

河流通过以下三种方式对碎屑物质进行搬运，即悬运、跃运和推运。碎屑物以何种方式被搬运，主要取决于颗粒的沉降速度与上举力的对比情况。颗粒的沉降速度即在静态液体中的下沉速度。它不仅取决于颗粒的大小，还取决于颗粒的密度、形状以及液体的密度。上举力包括湍流中向上流动的分量与因流速差而产生的上升力。

3. 河流的沉积作用

河流搬运物从水中沉积下来的过程称为沉积作用。河流在运动过程中，能量不断受到损失，当河水夹带的泥砂、砾石等搬运物质超过了水的搬运能力时，被搬运的物质便在重力作用下逐渐沉积下来，形成河流冲积层。由于河流中的溶运物远没有达到饱和，所以河流基本上不发生化学沉积，而仅有机械沉积。沉积土几乎全部是泥砂、砾石等碎屑物。

4.3.2 河流冲积土（Q_{al}）

在河谷内由河流的沉积作用所形成的堆积物，称为冲积土。冲积土的特点是：具有良好的分选性和磨圆度，层理清晰。冲积土的层理是由于季节等变化促使水动力条件发生改变，造成上、下层的沉积土质不同所致。除水平层理外，冲积土还经常发育有斜层理。

1. 冲积土的类型

冲积土按其沉积环境的不同，有以下几种类型：

（1）河床沉积　河床内的沉积作用随水位的季节性变化而有规律地进行。在洪水期，大而重的碎屑物被搬走，在平水期又沉积下来，所以河床内的每个地方都有沉积发生。由于河床是经常被流水占据的部分，水流速度快，故沉积土粗，属冲积土中粒度最粗的部分。一般在上游，颗粒最粗，多由粗砾、甚至巨砾组成；在中、下游，颗粒较细，多由粗砂、细砾组成。

（2）河漫滩沉积　在洪水期，河水漫出河床，由于流速突然减小，较粗的沉积土便迅速沉积下来，形成河漫滩沉积土。沉积土多由粉砂与粘土组成，内侧较粗，向外逐渐变细。由于河曲的不断发展，河床侧向迁移，在河床沉积层之上堆积了河漫滩沉积，这一套沉积构成冲积层的二元结构。

（3）牛轭湖沉积　在牛轭湖范围内形成的沉积土，主要为静水沉积，一般多由富含有机质的淤泥和泥炭组成天然含水量很大，抗压、抗剪强度小，容易发生强度变形。

（4）三角洲沉积　河流流入湖、海的地方叫河口。河口是河流最主要的沉积场所。一方面由于河流流入河口时，水域骤然变宽，河水散开成为许多岔流，加之河水被湖水或海水阻挡，流速大减，机械搬运物便大量堆积下来，河流机械搬运物的一半以上沉积于此。另一方面，河水中呈溶运的胶溶体的胶体粒子所带电荷被海水电解质中和后也会迅速沉淀。大量物质在河口沉积下来，从平面上看，外形像三角形或鸡爪形，所以叫三角洲。三角洲的内部常由顶积层（T）、前积层（F）和底积层（B）组成所谓的三重层构造，如图4-12所示。

前积层是流水到达河口后最先沿水盆边缘沉积的较粗的泥砂沉积土。再向前就逐渐过渡到底积层。底积层是河流带来的悬浮物质和胶体物质在前积层的前方

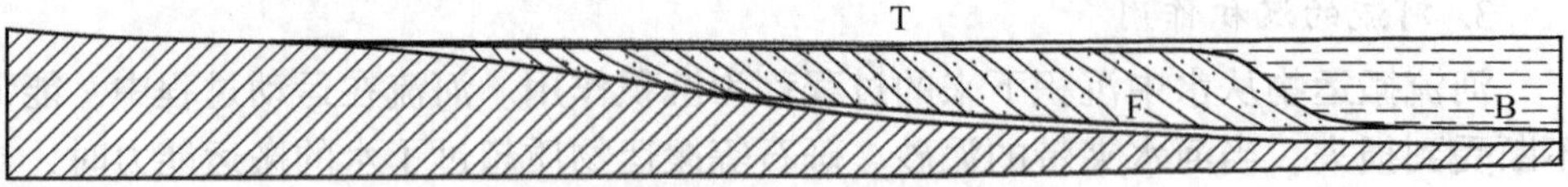

图 4-12 三角洲的构造示意图

形成的水平沉积层，粒细而层薄，常由粉砂、粘土组成。

顶积层是前积层增长到河底，高度是随着三角洲向海推进，在前积层上沉积的近于水平的河床沉积。

上述冲积土结构，是温带地区潮湿地带较大的永久性平原河流冲积土的典型特点。假如自然地理环境和水文动态条件发生变化，冲积土的结构和成分也会变化，形成另外一些类型的冲积土。

（5）山区河流冲积土　湍急的山区河流，冲积土几乎完全由河床相组成。在平水期水流清澈，河床相冲积土主要为砾石、卵石及粗砂。洪水期间，水流能量很大，剧烈地侵蚀河谷谷底；同时带来巨大的卵石、砂砾石及浑浊的泥质物质。这些物质混杂堆积，砾石的磨圆度及分选性都很差，砾石有时具有一定的排列方向，形成叠瓦状构造。由于河床坡降大，砂、粘土等细粒物质几乎不可能在河床底部的表面沉积下来，在洪峰以后，浑浊水流中的泥砂，以充填方式在巨大的砾石空隙中沉积下来。因此几乎见不到成层的砂、粘土层。

（6）由冰川补给的河流冲积土　冰川补给的河流，具有下述特点：第一、洪水期平稳而持久，整个溶雪季节河谷中均保持高水位；第二、河流中负载着大量的碎屑物质，这些物质是冰碛被冲刷后溶冰水流携带来的。冰川补给的河流冲积土具有独特的结构特点。在补给区很近的地方，堆积较粗的砾石－砂质河床相堆积物。向下游逐渐变成有细小透镜体、波状层理的细砂－粉砂质河床相冲积土。随着远离冰川的前缘，其他集水区产生的影响愈来愈大，出现了季节性的洪水，淹没河漫滩，正常的亚砂土－亚粘土质河漫滩冲积土逐渐增加，过渡为正常发育的冲积层结构。

由于气候条件、自然地理因素和构造运动因素的变化、流域内岩性的变化，冲积层的成分和结构的变化是很复杂的，在此不一一列举。

2. *河流阶地*

在河谷地貌的形成和发展过程中，不同时期的河漫滩，由于受到地壳构造运动与河流侵蚀、堆积作用的综合影响，呈阶梯状分布于河

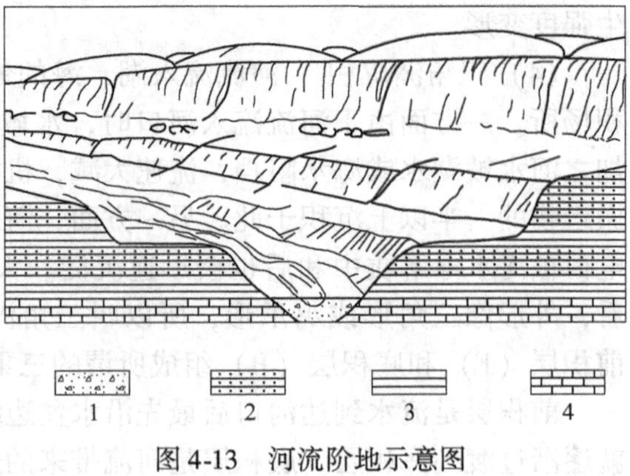

图 4-13 河流阶地示意图

谷谷坡上，这种地貌称为河流阶地，如图 4-13 所示。阶地在河床下切侵蚀的基础上才能形成。引起河床下切侵蚀的主要原因是地壳的升降运动。当地壳相对稳定和下降时，河流以侧向侵蚀为主，塑造河漫滩，堆积冲积层。然后地壳上升，侵蚀基准面相对下降，河流垂直侵蚀作用加强，下切河漫滩，形成阶地陡坎。如果地壳发生多次升降运动，则引起河流侵蚀与堆积交替发生，从而在河谷中形成多级阶地。标记阶地的级序采用从新到老的方法，把最新的超出河漫滩的阶地称为一级阶地，其余类推。

4.4　湖泊和沼泽的地质作用及湖积土

湖泊是由储水洼地和水体两部分组成的陆地上的较大集水洼地。根据其成因不同，湖泊可分为风成湖泊、岩溶湖泊、海成湖泊、泻湖湖泊等。湖泊的地质作用也有剥蚀、搬运和沉积作用。湖泊中的水体除表面和靠近湖岸的部分外，运动很微弱。因此，湖泊的剥蚀和搬运作用都比较微弱。一般均以沉积作用为主。由湖泊沉积作用所形成的物质称为湖积土（Q_l）。

湖泊是大陆上良好的沉积场所，可接纳周围的地面流水、地下水和风等动力带来的物质，同时有的湖泊可大量繁殖生物，形成生物沉积。湖泊的沉积作用过程也就是其发展和消亡的过程。在不同的气候区，由于湖泊的流泄和蒸发状况以及湖水的成分均不相同，其沉积特征也不一样。

在潮湿气候区，沉积作用既有机械的，也有化学的和生物的，但往往以机械碎屑沉积和生物沉积较为显著。机械沉积作用使得粗粒碎屑物沉积于湖岸附近，形成平行湖岸的浅滩，叫湖滩；细小的呈悬浮搬运的物质，沉积于湖水较平静的湖心，形成湖泥；由河流携带来的泥沙，入湖后因流速骤减大部分的物质可沉积下来，形成湖三角洲，如图 4-14 所示。湖三角洲的伸展扩大，可延伸到湖心，使湖泊逐渐淤浅，最终成为河流所贯通的湖积三角洲平原，如图 4-15 所示。化学沉积作用可在湖底形成褐铁矿、黄铁矿等矿床。生物沉积作用使得大量低等生物死亡后和湖泥沉积在一起，在缺氧和 H_2S 多的环境中，经过细菌的分解，形成含 C40% ~50%、H6% ~7%、O34% ~44%及 NO <6%的有机物质，分散在湖泥细小颗粒间，组成呈胶冻状态的粘泥，叫腐泥；湖泊中大量植物的堆积被埋在深处缺氧条件下，经细菌作用，使植物遗体中的氢、氧成分减少，放出 CO_2、CH_4 等气体，而碳的成分相对增

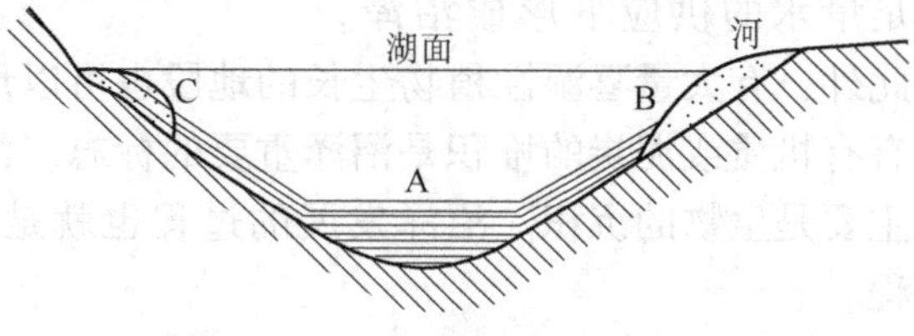

图 4-14　湖泊机械沉积土分布示意图
A—湖泥　B—湖三角洲　C—湖滩

多，最后形成富含碳（含碳59%）、质体疏松而呈棕褐或黑色的物质，叫泥炭。

在干旱气候区，湖泊的沉积以化学沉积为主，机械沉积退居次要地位。湖泊中含有的盐类，在湖泊中发展的不同阶段，可按盐类溶解度的大小依照一定的顺序沉积下来。一般的沉积顺序自下而上依次为：碳酸盐沉积土、硫酸盐沉积土、氯化物沉积土。

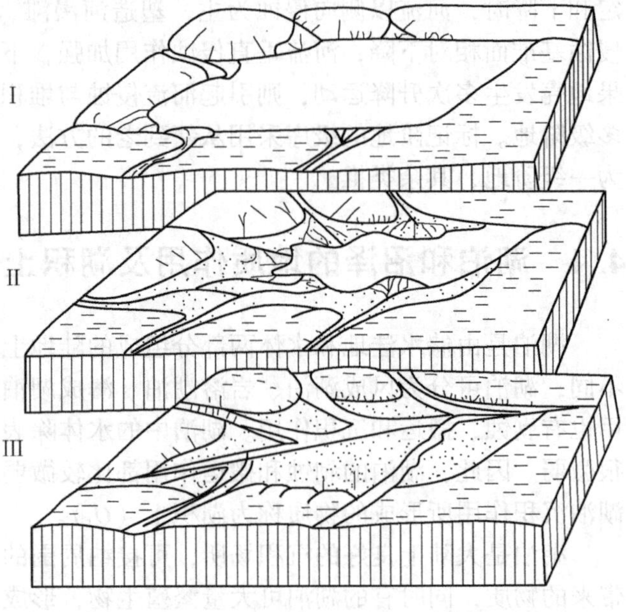

图4-15 潮湿气候区泄水湖的发展示意图

Ⅰ—发展初期，三角洲很少 Ⅱ—过渡阶段，湖泊淤浅，面积显著缩小 Ⅲ—晚期，形成湖积三角洲平原，湖泊消失

沼泽是大陆上被水充分湿润的、其上面生长有大量嗜湿性植物、并有有机质或泥炭堆积的地段。沼泽的成因较多。可以由湖泊发展演变而形成沼泽；也可以在排水不良的广阔平地面上，有足量水的供应下形成沼泽。此外，有大量喜湿性植物生长的地段也可以形成沼泽。不论沼泽如何形成的，富有有机质或泥炭的堆积是沼泽重要的标志。沼泽的地质作用只有沉积作用，而且主要是生物的沉积。沼泽发展的过程也就是其沉积作用形成有机质或泥炭的过程。

4.5 海洋的地质作用及海积土

海洋按海水深度及海底地形划分为：海岸带，海水高潮与低潮之间的地带，海水深0~20m；浅海带（大陆架），海水深20~200m，坡度很平缓；次深海带，海底坡度平缓一般不超过二十几度，海水深200~3000m。深海带，海水深3000~6000m。

海洋的地质作用主要有剥蚀作用和沉积作用。

海浪时刻都在冲击着海岸，当海浪冲击海岸岩石时，对岩石产生很大的压力，使其破坏。海浪可把海岸岩石掏成凹槽或形成洞穴，当这些凹槽和洞穴扩大到一定程度时，它上面悬空的岩石便会崩塌下来。海浪又将这些崩塌下来的岩块忽前忽后反复推动着，把它们当作撞击的工具，这就更加速了对海岸的破坏作用。海浪冲蚀作用进行得愈久，海岸向后撤退就愈远，而海滩也就变得愈宽。陡岸向后撤退得愈远，海浪要达到岸边就愈困难，因为海浪前进的能量都消耗在对海滩的摩擦上了。当海滩增长到海浪达不到陡岸的时候，海浪的破坏作用也就暂告结束。

河水带入海洋的物质和海岸破坏后的物质在搬运过程中，随着流速的逐渐降低，就沉积下来，形成海积土（Q_m）。靠近海岸一带的海积土是比较粗大的碎屑物，离海岸愈远，海积土也就愈细小。这种分布情况，同时还与海水深度和海底的地形有直接的关系。海洋的沉积土质，有机械的、化学的和生物的三种，形成各类海积土。

1. *海岸带海积土*

海岸带海积土主要是粗碎屑及砂，它们是海岸岩石破坏后的碎屑物质组成的。粗碎屑一般厚度不大，没有层理或层理不规则。碎屑物质经波浪的分选后，是比较均匀的。经波浪反复搬运的碎屑物质磨圆度好。有时有少量胶结物质，以砂质或粘土质胶结占多数。海岸带砂土的特点是磨圆度好，纯洁而均匀，较紧密，常见的胶结物质是钙质、铁质及硅质。海岸带沉积土沿海岸往往成条带分布，有的地区砂土能伸延好几千米长，然后逐渐尖灭。此外，海岸带特别是在河流入海的河口地区常常有淤泥沉积，它是由河流带来的泥砂及有机物与海中的有机物沉积的结果。

2. *浅海带海积土*

浅海带海积土主要是较细小的碎屑沉积（如砂、粘土、淤泥等）以及生物化学沉积土（硅质沉积土、钙质沉积土）。在浅海环境里，由于阳光充足，从陆地带来的养料丰富，故生物非常发育。在海积土中往往保存有不少化石。浅海带砂土的特征是：颗粒细小而且非常均匀，磨圆度好，层理正常，较海岸带砂土为疏松，易于发生流砂现象。浅海砂土分布范围大，厚度从几米到几十米不等。浅海带粘土、淤泥的特征是：粘度成分均匀，具有微层理，可呈各种稠度状态，承载力也有很大变化。一般近代的粘土质沉积土密度小，含水量高，压缩性大，强度低；而古老的粘土质沉积土密度大，含水量低，压缩性小，承载力很高（有时可达5~10kg/cm^2），陡坡也能保持稳定，这种硬粘土常常有很多裂隙，因而具有透水的能力，也易于风化。浅海带沉积土的成分及厚度沿水平方向比较稳定，沿垂直方向变化较大。

3. *次深海带及深海带海积土*

次深海带及深海带海积土主要由浮游生物的遗体、火山灰、大陆灰尘的混合物所组成，很少有粗碎屑物质出现。海积土主要是一些软泥。

4.6 冰川的地质作用及冰积土

在高纬度及高山地区，地表一定厚度的积雪经过一系列物理变化，能成为具可塑性的冰川冰。冰川冰在重力作用下沿山谷及斜坡流动。这种运动的冰川冰称为冰川。由冰川搬运沉积作用所形成的沉积土即冰积土（Q_{gl}）。

冰积土分布于冰川附近的低洼地带，成份以巨大块石、碎石、砂、粉土及粘性土混合而成，分选性极差，有时具斜层理，颗粒呈棱角状，常具擦痕。

4.7 风的地质作用及风积土

风的地质作用包括风的剥蚀、搬运及沉积作用。风的剥蚀包括吹蚀和磨蚀。风把细小的物质吹走，使岩石的新鲜面暴露，岩石又继续遭受风化，这种作用称为风的吹扬作用。在吹扬过程中，风所夹带的砂、砾石对所经过的岩石进行撞击摩擦，使其磨损破坏，这种作用称为风的磨蚀作用。风的磨蚀作用可形成“石烂牙”和“石蘑菇”等奇特的地形。

风能将碎屑物质搬运到他处，搬运的物质有明显的分选作用，粗碎屑搬运的距离较近，碎屑愈细，搬运就愈远。在搬运途中，碎屑颗粒因相互间的摩擦碰撞，逐渐磨圆变小。

风的搬运与流水的搬运是不同的，风可向更高的地点搬运，而流水只能向低洼的地方搬运。

风所搬运的物质，因风力减弱或途中遇到障碍物时，便沉积下来形成风积土（Q_{eol}）。

在干燥的气候条件下，岩石的风化碎屑物质被风吹起，搬运到一定距离堆积而成风积土。风积土主要有两种类型，即风成砂和风成黄土。

4.7.1 风成砂（Q_{eol-s}）

在干旱地区，风力将砂粒吹起。其中包括粗、中、细粒的砂，吹过一定距离后，风力减弱，飞飏的砂粒坠落堆积而成风成砂，一般统称为沙漠。应当指出，沙漠不完全是风的沉积作用而形成的，但大部分沙漠都与风的作用有关。

风成砂常由细粒或中粗砂组成，矿物成分主要为石英及长石，颗粒浑圆。风成砂多比较疏松，当受振动时，能发生很大的沉降，因此，作为建筑物地基时必须事先进行处理。砂在风的作用下，可以逐渐堆积成大的砂堆，称为砂丘。砂丘的向风面平缓，背风面陡。砂丘有不同的形状，如外形成弯月状的称为新月砂丘。

4.7.2 风成黄土（Q_{eol-ls}）

随风飘的微粒尘土，在干旱气候条件下，随着风的停息而沉积成的黄色粉末状沉积土称风成黄土，或简称黄土。还有除风力以外而形成的黄土，称为次生黄土或黄土状土。黄土在我国分布较广，达64多万平方千米，一般分布在北纬30°~48°之间，而以34°~45°之间的黄河中游地区最为发育，几乎遍及西北、华北各省区。

黄土无层次，质地疏松，雨水易于渗入地下，有垂直节理，常在沟谷两侧形成陡立峭壁。从河南灵宝一带以至潼关，常见黄土峭壁屹立数十年而不倒。

4.8 特殊土及其工程地质特征

我国地大物博，地质条件复杂，各类土由于形成时的地理环境、气候条件、物质成分不同而具有显著不同的特殊工程性质。这种具有特殊工程地质性质的土成为特殊土。特殊土具有明显的区域性，如湿陷性黄土主要分布于西北、华北等干旱、半干旱地区；红粘土主要分布于西南亚热带湿热气候地区；多年冻土及盐渍土主要分布于高纬度、高海拔地区；膨胀土主要分布于南方和中南地区。下面分别简要阐述我国常见特殊土的分布范围及工程地质特征，有关各类特殊土的勘察及岩土工程评价请参阅《岩土工程勘察规范》（GB 50021—2001）。

4.8.1 软土

软土一般是指在静水或缓慢流水环境中，由生物化学作用形成的以饱和粘土为主并含有机质的近代沉积物。天然含水量 ω 大于液限 ω_L，天然孔隙比 e 大于或等于1.0。当 $e \geqslant 1.5$ 时称为淤泥；$1.0 \leqslant e < 1.5$ 时称为淤泥质土。工程上把淤泥和淤泥质土统称为软土。

我国沿海地区和内陆平原或山区都广泛地分布着海相、三角洲相、湖相和河相沉积的饱和软土。其厚度由数米至数十米不等。软土厚度较大的地区，由于表层长期经受气候的影响，使含水量减小，在收缩固结作用下，表面形成所谓的“硬壳”。这一处于地下水位以上的非饱和“硬壳”层厚度通常是0~5m，承载力较下层软土高，压缩性也较小。

软土常具有以下工程地质特征：

(1) 高含水量和大孔隙比　软土的天然含水量总数大于液限，据统计软土的天然含水量一般为50%~70%。山区软土的含水量变化幅度更大，有时可达70%，甚至高达200%；天然孔隙比在1~2之间，最大可达3~4；软土的饱和度一般大于90%。

（2）渗透性低　软土的透水性很低，且垂直方向和水平方向的渗透系数差别较大，一般垂直方向的渗透系数小，其值约在$10^{-7} \sim 10^{-9}$cm/s之间，水平向渗透系数为$10^{-4} \sim 10^{-5}$cm/s。因此软土的固结时间长，同时，在加载初期，地基中常出现较高的孔隙水压力，影响地基的强度。

（3）压缩性高　软土具有高压缩性，软土的压缩系数$a_{1\text{-}2}$一般在$0.5\text{MPa}^{-1} \sim 2.0\text{MPa}^{-1}$之间，最大可达$4.5\text{MPa}^{-1}$，它随着土的液限和天然含水量的增大而增高。

（4）抗剪强度低　软土的抗剪强度很低，并与加荷速度及排水固结条件密切相关。在不排水剪切时，软土的内摩擦角接近于零，抗剪强度主要由内聚力决定，而且内聚力值一般小于20kPa。经排水固结后，软土的抗剪强度便能提高，但由于其透水性差，当应力改变时，孔隙水渗出过程相当缓慢，抗剪强度的增长也很缓慢。因此工程中选择剪切试验方法时，应根据地基应力状态、加荷速率和排水条件来选择，对排水条件较差，加荷速率较快的地基，宜采用不排水剪。当地基在荷载作用下有可能达到一定程度的固结时，可采用固结不排水剪。当有条件计算出地基中的孔隙水压力分布时，则可用有效应力法，以确定有效抗剪强度指标。

（5）触变性　软土是絮凝结构，具有触变性。当其结构未被破坏时，具有一定的结构强度，但一经扰动，土的结构强度便被破坏。软土中含亲水性矿物（如蒙脱石）多时，结构性强，其触变性较显著。粘性土触变性常用灵敏度S_t来表示，软土的灵敏度一般在3～4之间，个别情况达8～9。

（6）蠕变性　软土的蠕变性比较明显。表明在长期恒定应力作用下，软土将产生缓慢的剪切变形，并导致抗剪强度的衰减；在固结沉降完成以后，软土还可能继续产生次固结沉降。

4.8.2　湿陷性黄土

湿陷性土一般是指非饱和的不稳定土，在一定应力作用下，遇水后发生显著的沉陷。湿陷性土在地球上分布很广，主要有风积的砂和黄土、次生黄土状土、冲积土、残积土；还有可溶性盐胶结的松砂、分散性粘土以及盐渍土。其中，以湿陷性黄土的分布面积最广，在我国遍及甘、陕、晋的大部分地区以及豫、宁、冀等部分地区。另外，新疆、山东和辽宁等地也有分布。

黄土是在风的搬运作用下沉积，没有经过次生扰动、无层理、含大孔隙的黄色粉质碳酸盐类沉积物。其他成因、黄色、具有层理和夹有砂、砾石层的土状沉积物称为黄土状土。

黄土和黄土状土（以下统称黄土）在天然含水量时，一般具有较高的强度和较小的压缩性。但遇水后，在自重应力，或自重应力与附加应力共同作用下，有的会产生大量的沉陷变形，有的却并不发生湿陷。前者称为湿陷性黄土，后者称为非湿陷性黄土。

湿陷性黄土又分为自重湿陷性黄土（在自重应力作用下产生湿陷性的）和非自重湿陷性黄土（自重应力与附加应力共同作用下产生湿陷性的）。

影响黄土湿陷性的主要物理性质指标为天然孔隙比和天然含水量。在其他条件相同时，黄土的天然孔隙比越大，则湿陷性越强；黄土的湿陷性随其天然含水量的增加而减弱；当含水量相同时，黄土的湿陷量将随浸湿程度的增加而增大。在给定的天然孔隙比和含水量的情况下，在一定的应力范围内，湿陷量将随应力的增加而增大。

黄土天然孔隙比一般在 1.00 左右，颗粒组成以粉粒为主（含量在60%以上），含大量的可溶盐，颜色为黄色或褐色，天然剖面形成垂直节理，一般具有肉眼可见的大孔隙。

4.8.3 红粘土

红粘土是指出露地表的碳酸盐类岩石，在湿热气候条件下经风化、淋滤和红土化作用而形成的一种高塑性粘土，它常覆盖于基岩上，呈棕红或褐红、褐黄色。在形成过程中，由于铁铝元素相对集中而演变成带红色的粘性土。红粘土主要分布于我国黄河、秦岭以南、青藏高原以东地区，集中分布在北纬 30 度以南的桂、黔、滇、川东、湘西等省区。在北纬 30°~35°之间也有零星分布，如鲁南、陕南、鄂西等地。

红粘土一般分布在盆地、洼地、山坡、谷地或丘陵等地区。

土的状态一般从地表往下逐渐变软，上部往往呈坚硬、硬塑状态，在深度 6m 以下一般呈软塑状态，因此，红粘土地基往往具有硬壳层。

红粘土最主要的状态是土层厚度变化很大。红粘土因受基岩起伏的影响和风化深度的不同，厚度变化很大，水平方向相隔很近，土层厚度却可相差数米。红粘土中裂隙普遍发育，竖向裂隙从地表可延伸到 3~6m。裂隙面一般光滑。由于裂隙的存在，破坏了土的完整性，将土体切割成块状，地下水往往沿裂缝活动，对红粘土的工程性质十分不利。

4.8.4 多年冻土

冻土分多年冻土和季节性冻土。多年冻土是指连续两年或两年以上保持在摄氏零度以下，并含有冰的土层。季节性冻土常覆盖在多年冻土之上。冻土由于外界原因融化后，强度显著降低，压缩性增大，会导致建在其上的建筑物破坏或影响正常使用。

多年冻土在我国集中在内蒙古自治区、黑龙江大小兴安岭、青藏高原、甘肃、新疆高山区。这些地方年平均气温在 -2℃以下，冰冻期长达 7 个月以上。

对不同的土起始冻结温度是不一样的。对同一种土含水量越小，起始冻结温度越低。随着温度的降低，土中水的含量逐渐减少，但不论温度多低，土中均含有未冻水。冻土根据未冻水含量和冰的胶结程度可分为：坚硬冻土、塑性冻土、松散冻土。

在多年冻土地区常见到一些特殊的不良地质现象，如地下冰、热融滑坍、冰椎、冰丘等，在勘察时应充分查明，以便采取相应的措施。

坚硬冻土中未冻水含量很少，土粒为冰牢固胶结，土的强度高，压缩性小，在荷载下表现脆性破坏，与岩石相似；塑性冻土含大量未冻水，土的强度不高、压缩性较大，当土的温度在 0℃以下和坚硬冻土温度上限之间，饱和度 $S_r \leqslant 80\%$ 时，呈塑性冻土状态；松散冻土的含水量较小，土粒未被冰所胶结，仍呈冰前的松散状态，其力学性质与未冻土无大差别。

另外冻土融化后会产生沉陷，称为融沉性。融沉性是冻土工程性质的主要指标，可通过室内试验测定。

4.8.5 盐渍土

易溶盐含量大于 0.3% 并具有溶陷、盐胀和腐蚀等工程特性的土体称为盐渍土。

盐渍土一般分布在地势比较低且地下水位较高的地段，如内陆洼地、盐湖、河流两岸的洼地、低阶地、牛轭湖及三角洲洼地、山间洼地等地段。

盐渍土的厚度一般不大，平原及滨海地区通常分布在地表以下 2 ~4m，内陆盆地的盐渍土厚度有的可达几十米，如柴达木盆地中盐湖区，盐渍土厚度达 30 m 以上。盐渍土在我国分布面积较广，新疆、青海、甘肃、内蒙、宁夏等省（自治区）分布较多，山西、辽宁、吉林、黑龙江、河北、河南、山东、江苏等省也有分布。

盐渍土也是由三相体组成，但与常规不同，其固体部分除土颗粒外，还有较稳定的难溶盐和不稳定的可溶盐。土中的液体常为盐溶液。在温度变化和有足够的水浸入的条件下，盐渍土中的结晶易溶盐将会被溶解变成液体，气体孔隙也被填充。此时，盐渍土的三相体转变成二相体。在盐渍土三相体转变成二相体的过程中，通常伴随土的结构破坏和土体的变形（通常是溶陷的）。相反，当自然条件变化时，盐渍土的二相体也会转化为三相体，此时土体也会产生体积变化（通常是膨胀）。因此，盐渍土的相态的变化常对工程带来严重的危害。

4.8.6 膨胀土

膨胀土是指含有大量的亲水性粘土矿物、同时具有吸水膨胀和失水收缩，且胀缩可逆、反复交替的高塑性粘性土。

膨胀土一般分布在二级以上的河谷阶地、山前和盆地边缘丘陵地，埋藏较浅，地貌多呈微起伏的低丘陵坡和垄岗地形，一般坡度平缓。在旱季，地表常出现裂隙，雨季裂缝又闭合。据广西、湖北两地调查，一般为长 10 ~ 80m，宽 3 ~ 5m，深为 3. 5 ~ 8. 5m。

膨胀土在我国广泛分布于广西、云南、河南、安徽、四川、陕西、河北、江西、江苏、山东、山西、贵州、广东、新疆、海南等二十几个省（区），总面积约在 10 万 km^2 以上。

我国膨胀土形成的地质年代大多为第四纪晚更新世（Q_3）及其以后的全新世（Q_4）。其成因大多为残积，有的为冲积、洪积或坡积。膨胀土多呈灰白、灰绿、灰黄、棕红或褐黄色。膨胀土的主要矿物成分是蒙脱石和伊利石。蒙脱石亲水性强，遇水膨胀强烈；伊利石次之。

天然状态下的膨胀上，含水量接近或略小于塑限，多呈硬塑到坚硬状态，强度较高，压缩性较低，当无水浸入时，是一种良好的天然地基。但遇水或失水后，则胀缩明显。建在未处理的膨胀土地基上的建筑物，往往产生开裂和破坏，且不可修复，危害极大。

第 5 章 地下水

5

地下水是赋存于地表以下岩土层空隙中的各种不同形式水的统称。地下水主要来源于大气降水和地表水的入渗补给；同时以地下渗流的方式补给河流、湖泊和沼泽，或直接注入海洋，上层土壤中的水分则以蒸发或被植物根系吸收后再散发入空中，回归大气，从而积极地参与了地球上的水循环过程，以及地球上发生的溶蚀、滑坡、土壤盐碱化等过程。

地下水是宝贵的天然资源，可作生活饮用水和工农业生产用水。一些含特殊组分的地下水，称为矿泉水，具有一定的医疗保健意义。地下水作为岩土三相物质成分中的一个重要组分，它对岩土的工程力学性质影响很大。地下水渗流会引起岩土体渗透变形，降低岩土强度和地基承载力；基坑涌水给工程施工带来很大的不便；抽水使地下水位下降导致地基土体固结，造成建筑物不均匀沉降；地下水还常常是滑坡、地面沉降和地面塌陷发生的主要原因。有的地下水对混凝土和其他建筑材料还会产生腐蚀作用等。因此，地下水是工程地质分析、评价和地质灾害防治中的一个极其重要的影响因素，研究地下水对工程建设尤为重要。

5.1 地下水概述

5.1.1 岩土中的空隙

地下水存在于岩土的空隙之中，地壳表层十余千米范围内都或多或少存在着空隙，特别是浅部 1 ~2km 范围内，空隙分布较为普遍。这就为地下水的赋存提供了必要的空间条件。岩土中的空隙即是地下水的储存场所，又是地下水渗透通道，空隙的多少、大小、形状、连通情况及其分布规律，决定着地下水的分布与渗透，因此，研究地下水首先要分析岩土中的空隙。

根据岩土空隙的成因不同，可分为孔隙、裂隙和溶隙三大类（见图 5-1）。

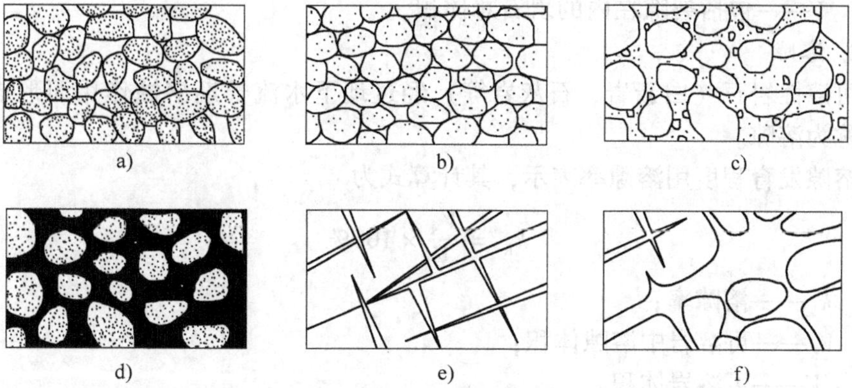

图5-1 岩土中的空隙

a）分选良好，排列疏松的砂 b）分选良好，排列紧密的砂 c）分选不良，含泥砂的砾石 d）部分胶结的砂岩 e）具有裂隙的岩石 f）具有溶隙的可溶岩

1. 孔隙

岩土颗粒之间的空隙称为孔隙。孔隙发育程度用孔隙度表示，孔隙度又称孔隙率。它是反应含水介质特性的重要指标，其计算式为

$$n = \frac{V_n}{V} \times 100\% \tag{5-1}$$

式中 n——孔隙度；

V_n——岩土中孔隙体积；

V——包括孔隙在内的岩土总体积。

孔隙度大小主要决定于岩土的密实程度及分选性。岩土越疏松，分选性越好，孔隙度越大。反之，岩土越紧密，分选性越差，孔隙度越小。此外，颗粒形状和胶结程度对孔隙度也有影响。

2. 裂隙

岩石受地壳运动及其他内外地质营力作用影响产生的空隙，称为裂隙。裂隙的发育程度除与岩石受力条件有关，还与岩性有关。固结坚硬的岩石，包括沉积岩、岩浆岩和变质岩，在各种应力作用下破裂变形产生裂隙。裂隙按成因可分为：成岩裂隙、风化裂隙和构造裂隙。裂隙的多少、方向、宽度、延伸长度以及充填情况，都对地下水运动产生重要影响。

裂隙发育程度用裂隙率表示，其计算式为

$$k_T = \frac{V_T}{V} \times 100\% \tag{5-2}$$

式中 k_T——裂隙率；

V_T——岩石中裂隙体积；

V——包括裂隙在内的岩石总体积。

3. 溶隙

可溶性岩石（白云岩、石灰岩等）经过地下水流长期溶蚀作用而形成的空隙，称为溶隙。

溶隙发育程度用溶隙率表示，其计算式为

$$k_K = \frac{V_K}{V} \times 100\% \tag{5-3}$$

式中 k_K——溶隙率；

V_K——可溶岩中溶隙体积；

V——可溶岩体积。

研究岩土的空隙时，不仅要研究空隙的多少，而且更重要的是要研究空隙体本身的大小、空隙间的连通性和分布规律。松散土的孔隙大小和分布都比较均匀，且连通性好；岩石裂隙无论其宽度、长度和连通性差异均很大，分布不均匀；溶隙规模相差悬殊，其形状、大小等方面更加千变万化，小的溶孔直径只几毫米，大的溶洞可达几百米，有的形成地下暗河延伸数千米。

5.1.2 岩土的水理性质

岩土中的空隙虽然为地下水提供了赋存空间，但是，水能否自由进出这些空间，与岩土本身具有的容纳、保持、释出以及透水能力有着很大的关系。岩土与水接触时，控制水分储存和运移的性质称为岩土的水理性质，包括岩土的容水性、持水性、给水性以及透水性等。

（1）容水性　在常压下，岩土空隙能够容纳一定水量的性能，称为容水性，以容水度来表示。容水度是指岩土空隙完全被水充满时，所能容纳的最大水体积与岩土体积之比，以小数或百分数表示。显然，容水度在理论上与孔隙度相等。但是，对于具有膨胀性岩土来说，充水后体积增大，容水度大于孔隙度。

（2）持水性　饱水岩土在重力作用下排水后，依靠分子力和毛细管力仍然保持一定水分的能力，称为持水性。持水性在数量上用持水度来表示。持水度是指饱水岩土在重力作用下释水后，保持在岩土中的水的体积与岩土体积之比，用小数或百分数表示。其值大小取决于岩土颗粒表面对水分子的吸附能力。在松散沉积物中，颗粒越细，吸附的水膜越厚，持水度就越大，反之就越小。

（3）给水性　饱水岩土在重力作用下能自由排出水的性能，称为给水性。其值用给水度表示。给水度是指饱水岩土在重力作用下，能自由流出的水的体积与岩土总体积之比，用小数或百分数表示。给水度等于容水度减去持水度。一般情况下，颗粒越粗，给水度越大；反之，越小。

（4）透水性　岩土透水性是指岩土允许水透过的性能。其值通常用渗透系数表示。岩土透水性首先取决于岩土中空隙大小和连通程度。其次，才和空隙的多少有关。如粘土的空隙度很大，但空隙直径很小，水在这些微孔中运动时，不仅由于水与孔壁的摩擦阻力大而难以通过，而且还由于粘土颗粒表面吸附一层结合水膜，这种水膜几乎占满了整个空隙，使水更难通过。因此，其透水性很弱。

5.1.3 含水层与隔水层

饱水带岩土层按其透过和给出水的能力，可以划分为含水层和隔水层。

含水层是指能够透过并能给出相当数量水的岩土层。含水层的形成必须具备以下条件：有较大且连通的空隙；与隔水层组合形成储水空间，以便地下水汇集不致流失；要有充分的补给来源。

隔水层是指不能透过或给出水，或者透过或给出水的数量微不足道的岩土层。隔水层可以含水甚至饱水（如粘土），也可以不含水（如致密的岩石）。

含水层与隔水层的划分是相对的，并不存在截然的界线和绝对的定量标准。从某种意义上讲，含水层和隔水层是相比较而存在的。比如，泥质粉砂夹在粘土层中，由于其透水能力和给水能力均比粘土强，所以泥质粉砂就应作为含水层；同样的泥质粉砂夹在粗砂层中，由于粗砂透水能力和给水能力均比泥质粉砂强的多，相对来说，泥质粉砂就可以视为隔水层。由此可见，同一岩土层在不同条件下可能具有不同水文地质意义。

5.2 地下水的类型

地下水有多种分类方法，这里仅介绍按埋藏条件和含水介质进行分类。

所谓地下水的埋藏条件是指含水层在地质剖面中所处的部位及受隔水层限制的情况。据此可将地下水分为上层滞水、潜水、承压水。根据含水介质的不同可将地下水分为孔隙水、裂隙水及岩溶水。将两者组合可分出9类地下水，如孔隙上层滞水、裂隙潜水、岩溶承压水等（见表5-1）。

表5-1 地下水分类表

含水层空隙性质 / 埋藏条件	孔隙水（松散沉积物孔隙中的水）	裂隙水（坚硬基岩裂隙中的水）	岩溶水（可溶岩溶隙中的水）
上层滞水	包气带中局部隔水层上的重力水，主要是季节性存在	裸露于地表的裂隙岩层浅部季节性存在的重力水	裸露的岩溶化岩层上部岩溶通道中季节性存在的重力水
潜水	各类松散沉积物浅部的水	裸露于地表的各类裂隙岩层中的水	裸露于地表的岩溶化岩层中的水
承压水	山间盆地及平原松散沉积物深部的水	组成构造盆地、向斜构造或单斜断块的被掩覆的各类裂隙岩层中的水	组成构造盆地、向斜构造或单斜断块被掩覆的岩溶化岩层中的水

5.2.1 地下水埋藏类型

根据含水情况的不同，地面以下岩土层可分为包气带和饱水带两个带。地表以下一定深度内存在着地下水面，地下水面以上，称为包气带，地下水面以下，称为饱水带。

1. 上层滞水

上层滞水是指在包气带内局部隔水层上积聚的具有自由水面的重力水称为上层滞水，也可称为包气带水（见图5-2）。上层滞水接近地表，接受大气降水的补给，以蒸发形式或向隔水底板边缘排泄。雨季时获得补给，赋存一定水量，旱季时，水量减少，甚至干涸。因此，上层滞水动态很不稳定。上层滞水有时会给建筑物施工带来麻烦，甚至危害工程建设。上层滞水供水意义不大。

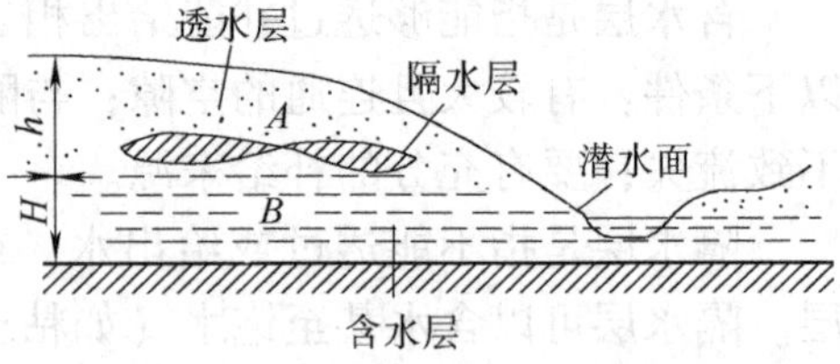

图5-2 包气带水和潜水示意图
A—包气带水 B—潜水
h—潜水面的埋藏深度 H—潜水厚度

2. 潜水

潜水是埋藏于地面以下第一个稳定隔水层之上具自由水面的重力水。潜水的自由水面为潜水面；潜水面上任一点的高程为该点的潜水位；自地面某点至潜水面的距离为该点潜水的埋藏深度；从潜水面至隔水底板的距离为潜水含水层厚度（见图5-2）。

潜水的补给来源主要有大气降水、地表水、凝结水及深层地下水。大气降水是潜水最主要的补给来源，但大气降水补给潜水的数量与降水特点、包气带厚度、岩土透水性及地表的覆盖情况等密切相关，一般来说，时间短的暴雨对补给地下水不利，而连绵细雨能大量补给地下水。在干旱地区，大气降雨很少，潜水补给只靠大气凝结水。地表水也是地下水的重要补给来源，当地表水水位高于潜水水位时，地表水就补给地下水，潜水的动态变化往往受地表水的动态变化的影响。如果深层地下水位较潜水水位高，深层地下水会通过构造破碎带或导水断层等补给潜水，也可越流补给潜水。总之，潜水的补给来源是多种多样的，某个地区的潜水可以有一种或几种来源补给。

潜水的排泄主要有三种方式：

1）潜水径流到适当地形处，以泉、渗流等形式泄出地表或流入地表水，即径流排泄，在山区常有丰富的泉水。

2）通过包气带或蒸发进入大气，即蒸发排泄。在干旱或半干旱地区，地下水蒸发强烈，常常是地下水排泄的主要形式。

3）含水层之间的排泄，如通过导水断层、天窗越流排泄。

潜水的径流是指潜水在重力作用下，由补给区流向排泄区的过程。可见补给区与排泄区的位置与高差决定着地下水径流的方向与径流速度，补给与排泄条件越好，透水性越强，则径流条件越好。

潜水面形状主要受地形控制，基本上与地形起伏一致，但较地形平缓。潜水面常用潜水等水位线图反映。所谓潜水等水位线图就是潜水面上高程相等各点的连线（见图5-3a）。潜水等水位线图有如下用途：

（1）确定潜水流向　潜水自水位高的地方向水位低的地方流动，形成潜水流。在潜水等水位线图上，在相临两等水位线间作一垂直连线，有高水位指向低水位的方向即为潜水流向，如图5-3a箭头所示的方向。

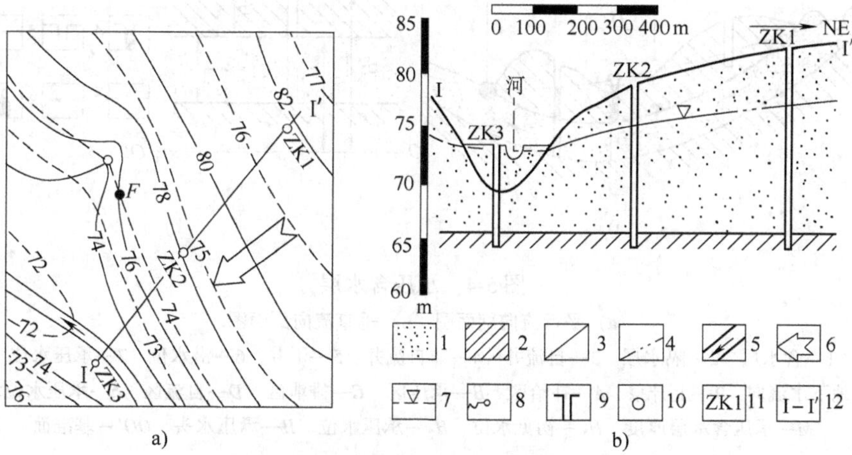

图5-3　潜水等水位线图及水文地质剖面图

1—砂土　2—粘土　3—地形等高线　4—潜水等水位线　5—河流及流向　6—潜水流向　7—潜水面　8—下降泉　9—钻孔（剖面图）　10—钻孔（平面图）　11—钻孔编号　12—Ⅰ—Ⅰ′剖面线

（2）确定潜水的水力坡度　在潜水流向上取两点的水位差，除以两点间的距离，即为该点潜水的水力坡度。

（3）确定潜水与地表水之间的关系　如果潜水流向指向河流，则潜水补给河水；如果潜水流向背向河流，则河水补给潜水。

（4）确定潜水的埋藏深度　等水位线图应绘于赋有地形等高线的图上，某一点的地形标高与潜水位之差即为该点潜水的埋藏深度。如图5-3a所示，F点潜水的埋深等于2m。

3. 承压水

承压水是充满于两个稳定隔水层之间的含水层中的重力水。图5-4为埋藏于向斜盆地中的承压水层（见图5-4a、b）。承压含水层出露地表较高的一端称为补给区（A），较低的一端称排泄区（C），承压含水层上覆盖隔水层的地区称为承压区（B）。承压含水层的上覆隔水层称为隔水顶板，下伏隔水层称为隔水底板。

顶、底板间的距离为承压含水层的厚度（M）。在承压区，钻孔钻穿隔水顶板后才能见到地下水。见水高程（H_1），即隔水顶板底面的高程，在工程上称为初见水位。承压水在静水压力作用下沿钻孔上升到一定高度停止下来，此高程称为承压水位或测压水位（H_2）。承压水位高出隔水顶板底面的距离（H），称为承压水头。承压水位高于地表的地区称做自流区（D），在此区，凡钻到承压含水层的钻孔都形成自流井，承压水沿钻孔上升喷出地表。各井点承压水位连成的面称承压水面。承压水面不是真正的地下水面，它只是一个压力面。

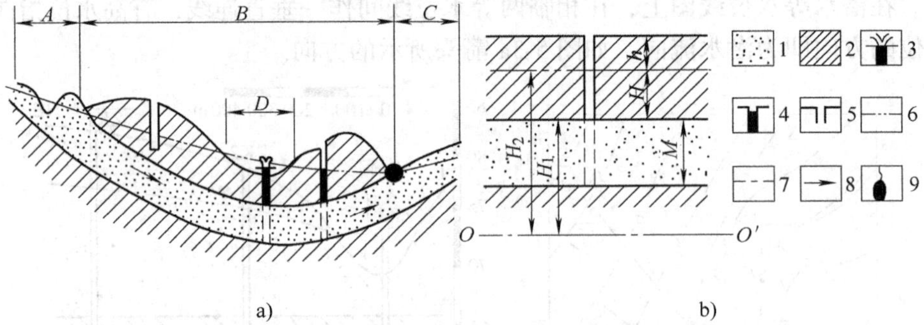

图 5-4　承压含水层

a）平行流向剖面图　b）垂直流向剖面图

1—含水层　2—隔水层　3—自流井　4—非自流井　5—干井　6—潜水位　7—承压水位　8—地下水流向　9—上升泉　A—补给区　B—承压区　C—排泄区　D—自流区　h—承压水位埋深　M—承压含水层厚度　H_1—初见水位　H_2—承压水位　H—承压水头　OO'—基准面

相对于潜水等其他类型的地下水，承压水具有如下主要特征：

1）承压水没有自由水面，并承受一定的静水压力。

2）受外界的影响相对要小，动态变化相对稳定。由于隔水层顶板的存在，在相当大的程度上阻隔了外界气候、水文因素对地下水的影响，因此承压水的水位、温度、矿化度等均比较稳定。但从另一方面说，在积极参与水循环方面，承压水就不似潜水那样活跃，因此承压水一旦大规模开发后，水的补充和恢复就比较缓慢，若承压水参与深部的水循环，则水温因明显增高可以形成地下热水和温泉。

3）承压水不易受地面污染，一般可作为良好的供水水源。

4）水质类型多样，变化大。

承压水的水质从淡水到矿化度极高卤水都有存在，可以说具备了地下水各种水质类型。有的封闭状态极为良好的承压含水层，与外界几乎不发生联系，至今保留着古代的海相残留水，由于浓缩之缘故，其矿化度可达每升数百克之多，此外承压水质常呈现垂直或水平分带的规律。

承压水面不同于潜水面，常与地形极不吻合，甚至高出地表面。钻孔钻到承压水位处是见不到水的，必须凿穿隔水顶板才能见到水。

承压水面在平面图上用承压水等水压线图表示。所谓等水压线图就是承压水面上高程相等点的连线图（见图5-5）。等水压线图上必须附有地形等高线和顶板等高线。根据承压水等水位线图可以判断承压水流向、确定初见水位、承压水埋深、承压水头大小以及水力坡度等。规模大的承压含水层是很好的供水水源。承压水的水头压力能引起基坑突涌，破坏坑底稳定性。

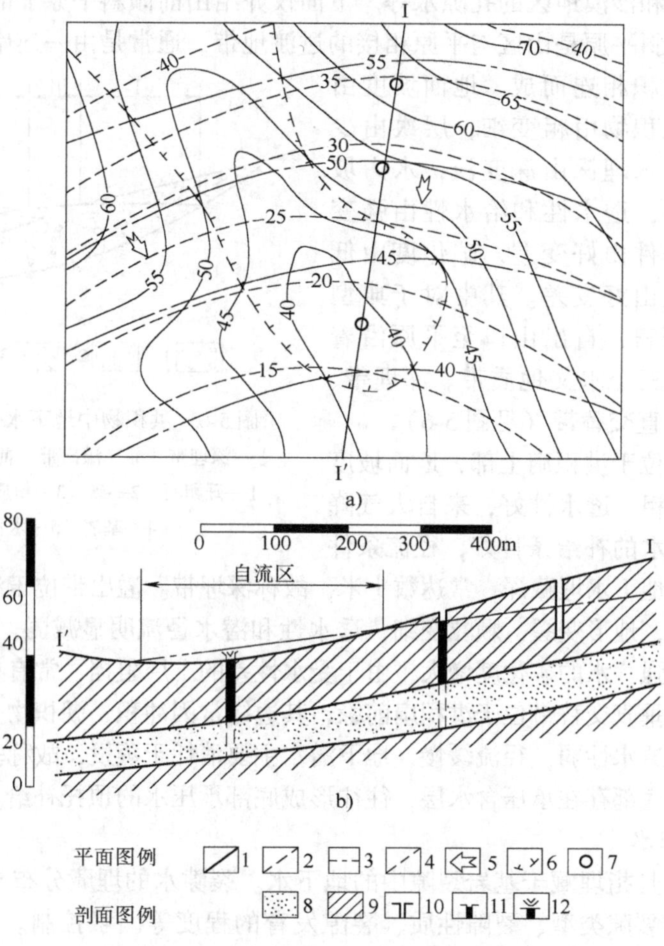

图5-5 等水压线图及水文地质剖面图
a）等水压线图 b）I′—I 水文地质剖面图
1—地形等高线图 2—顶板等高线 3—等水压线 4—承压水位线 5—承压水流向 6—自流区
7—井 8—含水层 9—隔水层 10—干井 11—非自流井 12—自流井

5.2.2 不同岩土介质中的地下水

1. 孔隙水

孔隙水是指埋藏于松散岩土孔隙中的重力水。在我国，孔隙水主要储存于第四纪松散沉积物和第三纪未胶结的松散岩土层中。孔隙水与裂隙水、岩溶水相比较，由于松散岩层一般连通性好，含水层内水力联系密切，具有统一水面，其透水性、给水性变化较裂隙、岩溶含水层为小，孔隙水运动大多呈层流状态。

通常孔隙水根据松散沉积物的成因类型及地貌条件上的差异，可区分为山前倾斜平原孔隙水、河谷地区孔隙水、冲积平原孔隙水、山间盆地孔隙水以及黄土地区孔隙水和沙漠地区的孔隙水等。下面仅介绍山前倾斜平原上的孔隙水。

山前倾斜平原是山区与平原相接的过渡地带，通常是由一连串冲积、洪积扇以及山麓坡积相连而成。地面坡度由陡变缓，沉积物由粗变细，层次由少变多，地下水埋深由深变浅，水力坡度由大变小，透水性和给水性由强变弱，径流条件由好变差，矿化度由低增高、水质由好变差。其中对于典型冲洪积扇而言，自出山口至平原沿着纵向可分为三个水文地质带。深埋带、溢出带和垂直交替带（见图5-6）。

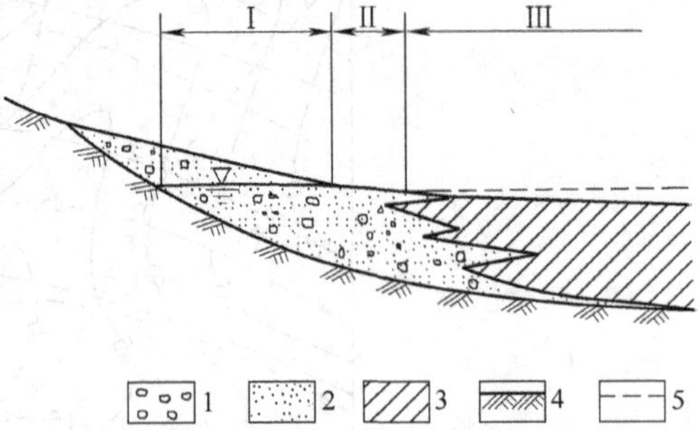

图5-6 洪积物中地下水分布示意图

Ⅰ—深埋带 Ⅱ—溢出带 Ⅲ—垂直交替带

1—砾卵石 2—砂 3—粉质粘土及粉土

4—基岩 5—水位

深埋带位于洪积扇上部，地面坡度大，沉积物粗，透水性好，来自大气降水、山区河水的补给条件好，径流条件亦好，由于地下水埋藏深，常达数十米，故称深埋带。溢出带位于洪积扇中部，具有过渡特性，地形变缓，颗粒变细，透水性和潜水径流明显减弱，潜水埋深变浅，蒸发作用加强，水的矿化度增大，由于受水性差的土层阻挡，常有泉水溢出，所以称溢出带。垂直交替带位于洪积扇前缘，其边缘常因冲积、湖积物交替沉积，形成复合堆积，透水性弱，径流缓慢，地下潜水主要消耗于蒸发，故称垂直交替带。如垂直交替带底部存在承压含水层，往往形成底部承压水的顶托补给。

2. 裂隙水

裂隙水是指埋藏于基岩裂隙中的地下水。裂隙水的埋藏分布与运动规律，主要受岩石的裂隙类型、裂隙性质、裂隙发育的程度等因素控制。与孔隙水相比，裂隙水特征主要体现在：埋藏与分布极不均匀，透水性在各个方向上往往呈现各向异性，动力性质比较复杂。裂隙水根据裂隙成因不同，可分为风化裂隙水、成岩裂隙水与构造裂隙水。

(1) 风化裂隙水 风化裂隙水分布在风化裂隙中的地下水多数为层状裂隙水，由于风化裂隙彼此相连通，因此在一定范围内形成的地下水也是相互连通的，水平方向透水性均匀，垂直方向随深度而减弱，多属潜水，有时也存在上层滞水。如果风化壳上部的覆盖层透水性很差时，其下部裂隙带有一定的承压性，风化裂隙水主要接受大气降水的补给，常以泉的形式排泄于河流中。

(2) 成岩裂隙水 沉积岩和深成岩浆岩的成岩裂隙多为闭合的，含水意义不大。玄武岩在成岩过程中，由于冷凝收缩常形成柱状节理和层面节理，裂隙均匀密集，张开性好，贯穿连通，常形成储水丰富，导水畅通的潜水含水层。具有成岩裂隙的岩层出露地表时，常赋存成岩裂隙潜水。具有成岩裂隙的岩体为后期地层覆盖时，也可构成承压含水层，在一定条件下可以具有很大的承压性。

(3) 构造裂隙水 构造裂隙水是岩石在构造应力作用下产生的裂隙。构造裂隙水可呈层状分布，也可呈脉状分布；可形成潜水，也可形成承压水。断层带是构造应力集中释放造成的断裂。大断层常延伸数十千米至数百千米，断层带宽数百米。发育于脆性岩层中的张性断层，中心部分多为疏松的构造角砾岩，两侧张裂隙发育，具良好的导水能力。当这样的断层沟通含水层或地表水体时，断层带兼具储水空间、集水廊道与导水通道的功能，对地下工程建设危害较大，必须给予高度重视。

3. *岩溶水*

赋存和运移于可溶岩的溶穴中的地下水叫岩溶水。我国岩溶的分布十分广泛，特别是在南方地区。因此，岩溶水分布很普遍，其水量丰富，对供水极为有利，但对矿床开采、地下工程等都会带来一些危害。根据岩溶水的埋藏条件可分为：岩溶上层滞水、岩溶潜水及岩溶承压水。

(1) 岩溶上层滞水 在厚层灰岩的包气带中，常有局部非可溶的岩层存在，起着隔水作用，在其上部形成岩溶上层滞水。

(2) 岩溶潜水 在大面积出露的厚层灰岩地区广泛分布着岩溶潜水。岩溶潜水的动态变化很大，水位变化幅度可达数十米，水量变化可达几百倍。这主要是受补给和径流条件影响，降雨季节水量很大，其他季节水量很小，甚至干枯。

(3) 岩溶承压水 岩溶地层被覆盖或岩溶地层与砂页岩互层分布时，在一定的构造条件下，就能形成岩溶承压水。岩溶承压水的补给主要取决于承压含水层的出露情况。岩溶水的排泄多数靠导水断层，经常形成大泉或泉群，也可补给其他地下水，岩溶承压水动态较稳定。

岩溶水的分布主要受岩溶作用规律的控制。因此，岩溶水在其运动过程中由于受到岩溶作用不断地改善着自身的赋存环境。岩溶发育有的地方均匀，有的地方不均匀。若岩溶发育均匀，又无粘土填充，各溶穴之间的岩溶水有水力联系，则有一致的水位。若岩溶发育不均匀，又有粘土等物质充填，各溶穴之间可能没有水力联系，因而有可能使岩溶水在某些地带集中形成暗河，而另外一些地带可能无水。在较厚层的灰岩地区，岩溶水的分布及富水性和岩溶地貌有很大关系。在分水岭地区，常发育着一些岩溶漏斗、落水洞等，构成了特殊地形“峰林地貌”。它常是岩溶水的补给区。在岩溶水汇集地带，常形成地下暗河，并有泉群出现，其上经常堆积一些松散的沉积物。

实践和理论证明，在岩溶地区进行地下工程和地面建筑工程，必须弄清岩溶的发育与分布规律，因为岩溶的发育致使建筑工程场区的工程地质条件大为恶化。

5.2.3 泉

地下水在地表的天然露头叫泉（地下水的人工露头称为井）。它是地下水的一种重要排泄方式，是了解和研究地下水的重要依据之一。泉可以直接用作工农业和生活供水的重要水源。

山区地面切割强烈，有利于地下水的出露，所以山区多泉。平原地区堆积物深厚，又很少被河流切割，地下水不易出露，所以在平原区很难找到泉。

泉的类型众多，从不同角度可以作不同的分类。下面介绍几种常用的分类。

（1）根据补给源及水流特征分

1）上升泉。上升泉为承压水补给，在出露口附近水是自下而上运动。

2）下降泉。下降泉为潜水及上层滞水补给，在出露口附近水是自上而下运动。

（2）根据泉水出露原因分

1）侵蚀泉。河谷冲沟向下切割到潜水含水层时，潜水即出露成泉，称为侵蚀下降泉（见图5-7a）。切穿承压含水层的隔水顶板时，承压水便喷涌成泉，称为侵蚀上升泉（见图5-7b）。

2）接触泉。透水性不同的岩层相接触，地下水流受阻，沿接触面出露，称为接触泉（见图5-7c）。

3）断层泉。当承压含水层被断层切割，且断层是张开的，地下水便沿断层上升，在地面高程低于承压水位处出露成泉，称为断层泉（见图5-7d）。沿断层线可看到呈串珠状分布的断层泉。

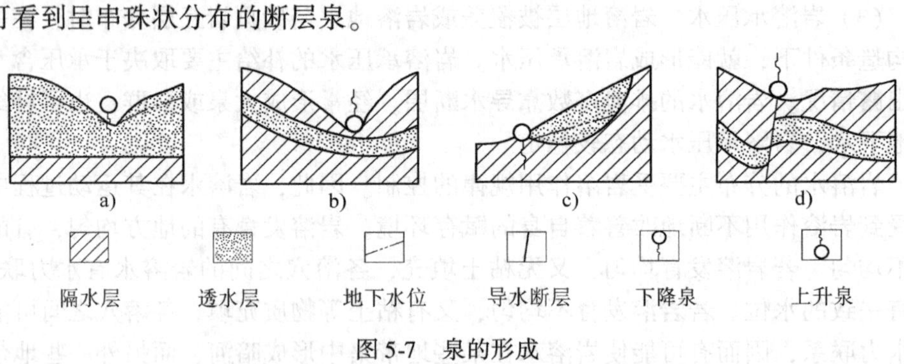

图5-7 泉的形成

（3）根据泉水温度分

1）冷泉。冷泉的泉水温度大致相当或略低于当地年平均气温。这种泉大多由潜水补给。

2）温泉。温泉的泉水温度高于当地年平均气温。如陕西临潼华清池温泉水温50℃，云南腾冲一些温泉水温高达100℃。温泉多由深层自流水补给。温泉的形成与岩浆活动和地下深处地热的影响有关，因此，温泉往往出现于近代火山活动和深大断裂分布的地区。温泉往往溶有较多的化学成分，有的还含有放射性元素或特殊的化学元素，具有医疗功效，称为矿泉。

5.3 地下水的物理性质与化学性质

由于地下水在运动过程中与各种岩土相互作用，溶解岩土中可溶物质等原因，使地下水成为一种复杂的溶液。研究地下水物理性质与化学性质，对于了解地下水的形成条件与动态变化，进行供水的水质评价，分析地下水对建筑材料的侵蚀性以及查明地下水的污染源等方面，都具有重要意义。

5.3.1 地下水的物理性质

地下水的物理性质有温度、颜色、透明度、气味、味道、导电性以及放射性等。

（1）温度 地下水温度变化范围很大，主要受气候和地质条件控制。如寒带和多年积雪地带，浅层地下水温度可低至 -5℃以下，而埋藏于火山活动地区和地壳深处的地下水温度可达几十度甚至超过100℃。

（2）颜色 地下水一般是无色的，但当水中含有某些有色离子时，便会带有各种颜色。如含 Fe^{2+} 时水为褐黄色，含有机腐殖质时为灰暗色。

（3）透明度 地下水多半是透明的，当水中含有矿物质、机械混合物、有机质及胶体时，地下水的透明度就改变。根据透明度可将地下水分为透明的、微浑的、浑浊的、极浑浊的几种。

（4）气味 地下水一般是无味的，但当水中含有一些特定的成分时，具一定的气味。如含腐殖质时，具沼泽味；含硫化氢时，具有臭鸡蛋味。

（5）味道 地下水味道主要取决于地下水的化学成分。含 NaCl 的水有咸味；含 $CaCO_3$ 的水清凉爽口；含 $Ca(OH)_2$ 和 $Mg(HCO_3)_2$ 的水有甜味，俗称甜水；当 $MgCl_2$ 和 $MgSO_2$ 存在时，地下水有苦味。

（6）导电性 当含有一些电解质时，水的导电性增强，当然它也受温度的影响。

5.3.2 地下水的化学性质

1. 地下水常见的化学成分

地下水不是纯水，是化学成分十分复杂的天然溶液。自然界中存在的元素，绝大多数已在地下水中发现。但是，只有少数在地下水中含量较高。有的元素如Si、Fe等在地壳中分布很广，但在地下水中却不多；有的元素如Cl等在地壳中极少，但在地下水中却大量存在。这是因为各种元素的溶解度不同的缘故。所有这些元素是以离子、化合物分子和气体状态存在于地下水中，而以离子状态为主。

（1）地下水中主要的离子成分　地下水中含有数十种离子成分，常见的阳离子有H^+、Na^+、K^+、$NH_5{}^+$、Mg^{2+}、Ca^{2+}、Fe^{2+}等。阴离子有：OH^-、Cl^-、$SO_4{}^{2-}$、$NO_2{}^-$、$NO_3{}^-$、$HCO_3{}^-$、$CO_3{}^{2-}$、$SiO_3{}^{2-}$、$PO_5{}^{2-}$等。

其中Na^+、K^+、Ca^{2+}、Mg^{2+}、Cl^-、$SO_4{}^{2-}$、$HCO_3{}^-$等7种是地下水的主要离子成分，它们分布广，在地下水中含量很高，它们决定了地下水化学成分的基本类型和特点。

（2）地下水主要气体成分　地下水中含有多种气体成分，其中主要气体成分有O_2、N_2、CO_2、H_2S。一般情况下，地下水中气体含量只有每升几毫克到几十毫克，但是，气体成分能够很好地反映地球化学环境；同时，地下水中存在某些气体能够影响盐类在水中的溶解度以及其他化学反应。

O_2、N_2主要来自大气层，随同大气降水及地表水补给地下水。地下水中出现H_2S其意义恰与O_2相反，是处于缺氧还原环境中。当地下水处在与大气隔绝环境中，当有机质存在时由于微生物作用，$SO_4{}^{2-}$还原成H_2S，因此，H_2S一般出现于封闭的地质构造地下水中。地下水中的CO_2有两个来源：①植物根系呼吸作用及有机质残骸发酵作用形成，浅部地下水中主要含有这种成因的CO_2；②深部变质形成的。含碳酸盐类岩石在深部高温影响下，分解生成CO_2。

（3）地下水的胶体成分　以碳、氢、氧为主的有机质，经常以胶体方式存在于地下水中。大量有机质的存在，有利于进行还原作用，从而使地下水化学成分发生变化。

很难以离子状态溶于水的化合物也往往以胶体状态存在于地下水中，其中分布最广的是$Fe(OH)_2$、$Al(OH)_3$及SO_2。

2. 地下水化学性质

（1）酸碱度（pH值）　氢离子浓度是指水的酸碱度，用pH值表示。$pH = lg[OH^+]$。自然界中大多数地下水的pH值在6.5~8.5之间。根据pH值可将水分为5类，如表5-2所示。

表5-2　地下水按pH值的分类

水的类别	强酸性水	弱酸性水	中性水	弱碱性水	强碱性水
pH值	<5.0	5.0~6.5	6.5~8.0	8.0~10.0	>10.0

地下水的氢离子浓度主要取决于水中 HCO_3^-、CO_3^{2-} 和 H_2CO_3 的数量。

（2）矿化度（M） 地下水中各种离子、分子与化合物的总量称矿化度，以 g/L 或 mg/L 为单位，它表示水的矿化程度。矿化度通常以 105～110℃下将水蒸干后所得的干涸残余物之质量表示，也可利用阴阳离子和其他化合物含量之和概略表示矿化度，但其中重碳酸根离子含量只取 1/2 计算。据矿化度把地下水分为 5 类（见表 5-3）。

表 5-3 地下水按矿化度的分类

分类	淡水	微碱水	碱水	盐水	卤水
矿化度/（g/L）	<1	1～3	3～10	10～50	>50

（3）硬度 水中钙、镁离子的含量称为水的硬度。硬度可分为总硬度、暂时硬度和永久硬度。

总硬度是水中 Ca^{2+}、Mg^{2+} 的总量，暂时硬度指水加热沸腾后所损失的 Ca^{2+}、Mg^{2+} 含量，此时仍保持在水中的 Ca^{2+}、Mg^{2+} 含量称永久硬度。因此，总硬度等于暂时硬度与永久硬度之和。

硬度表示的方法常见的有两种，即 mmol/L 和德国度，1mmol/L 等于 2.8 德国度，1 德国度相当于 10mg/L Ca^{2+} 或 7.2mg/L Mg^{2+}。生活饮用水质标准规定水的硬度以 $CaCO_3$ 的 mg/L 表示，要求小于 550mg/L。

根据总硬度将地下水分为 5 类（见表 5-4）

表 5-4 地下水按总硬度的分类

分类		极软水	软水	微硬水	硬水	极硬水
总硬度	mmol/L	<1.5	1.5～3.0	3.0～6.0	6.0～9.0	>9.0
	德国度	<5.2	5.2～8.5	8.5～16.8	16.8～25.2	>25.2

5.4 地下水运动的基本规律

地下水在岩土体孔隙中的运动称为渗流。岩土中的孔隙，无论大小、形状和连通情况都各不相同，因此，地下水质点在这些孔隙中的运动速度和运动方向也是极不相同的。如果按实际情况研究地下水的运动，无论在理论上或实际上都将遇到很大困难。因此必须进行简化，用连续充满整个含水层（包括颗粒骨架和孔隙）的假想水流来代替仅在岩土孔隙中流动的真实水流。

地下水运动时，水质点有秩序地呈相互平行而互不干扰的运动，称层流；水质点相互干扰而呈无秩序的运动，称湍流（也称紊流）。天然条件下地下水在岩土中的运动速度一般都很小，多为层流运动。只有在宽大的裂隙或溶隙中，水流速度较大时，才可能出现湍流运动。

5.4.1 线性渗透定律——Darcy 定律

1856 年法国水利工程师 Darcy 通过大量的室内试验，得到线性渗透定律。试验装置如图 5-8 所示。

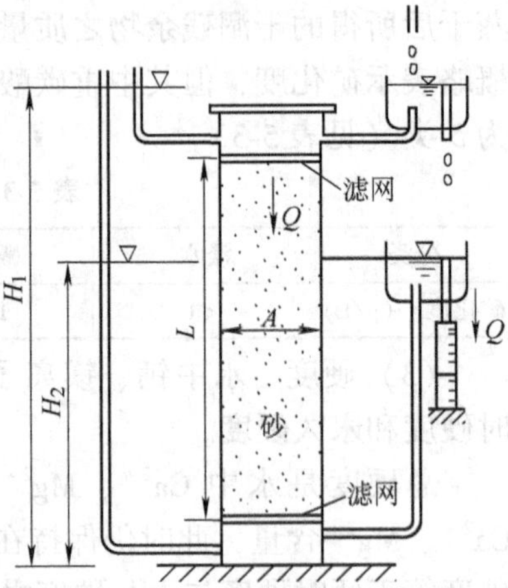

图 5-8 渗透实验装置

Darcy 的试验结果可表示为：

$$Q = -kA\frac{H_2 - H_1}{L} = kA\frac{\Delta H}{L} = kAJ$$

或

$$v = \frac{Q}{A} = kJ \qquad (5\text{-}4)$$

式中 Q——渗流量（m^3/d 或 cm^3/s）；

A——过水断面面积（m^2 或 cm^2）；

ΔH——水头损失（m 或 cm）；

L——渗流距离（m 或 cm）；

k——渗透系数（m/d 或 cm/s）；

J——水力坡度；

v——渗流速度（m/d 或 cm/s）。

式（5-4）表明，渗流速度与水力坡度的一次方成正比，故 Darcy 定律又称为线性渗透定律。天然条件下，地下水的实际流速很小，因此 Darcy 定律的适用范围很广。

1）渗透系数 k。从达西定律 $v = kJ$ 可知，水力坡度是无量纲的。因此，渗透系数应与渗流速度具相同单位。当 $J = 1$ 时，$k = v$，即渗透系数是单位水力坡度时的渗流速度。当水力坡度为定值时，渗透系数越大，渗流速度越大。由此可见，渗透系数可定量说明岩土的渗透性能。渗透系数越大，岩土的透水能力越强。k 值可在室内做渗透试验测定或在野外做抽水试验测定。

2）水力坡度 J。水力坡度为沿渗透途径水头损失与相应渗透路径的比值。地下水在实际中运动时，水质点受到空隙壁以及其自身的摩擦力，克服这些阻力保持一定的流速，就要消耗能量，从而出现水头损失。所以，水力坡度可以理解为水流通过单位长度渗流途径时，为克服阻力，保持一定流速所消耗的水头。

3）渗流速度 v。在式（5-4）中，过水断面的面积包括岩土颗粒所占据的面积及空隙所占据的面积，而水流实际通过的过水断面面积 A_1 为空隙所占据的面积，即

$$A_1 = An \qquad (5\text{-}5)$$

式中 n——空隙度。

5.4.2 非线性渗透定律

当地下水在宽大的空隙中以相当快的速度运动时，呈现湍流运动。此时，渗

透服从 A. Chezy 定律

$$v = k\sqrt{J} \tag{5-6}$$

即渗透速度与水力坡度的1/2次方成正比。

5.5 地下水对土木工程的影响

地下水是地质环境的重要组成部分，也是外力地质作用最为活跃的因素。在许多情况下地质环境的变化常常是由地下水的变化引起的。引起地下水变化的因素很多，可归纳为自然因素与人为因素两大类。自然因素主要是指气候因素，如降水引起地下水的变化，涉及范围大，但是可预测的。引起地下水变化的人为因素是各式各样的，往往带有偶然性、局部性，难以预测，对工程危害很大。

5.5.1 地下水位下降引起的地基沉降

在松散沉积层中进行深基础施工时，往往需要人工降低地下水位。若降水不当，会使周围地基土层产生固结沉降，轻者造成邻近建筑物或地下管线的不均匀沉降；重者使建筑物基础下的土体颗粒流失，甚至掏空，导致建筑物开裂等不良工程事故。

如果抽水井滤网和砂滤层的设计不合理或施工质量差，则抽水时会将软土层中的粘粒、粉粒，甚至细砂等细小土颗粒随同地下水一起带出地面，使周围地面土层很快产生不均匀沉降，造成地面建筑和地下管线不同程度的损坏。另一方面，井管开始抽水时，井内水位下降，井外含水层中的地下水不断流向滤管，经过一段时间后，在井周围形成漏斗状的弯曲水面——降水漏斗。在这一降水漏斗范围内的软土层会发生渗透固结而造成地基土沉降。而且，由于土层的不均匀性和边界条件的复杂性，降水漏斗往往是不对称的，因而使周围建筑物或地下管线产生不均匀沉降，甚至开裂。

5.5.2 动水压力产生的流砂现象

地下水自下而上渗流，当向上的渗流力克服了土体向下的重力，则土体发生浮起，而处于悬浮状态失去稳定，土粒随水流动，这种现象称为流砂。此现象多发生在饱和粉细砂以及粉土层中。一般是突发性，对工程危害很大。

在可能产生流砂的地区，若其上面有一定厚度的土层，应尽量利用上面的土层作天然地基，也可用桩基穿过流砂，总之尽可能地避免开挖。如果必须开挖，可用以下方法处理流砂：

1）人工降低地下水位。使地下水位降至可能产生流砂的地层以下，然后开挖。

2）打板桩。在土中打入板桩，它一方面可以加固坑壁，同时增长了地下水的渗流路程以减小水力坡度。

3）水下挖掘。在基坑（或沉井）中用机械在水下挖掘，避免因排水而造成产生流砂的水头差，为了增加砂的稳定，也可向基坑中注水并同时进行挖掘。

此外，处理流砂的方法还有化学加固法、冻结法、爆炸法及加重法等。在基槽开挖的过程中局部地段出现流砂时，立即抛入大块石等，可以克服流砂的活动。

5.5.3 管涌现象和潜蚀作用

在渗透水流作用下，土中的细颗粒在粗颗粒形成的空隙中移动，以至流失；随着土的空隙不断扩大，渗流速度不断增加，较粗的颗粒也相继被水流逐渐带走，最终导致土体中形成贯通的流动通道，造成土体塌陷，这种现象称为管涌。

自然界中，在一定条件下同样会发生上述渗透破坏作用。为了与人类工程活动所引起管涌相现象区别，通常称之为潜蚀。潜蚀作用有机械的和化学的两种。机械潜蚀是指土粒在地下水的动水压力作用下受到冲刷，将土粒冲走，使土的结构破坏，形成洞穴的作用；化学潜蚀是指地下水溶解土中易溶岩，使土粒间结合力和土的结构破坏，土粒被水带走，形成洞穴的作用。这两种作用一般是同时进行的。

土是否发生管涌，首先取决于土的性质，管涌多发生在砂性土中。无粘性土产生管涌必须具备两个条件：①几何条件：途中粗颗粒所构成空隙直径必须大于细颗粒直径，这是必要条件，一般不均匀系数大于10的土才会发生管涌；②水力条件：渗流力能够带动细颗粒在空隙间滚动或移动是发生管涌的水力条件。

5.5.4 承压水对基坑产生的基坑突涌

当基坑下伏有承压含水层时，开挖基坑所留底板经受不住承压水头压力作用而被承压水顶裂或冲毁，这种现象称为基坑突涌。

为避免基坑突涌的发生，必须验算基坑底层的安全厚度 M（见图5-9）。根据基坑底层厚度与承压水头压力的平衡关系式 $\gamma M=\gamma_W H$，可求出隔水层的安全厚度为

$$M \geqslant \frac{\gamma_W}{\gamma}H \tag{5-7}$$

式中 H——承压水头（m）；

γ_W——水的重度（kN/m^3）；

γ——土的重度（kN/m^3）。

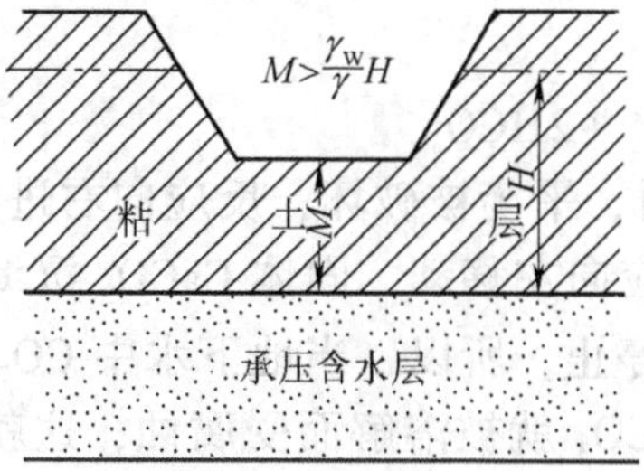

图 5-9 基坑底粘土层最小厚度

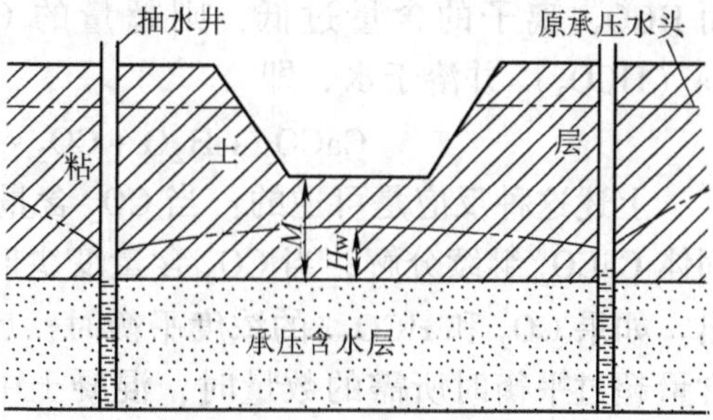

图 5-10 抽水降低承压水头

当工程施工需要，开挖基坑后的坑底隔水层的厚度小于安全厚度时，为防止基坑突涌，必须对承压水层进行预先排水，以降低承压水头压力（见图 5-10）。降低后的基坑中心承压水位 H_W 必须满足下式

$$H_W\gamma_W \leqslant M\gamma$$

则

$$H_W \leqslant \frac{\gamma}{\gamma_W}M \tag{5-8}$$

5.5.5 地下水对钢筋混凝土的腐蚀

硅酸盐水泥遇水硬化，并且形成 Ca（OH）$_2$、水化硅酸钙 $CaO \cdot SiO_2 \cdot 12H_2O$、水化铝酸钙 $CaO \cdot Al_2O_3 \cdot 6H_2O$ 等，这些物质往往会受到地下水的腐蚀。地下水对建筑结构材料腐蚀类型分为结晶类腐蚀、分解类腐蚀、结晶分解复合类腐蚀三种。

1. 结晶类腐蚀

如果地下水中 SO_4^{2-} 离子的含量超过规定值，那么 SO_4^{2} 离子将与混凝土中的 Ca（OH）$_2$ 反应，生成二水石膏结晶体 $CaSO_4 \cdot 2H_2O$，这种石膏再与水化铝酸钙 $CaO \cdot Al_2O_3 \cdot 6H_2O$ 发生化学反应，生成水化硫铝酸钙，这是一种铝和钙的复合硫酸盐，习惯上称为水泥杆菌。由于水泥杆菌结合了许多的结晶水，因而其体积比化合前增大很多，约为原体积的 221.86%，于是在混凝土中产生很大的内应力，使混凝土的结构遭受破坏。

2. 分解类腐蚀

地下水中含有 CO_2 和 HCO_3^-，CO_2 与混凝土中的 Ca（OH）$_2$ 作用，生成碳酸钙沉淀

$$Ca(OH)_2 + CO_2 = CaCO_3\downarrow + H_2O$$

由于 $CaCO_3$ 不溶于水，它可填充混凝土的孔隙，在混凝土周围形成一层保护膜，能防止 Ca（OH）$_2$ 的分解，但是，当地下水中 CO_2 的含量超过一定数值，

而HCO_3^-离子的含量过低，则超量的CO_2再与$CaCO_3$反应，生成重碳酸钙Ca（HCO_3）$_2$并溶于水，即

$$CaCO_3 + H_2O + CO_2 \rightleftharpoons Ca^{2+} + 2HCO_3^-$$

上述这种反应是可逆的：当CO_2含量增加时，平衡被破坏，反应向右进行，固体$CaCO_3$继续分解；当CO_2含量变少时，反应向左移动，固体$CaCO_3$沉淀析出。如果CO_2和HCO_3^-的浓度平衡时，反应就停止。所以，当地下水中CO_2的含量超过平衡时所需的数量时，混凝土中的$CaCO_3$就被溶解而受腐蚀，这就是分解类腐蚀。我们将超过平衡浓度的CO_2叫侵蚀性CO_2。地下水中侵蚀性CO_2越多，对混凝土的腐蚀越强。地下水流量、流速都很大时，CO_2易补充，平衡难建立，因而腐蚀加快。另一方面，HCO_3^-离子含量越高，对混凝土腐蚀性越强。

如果地下水的酸度过大，即pH值小于某一数值，那么混凝土中的Ca（OH）$_2$也要分解，即为一般酸性腐蚀，其化学反应式如下

$$Ca(OH)_2 + 2H^+ \rightleftharpoons Ca^{2+} + H_2O$$

3. 结晶分解复合类腐蚀

当地下水中NH_5^+、NO_3^-、Cl^-和Mg^{2+}离子的含量超过一定数量时，与混凝土中的Ca（OH）$_2$发生反应，例如

$$MgSO_4 + Ca(OH)_2 = Mg(OH)_2 \downarrow + CaSO_4$$

$$MgCl_2 + Ca(OH)_2 = Mg(OH)_2 \downarrow + CaCl_2$$

Ca（OH）$_2$与镁盐作用的生成物中，除Mg(OH)$_2$不易溶解外，$CaCl_2$则易溶于水，并随之流失；硬石膏$CaSO_4$一方面与混凝土中的水化铝酸钙反应生成水泥杆菌

$$3CaO \cdot Al_2O_3 \cdot 6H_2O + 3CaSO_4 + 25H_2O = 3CaO \cdot Al_2O_3 \cdot 3CaSO_4 \cdot 31H_2O$$

另一方面，硬石膏遇水后生成二水石膏

$$CaSO_4 + 2H_2O = CaSO_4 \cdot 2H_2O$$

二水石膏在结晶时，体积膨胀，破坏混凝土的结构。

综上所述，地下水对混凝土建筑物的腐蚀是一项复杂的物理化学过程，在一定的工程地质与水文地质条件下，对建筑材料的耐久性影响很大。为了评价地下水对建筑结构的腐蚀性，必须在现场同时采两个水样。两个水样在现场立即密封后送实验室分析。分析项目有：pH值、游离CO_2、侵蚀性CO_2、Ca^{2+}、Mg^{2+}、K^+、Na^+、NH_5^-、Fe^{3+}、Fe^{2+}、Cl^-、SO_4^{2-}、HCO_3^-、NO_3^-、CO_3^{2-}、OH^-总硬度、总矿化度和有机质。根据水样的化学分析结果，对照国家标准《岩土工程勘察规范》（GB 50021—2001）第12.2条规定，并参照附录G确定建筑场地的环境类别和含水层的透水性进行地下水侵蚀性评价。

第 6 章

不良地质条件下的工程地质问题

6.1 活断层

活断层或称活动断层是指目前正在活动着的断层，或者近期（全新世、10000 年）曾有过活动、不久的将来（100 年）可能会重新活动的断层。活断层一般是沿已有断层产生错动，它常常发生在现代构造应力场活跃的地方。活断层对工程建筑的危害很大，查明建筑区活断层的存在，并分析其产生地震的可能性及其对工程建筑可能造成的一系列工程地质问题十分重要。

活断层的活动特性不同，或持续蠕动、或断续周期性活动。其错动速率一般相当缓慢，两盘相对位移平均达到 1mm/a 以上已属于相当强的活断层。有些间断活动的断层，在非活动期，断层两盘既无相对位移，也无小地震产生，但在活动期中，其某一点会发生强烈地震，还伴以位移达几米的地表错断。

活断层对工程建筑物的影响有以下两个方面。其一是活断层的地面错动及其附近伴生的地面变形，往往会直接损害跨断层修建或建于其邻近的建筑物。其二是活断层发震使一定区域内的建筑物因地震效应而受到损害。例如，1976 年 7 月 28 日我国唐山地震时的长达 8 千米的地表错断呈北 30° 东方向由市区通过，最大水平错距 3m，垂直断距 0.7 ~ 1m，破坏了一切地面建筑物，如图 6-1 所示。因而对活断层进行工程地质研究是十分必要的。

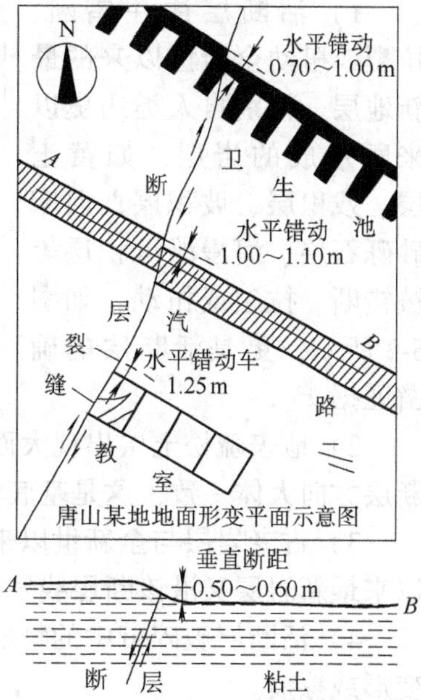

图 6-1　唐山某地活断裂示意图

6.1.1 活断层的特性

按断层两盘的错动方向，活断层分为走向滑动型断层（平移断层）和倾向滑动型断层（逆断层及正断层）。其中，走向滑动型断层最为常见。活断层的活动方式基本有两种，一种是以地震方式产生间歇性的突然滑动，这种断层称为地震断层或粘滑性断层。一种是沿断层面两侧岩层连续缓慢的滑动，这种断层称为蠕变断层或蠕滑性断层。活断层往往在老断裂的基础上继续发展，而且现今发生地面断裂破坏的地段过去曾多次反复地发生过同样的断层运动。我国活断层的分布主要继承了中生代和第三纪以来断裂构造的格架。在现代地应力场的作用下，我国东部地区以正断层和走滑断层为主，西部地区则以走滑和逆冲走滑断层为主。活断层的长度与断距以及对区域构造应力可能集中区段的分析，是在活断层区修建建筑物时地震预报和设防的重要资料。地震断层两次突然错动之间的时间间隔就是活断层的错动周期，活断层发生大地震的重复周期往往长达数百年到数千年。

6.1.2 活断层的判别标志

活断层会直接破坏建筑场地的稳定，甚至造成建筑物破坏。因此在实际工作中，就应该尽全力把活断层与一般断层区别开来。一般可根据以下几方面的证据判断活断层：

1）活断层往往错断、拉裂或扭动全新世以来的最新地层。特别自人类历史以来所形成的岩层，如黄土层、残积层、坡积层、河床砂砾石层、河漫滩沉积层等被错断、拉裂或扭动，如图6-2所示，更是活断层的确凿证据。

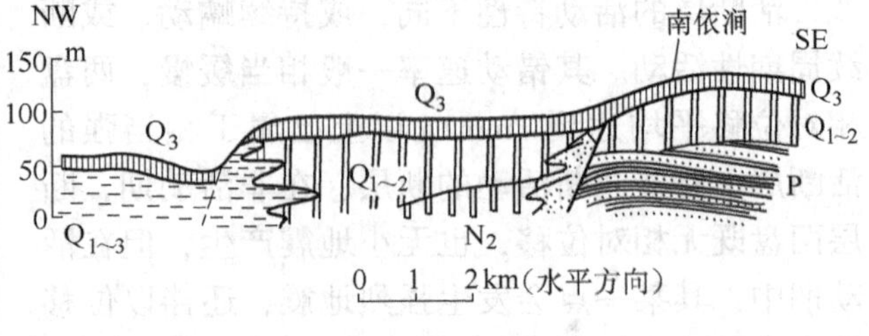

图6-2 平遥活断层剖面图

2）地表疏松土层出现大面积有规律分布的地裂缝，其总体延展方向与基底断层方向大体一致，这是基底活断层的有力证据，如图6-3所示。

3）古老岩层与全新世以来的最新岩层成断层接触，或者其断层上覆全新世以来最新岩层又沿该断层线发生变形，该断层就是活断层，如图6-4所示。

4）活断层破碎带中的物质，一般疏松未胶结；最新充填的物质，发生牵引变形或擦痕。

5）活断层穿切现代地表，往往造成地形突变。水系上可使溪流同步转折；山嘴处可能形成三角断崖；河床纵剖面上可能形成瀑布（除岩性差别的影响）、

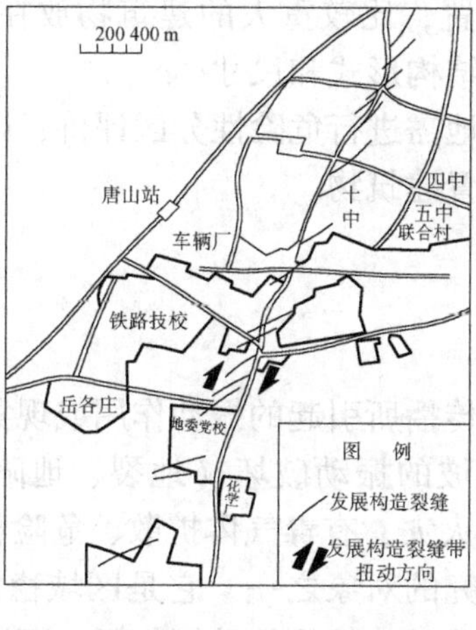

图6-3　唐山7.8级地震发震构造裂缝带分布

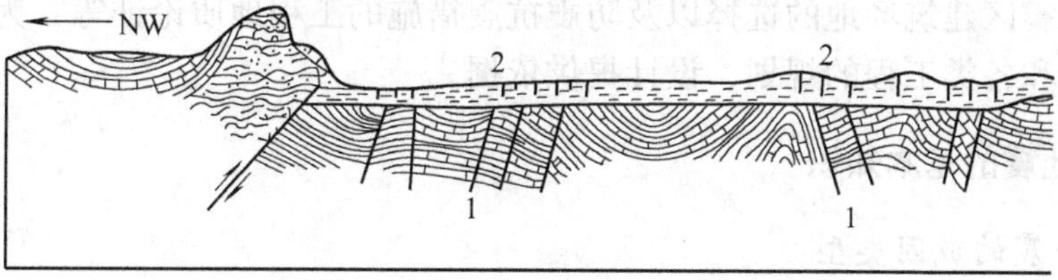

图6-4　根据新老岩层接触和变形关系判断活断层

1—活断层　2—最新岩层变形出现地裂缝

急滩，以及漫滩阶地高程或类型的不连续；山口处可错断冲、洪积扇。

6）河谷常与断层一致，断层往往被河床冲积层所覆盖。如果断层在全新世活动，就会使河谷一岸阶地缺失或两岸阶地不对称，同一级阶地在一岸低而另一岸高，如图6-5所示；两侧地貌特征也会很不协调，一侧上升为高山陡崖，另一侧下降为平缓丘陵。

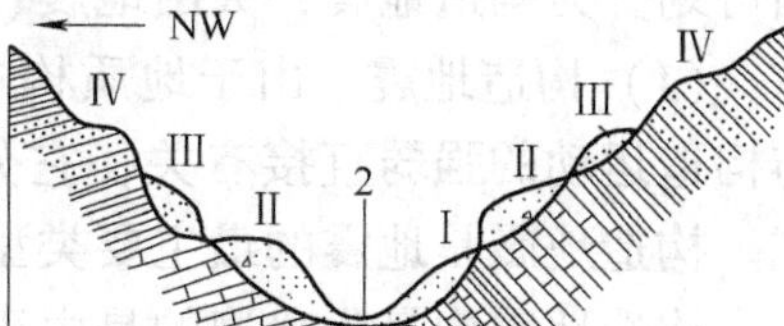

图6-5　河谷阶地缺少、不对称

1—活断层　2—向阳河

7）活断层有时会错断古建筑物，如万里长城、古城堡和古墓等。

8）活断层附近常常伴有较频繁的地震活动，有时也会有火山活动。

6.1.3　活断层的工程地质评价

如果一个地区活断层较集中，且是若干条活动断裂的交汇带，则该地区场地的稳定性就很差。在这种地区进行建筑，就必须很好地进行区域稳定性评价。

建筑场地选择一般应避开活动断裂带，特别是重要的建筑物更不能跨越在活断层上。铁路、输水线路等线性工程必须跨越活断层时也应尽量避开主断层。若工程必须在活断层附近布置，比较重大的建筑物放在断层的下盘较为妥善。此外，可选择合适的建筑物结构形式和尺寸。

存在活断层的建筑场地需进行危险性分区评价，以便根据各区危险性大小和建筑物的重要程度合理配置建筑物。

6.2 地震

在地壳表层，弹性波传播所引起的振动作用或现象称为地震。地震可导致建筑物直接破坏和地基、斜坡的振动破坏（地裂、地陷、砂土液化、滑坡、崩塌等）以及其他的灾害，如火灾、有毒气体扩散、危险物爆炸、海啸等。

地震是工程地质学研究的对象之一，它是区域稳定性分析极其重要的因素。工程地质学着重研究地震波对建筑物的破坏作用、不同工程地质条件场地的地震效应、地震区建筑场地的选择以及防震抗震措施的工程地质论证等，为不同地震区的城市和各类工程的规划，设计提供依据。

6.2.1 地震的基本知识

1. 地震的成因类型

形成地震的原因是各种各样的。地震按其成因，可分为天然地震与人为地震两大类。人为地震所引起的地表振动较轻微，影响范围也很小，且能做到事先预告及预防，不是本章所要讨论的对象。下面所讲皆指天然地震，天然地震按其成因可划分为构造地震，火山地震、陷落地震和激发地震。

（1）构造地震　由于地质构造作用所产生的地震称为构造地震。这种地震与构造运动的强弱直接有关，它分布于新生代以来地质构造运动最为剧烈的地区。构造地震是地震的最主要类型，约占地震总数的90%。

构造地震中最为普遍的是由于地壳断裂活动而引起的地震。这种地震绝大部分都是浅源地震，由于它距地表很近，对地面的影响最显著，一些巨大的破坏性地震都属于这种类型。

浅源断层地震多发生在第三纪、第四纪以来的活动断裂带内，并且具有如下规律：

活动断裂带曲折最突出的部位，往往是震中所在的地点。因为这个部位往往是构造脆弱的地方，也往往是应力集中的地方。

活动断裂带的两头，有时是震中往返跳动的地点。因为活动断裂带在应力加强而被迫向外发展的时候，它的两端是继续发展的最强烈部位。

一条活动断裂带和另一断裂带交叉的地方，往往是震中所在的地点。因为断裂交叉的部位，断面多半崎岖不平，容易导致应力集中。

（2）火山地震　由于火山喷发和火山下面岩浆活动而产生的地面振动称为火山地震。在世界一些大火山带都能观测到与火山活动有关的地震。火山地震约占地震总数的7%。

（3）陷落地震　由于洞穴崩塌、地层陷落等原因发生的地震，称为陷落地震。这种地震能量小，震级小，发生次数也很少，仅占地震总数的3%。在岩溶发育地区，由于溶洞陷落而引起的地震，危害小，影响范围不大，为数亦很少。在一些矿区，当岩层比较坚固完整时，采空区并不立即塌落，而是待悬空面积相当大以后方才塌落，因而造成矿山陷落地震。由于它总是发生在人烟稠密的工矿区，对地面上的破坏不容忽视，对安全生产有很大威胁。

（4）激发地震　在构造应力原来处于相对平衡的地区，由于外界力量的作用，破坏了相对稳定的状态，发生构造运动并引起地震，称为激发地震。属于这种类型的地震有水库地震、深井注水地震和爆破引起的地震。如我国著名的水库地震发生于广东新丰江水库，该水库蓄水后地震次数增多，震级越来越高，曾发生6.1级地震。

2. 震源与震中

在地壳内部振动的发源地叫震源，如图6-6所示。震源在地面上的垂直投影叫震中。震中到震源的距离叫震源深度。按震源深度，可将深度分为浅源地震（0～70km）、中源地震（70～300km）和深源地震（>300km）。震源深度最大可达700km。破坏性地震一般均为浅源地震。

地面上某一点到震中的直线距离，称为该点震中距，如图6-6所示。震中距在1000km以内的地震，通常称为近震，大于1000km的称为远震。引起灾害的一般都是近震。

围绕震中一定面积的地区称为震中区，它表示一次地震时震害最严重的地区。强烈地震的震中区往往又称为极震区。

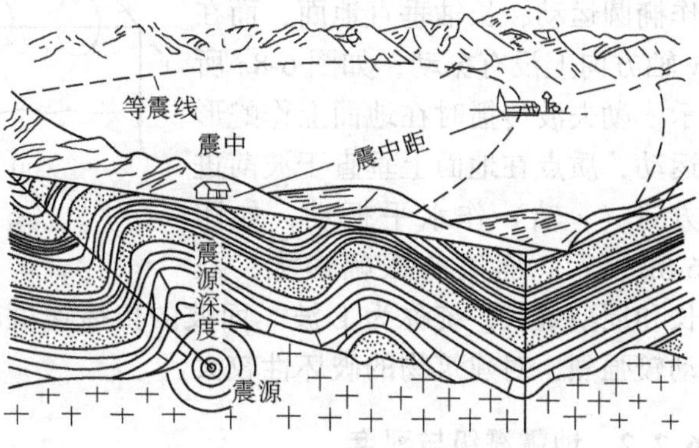

图6-6　地震名词解释示意图

在同次地震影响下，地面上破坏程度相同各点的连线称为等震线。绘有等震线的平面图称为等震线图，如图6-7所示。

3. 地震波

地震破坏力来自于震源所发出的地震波。地震波是一种弹性波，它包括体波和面波。体波是通过地球内部传播的波；面波是由体波形成的次生波，即体波经过反射、折射而沿地面传播的波。

体波分为纵波（P波）和横波（S波）两种。纵波是由震源向外传播的压缩波，质点振动与波前进的方向一致，一疏一密地向前推进，其振幅小，周期短，速度快；横波是由震源向外传播的剪切波，质点振动与波前进的方向垂直，传播时介质体积不变但形状改变，其振幅大，周期长、速度慢，且仅能在固体介质中传播。一般在近地表的岩石中，纵波速度大于横波速度。所以在仪器记录的地震波谱上，总是纵波先于横波到达。故纵波也叫初波，横波也叫次波。

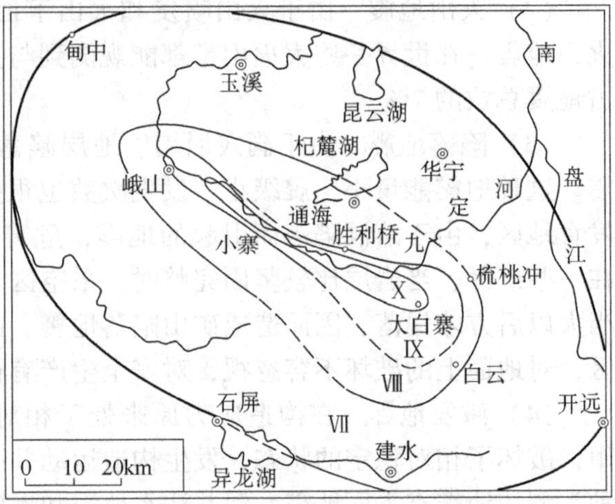

图6-7 云南通海地震等震线图

面波是体波到达地面后激发的次生波，它只在地表传播，向地面以下迅速消失。面波分为瑞利波（R波）和勒夫波（Q波）两种。瑞利波传播时在地面上滚动，质点在波传播方向上和地表面法向组成的平面（*xz*面）内作椭圆运动，长轴垂直地面，而在*y*轴方向上没有振动，如图6-8a所示。勒夫波传播时在地面上作蛇形运动，质点在地面上垂直于波前进方向（*y*轴）作水平振动，如图6-8b所示。面波的振幅最大，波长和周期最长，统称为L波。面波的传播速度较体波慢。面波到达时，地面振动较强烈，对建筑物的破坏性较大。

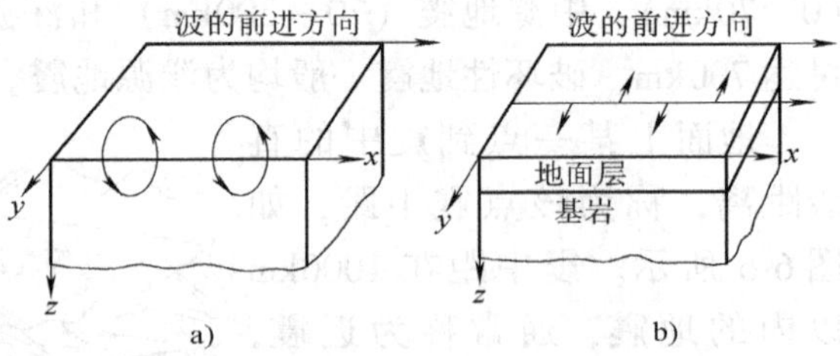

图6-8 面波质点振动示意图

a）瑞利波 b）勒夫波

6.2.2 地震震级与烈度

地震能否使某一地区的建筑物受到破坏，主要取决于地震强度的大小和该区距震中的远近，距震中远则受到的振动越弱，所以需要有衡量地震本身强度大小和某一地区地面及建筑物振动强烈程度的两个尺度，即震级和烈度。

1. 地震震级

地震震级是表示地震本身大小的尺度，是由地震所释放出来的能量大小所决定的。释放出来的能量越大则震级越大。因为一次地震所释放的能量是固定的，所以无论在任何地方测定只有一个震级。

地震释放能量大小可根据地震波记录图的最高振幅来确定。由于远离震中波动要衰减，不同地震仪的性能不同，记录的波动振幅也不同，所以必须以标准地震仪和标准震中距的记录为准。按李希特—古登堡的最初定义，震级（M）是距震中 100km 的标准地震仪（周期 0.8s，阻尼比 0.8，放大倍率 2800 倍）所记录的以 μm 表示的最大振幅 A 的对数值，即

$$M = \lg A \tag{6-1}$$

古登堡和李希特根据观测数据，求得震级 M 与能量 E（J）之间有如下关系

$$\lg E = 11.8 + 1.5M \tag{6-2}$$

不同震级的地震通过地震波释放出来的能量大致如表 6-1 所示。

表 6-1 震级 M 和震源发出的总能量 E 之间的关系

震 级	能 量/J	震 级	能 量/J
1	2.0×10^{6}	6	6.3×10^{13}
2	6.3×10^{7}	7	2.0×10^{15}
3	2.0×10^{9}	8	6.3×10^{16}
4	6.3×10^{10}	8.5	3.55×10^{17}
5	2.0×10^{12}	8.9	1.4×10^{18}

小于 2 级的地震，人们感觉不到，称为微震；2～4 级地震称为有感地震；5 级以上地震开始引起不同程度的破坏，统称为破坏性地震或强震；7 级以上的地震称为强烈地震或大震。已记录的最大地震震级未有超过 8.9 级的，这是由于岩石强度不能积蓄超过 8.9 级的弹性应变能。

2. 地震烈度

地震烈度是指某一地区的地面和各种建筑物遭受地震影响的强烈程度。

地震烈度是衡量地震引起的地面震动强烈程度的尺子。它不仅取决于地震能量，同时也受震源深度、震中距、地震波传播介质的性质等因素的制约。一次地震只有一个震级，但在不同地点，烈度大小是不一样的。地震烈度鉴定是根据地震发生后，地面的宏观破坏现象和定量指标（如地震加速度、地震系数等）两方面的标准划定的。表 6-2 是中国科学院地球物理研究所，结合我国实际情况编制的地震烈度鉴定表。

表 6-2 地震烈度鉴定表

地震烈度	名 称	地震加速度 /（cm/s²）	地震系数 K_C	地 震 情 况	相应地震震级 M
Ⅰ	无感震	<0.25	$<\frac{1}{4000}$	人不能感觉，只有仪器可以记录	0
Ⅱ	微震	0.26～0.5	$\frac{1}{4000}\sim\frac{1}{2000}$	少数在休息中极宁静的人感觉，在楼上者更容易	2

（续）

地震烈度	名称	地震加速度 /（cm/s²）	地震系数 K_C	地震情况	相应地震震级 M
Ⅲ	轻震	0.6～0.1	$\frac{1}{2000}$～$\frac{1}{1000}$	少数人感觉地动（如有轻车从旁经过），不能即刻断定地震，振动来自的方向和继续的时间，有时约略可定	3
Ⅳ	弱震	1.1～2.5	$\frac{1}{1000}$～$\frac{1}{400}$	少数在室外的人和大多数在室内的人都感觉，家具等物有些摇动，盘碗及窗户玻璃振动有声，屋梁天花板等响，缸里的水或口杯中的液体有些荡漾，个别情况下惊醒睡觉的人	3.5～4
Ⅴ	次强震	2.6～5.0	$\frac{1}{400}$～$\frac{1}{200}$	差不多人人感觉，树木摇晃，如有风吹动。房屋及室内物体全部振动，并格格地响，悬吊物如帘子、灯笼、电灯等来回摇动，挂钟停摆和乱打，杯中水满的溅出一些，窗户玻璃出现裂纹，睡的人惊逃户外	4～4.5
Ⅵ	强震	5.1～10	$\frac{1}{200}$～$\frac{1}{100}$	人人感觉，大都惊骇跑到户外，缸里的水激烈地荡漾，墙上的挂图、架上的书都会落下来，碗碟器杯打碎，家具移动位置或翻倒，墙上灰泥发生裂缝，坚固的庙堂房屋也不免有些地方掉落泥灰，不好的房屋受相当损坏，但还是轻的	4.5～5
Ⅶ	损害震	10.1～25	$\frac{1}{100}$～$\frac{1}{40}$	室内陈设物品和家具损伤甚大，庙里的风铃叮当地响，池塘腾起波浪并翻出浊泥，河岸河湾处有些崩滑，井泉水位改变，房屋有裂缝，灰泥及雕塑装饰大量脱落，烟囱破裂，骨架建筑物的隔墙也有损坏，不好的房屋严重地损伤	5～5.75
Ⅷ	破坏震	25.1～50	$\frac{1}{40}$～$\frac{1}{20}$	树木发生摇摆，有时折断，重的家具物件移动很远或抛翻，纪念碑或像从座上扭转或倒下，建筑较坚固的房屋如庙宇也被损坏，墙壁间起了缝或部分损坏，骨架建筑隔墙倾落，塔或工厂烟囱倒塌，建筑特好的烟囱顶部也遭损坏。陡坡或潮湿地方发生小小的裂缝，有些地方涌出泥水	5.75～6.5
Ⅸ	毁坏震	50.1～100	$\frac{1}{20}$～$\frac{1}{10}$	坚固的建筑如庙宇等损伤颇重，一般砖砌房屋严重破坏，有相当数量的倒塌，而致不能再住。骨架建筑根基移动，骨架倾斜，地上裂缝颇多	6.5～7
Ⅹ	大毁坏震	100.1～250	$\frac{1}{10}$～$\frac{1}{4}$	大的庙宇、大的砖墙及骨架建筑连基础遭受破坏，坚固砖墙发生危险的裂缝，河堤、坝、桥梁、城垣均严重损伤，个别的被破坏，马路及柏油街道起了裂缝与皱纹，松散软湿之地开裂相当宽而深，且有局部崩滑，崖顶岩石有部分崩落，水边惊涛拍岸	7～7.75

（续）

地震烈度	名称	地震加速度/（cm/s²）	地震系数 K_C	地震情况	相应地震震级 M
Ⅺ	灾震	250.1～500	$\frac{1}{4}\sim\frac{1}{2}$	砖砌建筑全部倒塌，大的庙宇及骨架建筑亦只部分保存。坚固的大桥破坏，桥柱崩裂，钢架弯曲（弹性大的木桥损坏较轻），城墙开裂崩坏，路基堤坝断开，错离很远。钢轨弯曲且鼓起，地下输送管完全破坏，不能使用，地面开裂甚大，沟道纵横错乱，到处土滑山崩，地下水夹泥沙从地下涌出	7.75～8.5
Ⅻ	大灾震	500.1～1000	$>\frac{1}{2}$	一切人工建筑物无不损坏，物体抛掷空中，山川风景亦变异，范围广大。河流堵塞，造成瀑布，湖底升高，山崩地毁，水道改变等	8.5～8.9

震级与烈度虽然都是地震的强烈程度指标，但烈度对工程抗震来说具有更为密切的关系。为了表示某一次地震的影响程度，总结震害与抗震经验，需要根据地震烈度标准来确定某一地区的地震烈度；同样，为了对地震区的工程结构进行抗震设计，也要求研究预测某一地区在今后一定时期的地震烈度，以作为强度验算与选择抗震措施的依据。

地震烈度分为：基本烈度、场地烈度和设防烈度。

（1）基本烈度　基本烈度是指在今后一定时期内，某一地区在一般场地条件下可能遭遇的最大地震烈度。基本烈度所指的地区，并不是某一具体工程场地，而是指一较大范围，如一个区、一个县或更广泛的地区。基本烈度定得准确与否，与该地工程建设的关系甚为密切。如烈度定得过高，提高设计标准，会造成人力和物力上的浪费；定得过低，会降低设计标准，一旦发生较大地震，必然造成损失。

（2）场地烈度　对许多地震的调查研究表明，在烈度高的地区内可以包含有烈度较低的部分，而在烈度低的地区内也可以包含有烈度较高的部分。一般认为，这种局部地区烈度上的差别，主要是受局部地质构造、地基条件以及地形变化等因素所控制。通常把这些局部性的控制因素称为场地条件。根据场地条件调整后的烈度，在工程上称为场地烈度。通过专门的工程地质、水文地质工作，查明场地条件，确定场地烈度，对工程设计有重要的意义。

（3）设计烈度　在场地烈度的基础上，考虑工程的重要性、抗震性和修复的难易程度，根据规范进一步调整，得到设计烈度，亦称设防烈度。设计烈度是设计中实际采用的烈度。

6.2.3 地震效应

地震作用影响下，地面出现的各种震害和破坏称为地震效应。地震效应包括：地震力效应、地震破裂效应、地震液化效应和地震激发地质灾害的效应等。

1. 地震力效应

地震可使建（构）筑物受到一种惯性力的作用，这种力称为地震力。当建筑物经受不住这种地震力的作用时，建（构）筑物将会发生变形、开裂，甚至倒塌。

地震时，地震加速度是有方向性的。考虑到建筑物的垂直向和水平向的刚度（刚度指物体抵抗形状改变的性质）不同，在许多情况下，特别是在高层建（构）筑物，水平向刚度比垂直向刚度小得多，因而建（构）筑物的损毁主要是由水平分力造成，故一般在抗震设计中，都必须考虑水平向地震力的影响。地震烈度表所列的加速度值即是指水平向加速度值。

从物理学知道，力的大小可以传至单位质量上物体的加速度来测定。如果受力物体的加速度为已知，即可计算受力物体所受的外力。设建筑物重力为 Q，质点运动的最大水平加速度为 $a_{\max}$，则作用在建筑物上的地震力 P 为

$$P = \frac{a_{\max}}{g}Q \tag{6-3}$$

式中　g——重力加速度。

令
$$K_C = \frac{a_{\max}}{g} \tag{6-4}$$

则
$$P = K_C Q \tag{6-5}$$

K_C 称为地震系数。根据强震观测资料，可以认为，垂直向与水平向的加速度的比值的变化范围很大，但其统计平均值约在 1/2，即垂直向地震系数取为水平向的 1/2 见表 6-3。

表 6-3　地震系数 *K*

地震加速度方向	烈		度	
	7	8	9	10
水平向	0.075	0.15	0.30	0.60
垂直向	0.038	0.075	0.15	0.30

上述的地震分析属于拟静力法，也称静力系数法。此法不考虑地震时的建（构）筑物和地基的动力反应，例如，建（构）筑物和地基振动时各自的周期，特别是它们两者的周期近似或相同，则会引发共振，使建（构）筑物的振幅加大而遭破坏。一般认为，拟静力法对振动周期短的低层砖砌或混凝土建（构）筑物比较适用，而对振动周期长的高层或细长建（构）筑物，则宜按动力反应分析法考虑地震波对地基土的振动反应以及对建（构）筑物的振动反应（动力反应分析

法在后续课程中详细介绍)。

2. 地震破裂效应

在震源处以地震波的形式传播于周围的地层上，引起相邻的岩石振动，这种振动具有很大的能量，它以作用力的方式作用于岩石上，当这些作用力超过了岩石的强度时，岩石就要发生突然破裂和位移，形成断层和地裂缝，引发建（构）筑物变形和破坏，这种现象称为地震破裂效应。

（1）地震断层　在山区，特别是在震源较浅而松散沉积层不太厚的地区，地震断层在地表出露的基本特点是：狭长的延续几十至百余千米的一个带，其方向往往和本区区域大断裂相一致。在平原区，由于为巨厚的松散沉积层所覆盖，地震震源稍深，地震断层在地表的出露占据一个较宽的范围，往往由几个大致相平行的地表断裂带所组成。如1966年邢台地震时，地表的地震断层由四个带组成，总宽近20km。

（2）地裂缝　地震地裂缝是因地震产生的构造应力作用而使岩土层产生破裂的现象。它对建（构）筑物危害甚大，是地震区一种常见的地震效应。地裂缝的成因有两方面：一是与构造活动有关，与其下或邻近的活动断裂带的变形有关；另一个原因是地震时地震波传播产生的地震力而使岩土层开裂。前一种成因的地裂缝的分布是严格按照一定的方位排列组合，方向性十分明显，主裂缝带的延伸完全不受地形、地貌控制，但与其附近的断裂带或地震断层的力学关系一致。受活动断裂带控制，造成的地裂缝密集，破坏成带状。由地震波传播产生的地裂缝，它与震波传播的方向及能量有关，受地形、地貌条件影响较大。

3. 地震液化效应

干的松散粉细砂土受到振动时有变得更为紧密的趋势，但当粉细砂土层饱和时，即孔隙全部为水充填时，振动使得饱和砂土中的孔隙水压力骤然上升，而在地震过程的短暂时间内，骤然上升的孔隙水压力来不及消散，这就使原来由砂粒通过其接触点所传递的压力（称有效压力）减小。当有效压力完全消失时，砂土层会完全丧失抗剪强度和承载能力，变成像液体一样的状态，这就是通常所称的砂土液化现象：

地震液化在地质上可有如下的宏观液化现象：

（1）喷水冒砂　它是土体中剩余孔隙压力区产生的管涌所导致的水和砂在地面上喷出。

（2）地下砂层液化　它是指地基中某些砂层，在其上虽覆盖有一定厚度（一般小于10m）的非液化土层，但当地震烈度大于7度时，地下饱水砂层可发生液化，导致地基的强度降低。

4. 地震激发地质灾害的效应

强烈的地震作用能激发斜坡上岩土体松动、失稳，发生滑坡和崩塌等不良地质现象。如震前久雨，则更易发生。在山区，地震激发的滑坡和崩塌往往是巨大的，它们可以摧毁房屋、道路交通，甚至整个村庄也能被掩埋，并因崩塌和滑坡而堵塞河道，使河水淹没两岸村镇和道路。1933 年，四川迭溪 7.4 级地震，在迭溪 15km 范围之内，滑坡和崩塌到处可见，在迭溪附近，岷江两岸山体崩塌，形成了三座高达 100m 的堆石坝，将岷江完全堵塞，积水成湖。而后，堆石坝溃决时，高达 40m 的水头顺河而下，席卷了两岸的村镇，造成了严重的灾害和损失。因而一般认为，地震时可能发生大规模滑坡、崩塌的地段视为抗震危险的地段，建筑场址和主要线路应尽量避开。

6.3 斜坡的变形及其防治

斜坡是指地壳表面一切具有侧向临空面的地质体，是地表广泛分布的一种地貌形式。按形成原因，斜坡一般可分为天然斜坡和人工斜坡。所谓天然斜坡是指未经人工破坏改造的斜坡，如沟谷岸坡；人工斜坡是指经人工开挖或改造形状的斜坡，如渠道边坡、基坑边坡、路堑边坡等。按组成边坡的岩性，边坡可分为土质边坡和岩质边坡。土质边坡的变形与破坏原理在土力学中会有详细论证，本章着重讲述岩质边坡的变形及防治。岩质边坡是由岩体构成的，所谓岩体是指包含有各种各样地质界面的各类岩石组合而成的各向异性的复杂地质体。

在岩体（岩质边坡）的变形和破坏中起主导作用的是岩体的结构。通过对岩体结构的分析，可为力学分析及对比分析提供边界条件。因此，在对岩质边坡的变形、破坏及稳定性进行分析评价之前，首先需了解岩体结构。

6.3.1 岩体结构

存在于岩体中的各种地质界面，如岩层层面、裂隙面、断裂面、不整合面等，统称为结构面。岩体受结构面切割而产生的单个块体（岩体）称为结构体。所谓岩体结构就是指岩体中结构面和结构体两个要素的组合特征。它既表达岩体结构面的发育程度及组合，又反映了结构体的大小、几何形式及排列。

在力的作用下，岩体变形破坏的过程，实际上主要是结构体沿着结构面的剪切滑移或开裂。所以研究岩体的关键在于研究岩体结构，其重点在于分析结构面。

1. 岩体结构面

(1) 结构面成因类型　不同岩体，具有不同的工程地质特征，这与其成因密切相关。按结构面成因，可将其划分为原生结构面、构造结构面、次生结构面三大类。其主要特征如表 6-4 所示。

表6-4　岩体结构面类型及其特征

成因类型		地质类型	主　要　特　征			工程地质评价
			产　状	分　布	性　质	
原生结构面	沉积结构面	1. 层理层面 2. 软弱夹层	一般与岩层产状一致，为层间结构面	一般呈层状分布延续性较强。在海相岩层中分布不稳定常呈交错状，易尖灭	较为平整，接触紧密	滑坡多由此结构面所造成
		3. 不整合面、假整合面 4. 沉积间断面（古风化夹层）			多由碎屑、泥质松散物质构成，且不平整。易软化或泥化强度较低	
	火成结构面	1. 侵入体与围岩接触面 2. 岩脉、岩墙接触面	岩脉受构造结构面控制	延伸较远，比较稳定	可具熔蚀及破裂两种不同的特征	一般不造成大规模的岩体破坏，但有时与构造断裂配合，也可形成岩体的滑移
		3. 冷凝原生裂隙	受岩体接触面控制	往往短小密集	一般为张裂面，裂面较粗糙不平	
	变质结构面	1. 片理	产状与岩层或构造线方向一致	短小密集	光滑平整或为波浪式，在岩体深部闭合隐藏结构面	常造成路堑边坡的变形，对地下洞室稳定也有影响
		2. 片岩软弱夹层		延展较远，具固定层次	含片状矿物，呈鳞片状	
构造结构面		1. 裂隙 2. 断层	与构造线呈一定关系	张性断裂较短小；剪切断裂延展较远，常互相交切成“X”形；但有时为横断层切割呈不连续状	张性断裂不平整，呈锯齿状，常具次生充填；剪切断裂平直、光滑；压性断层具带状分布的断层泥、糜棱岩等	对岩体稳定影响很大，在许多岩体破坏过程中，大都有构造结构面的配合
		3. 层间错动面	与岩层一致	一般呈层状分布，延展性较强	物质破碎，呈鳞片状，常含泥质物	
次生结构面		1. 卸荷裂隙	一般平行于岸坡	延续性一般不强，常在地表20～40m内发育	属张裂面，常张开，多为风化碎屑充填	常在天然及人工边坡上造成危害，有时对桥基及浅埋隧道亦有影响，但一般易于处理
		2. 风化裂隙	无一定产状	短小密集，主要在地表风化带内发育	结构面参差不齐	
		3. 风化夹层	受原结构面控制	延续性一般不强，至岩体深部风化减弱	充填物松散、破碎、含泥质物，水稳性很差	
		4. 泥化夹层	与岩层一致	延续性较强，但各段泥化程度不相同	结构面泥化，塑性状态	
		5. 次生夹泥层	受原结构面控制	延续性较差，近地表及河槽两侧较发育	结构面物质细腻，强度甚低	

原生结构面是岩体在成岩过程中形成的，其特征与岩体的成因密切相关。构造结构面是岩体中受构造应力作用所产生的破裂面或破碎带。次生结构面是岩体受卸荷、风化、地下水等次生作用所形成的结构面。

（2）结构面工程地质研究　结构面的工程地质研究包括：结构面的成生年代及活动情况、成因类型、延展性及穿切性、形态及充填胶结情况、产状及组合关系、密集程度、力学性质等。

结构面的成生年代主要指构造结构面而言。在地质历史时期内生成年代较老的结构面，一般胶结、充填情况较好，对岩体力学性质的影响相对较小。但这种结构面由于以后经历了多次构造运动，往往有多期活动，其工程地质性质就较为复杂了。特别要注意那些在晚近期仍在活动的结构面，如活动性断层，它直接关系到工程所在的区域稳定性。

结构面成因类型已如前述，它控制了结构面的规模、力学性质和工程岩体的破坏边界。

结构面的延展性及穿切性研究是很重要的，它不但控制了岩体的强度和完整性，影响岩体的变形，控制工程岩体的破坏方式和滑动边界，而且还关系到工程所在的区域稳定性。一般地说，延展长、穿切好的结构面，对岩体稳定性影响较大；而对具体工程而言，则主要取决于它相对于工程尺寸的规模。有些研究者根据结构面对工程建筑区岩体力学机制控制的程度，将结构面的规模划分为不同的级别。

结构面的形态对其强度影响较大，可以从起伏形态和粗糙度两方面来研究。常见的起伏形态有：平直的、台阶状的、锯齿状的、波浪状的、不规则形状等几种。除此还要测量其起伏差。根据粗糙度可将结构面划分为镜面的、滑面的和糙面的等不同情况。

结构面的充填胶结情况对其力学性质的影响很大。结构面按其充填程度可分为：干净的薄膜充填、夹泥充填、薄层夹泥充填、厚层充填等；充填物的成分可有：粘土质、砂质、角砾、钙质、石膏质、含水蚀变矿物等。不同的物质成分，其强度是不相同的。根据胶结物成分的不同，也可分为泥质胶结、可溶盐类胶结、钙质胶结、铁质胶结、硅质胶结等，不同的胶结物对结构面强度影响也不一样。

结构面的产状及组合关系控制了工程岩体的稳定性及破坏机制，要结合工程作用力的方向来分析。可采用玫瑰花图、极点圆图及赤平极射投影图来表示结构面的产状、组合关系及其力学效应。

结构面的密集程度对岩体力学性质影响很大，它决定了岩体变形和破坏的力学机制，直接控制了岩体的完整性和力学性质，也影响岩体的渗透性。衡量岩体密集程度的指标有：节理频率、裂隙率、节理间距及岩石单元体积等。

结构面的力学性质主要包括它的变形和强度性质，可以通过现场和室内试验取得各项参数，作为定量评价岩体稳定性的依据。

2. 岩体结构体

岩体受结构面切割而产生的单元块体，称为结构体。一般常见的结构体形式有柱状、块状、板状、楔形、菱形、锥形等6种形态。不同形态和不同产状的结构体，其稳定程度各不相同。因此，结构体形式的划分与岩体稳定评价有很大的关系。单就结构体的形式来说，板状结构体较块状、柱状的稳定性差，楔形的比菱形及锥形的差；在地基岩体中，竖立的结构体比平卧的稳定性高，而在边坡岩体中，平卧或竖立的比倾斜的稳定性高。

3. 岩体结构类型

工程范围内由结构面围限起来的结构体的型式、大小、产状都是不同的，而且它们组合起来的外观表现也不同，其工程地质特征各有差异，因而有必要进一步划分岩体结构类型。岩体结构类型主要取决于不同岩性及不同型式结构体的组合方式，这是在对结构面和结构体研究的基础上进一步概括的结果。岩体结构类型的划分，除依据结构面性质与结构体型式外，还必须充分考虑到岩石组合。这样便可更充分地反映岩体的各向异性、不连续性及不均一性。通常可把岩体结构划分为整体状结构、块状结构、层状结构、碎裂状结构、散体状结构5类，如表6-5所示（《岩土工程勘察规范》GB 50021—2001）。

表6-5　岩体结构类型及特征

岩体结构类型	岩体地质类型	结构体形状	结构面发育情况	岩土工程特征	可能发生的岩土工程问题
整体状结构	巨块状岩浆岩和变质岩，巨厚层沉积岩	巨块状	以层面和原生节理、构造节理为主，多呈闭合型，间距大于1.5m，一般为1～2组，无危险结构	岩体稳定，可视为均质弹性各向同性体	局部滑动或坍塌，深埋洞室的岩爆
块状结构	厚层状沉积岩，块状岩浆岩和变质岩	块状柱状	有少量贯穿性节理裂隙，结构面间距0.7～1.5m。一般为3组，有少量分离体	结构面互相牵制，岩体基本稳定，接近弹性各向同性体	
层状结构	多韵律薄层、中厚层状薄层沉积岩、变质岩	层状板状	有层理、节理、片理，常有层间错动	变形和强度受层面控制，可视为各向异性弹塑性体，稳定性较差	可沿结构面滑塌，软岩可产生塑性变形
碎裂状结构	构造影响严重的破碎岩层	碎块状	断层、节理、片理、层理发育，结构面间距0.25～0.5米，一般3组以上，有许多分离体	整体强度很低，并受软弱结构面控制，呈弹塑性体，稳定性很差	易发生规模较大的岩体失稳，地下水加剧失稳
散体状结构	断层破碎带，强风化及全风化带	碎屑状	构造和风化裂隙密集，结构面错综复杂，多充填粘性土，形成无序小块和碎屑	完整性遭极大破坏，稳定性极差，接近松散体介质	

6.3.2 岩质边坡的变形与破坏

边坡形成后，在新的应力条件下，坡体将发生局部的或整体的变形和破坏，以达到新的平衡。从边坡形成时起，其就处在不断的变化过程中，通过变形发展为破坏。边坡变形破坏的发展历史可以是漫长的（如自然斜坡的发展演化过程），或者是短暂的（如人工边坡的形成）。斜坡变形与破坏的发生条件和影响因素相当复杂，但它主要取决于坡体本身所具有的应力特征和坡体抵抗变形破坏的能力，这两者的相互关系和发展变化是斜坡演变的内在矛盾。

1. 斜坡变形

斜坡变形以坡体未出现贯通性的破坏面为特点，但在坡体各个局部，特别在坡面附近也可能出现一定程度的破裂与错动，而从整体看，并未产生滑动破坏。它表现为松动和蠕动。

（1）松动　斜坡形成初始阶段，坡体表部往往出现一系列与坡向近于平行的陡倾角张开裂隙，被这种裂隙切割的岩体便向临空方向松开，移动。这种过程和现象称为松动。

（2）蠕动　斜坡岩土体在以自重应力为主的坡体应力长期作用下，向临空方向的缓慢而持续的变形，称为斜坡蠕动。研究表明，蠕动的形成机制为岩土的粒间滑动（塑性变形），或沿岩石裂纹微错，或由岩体中一系列裂隙扩展所致。它是在应力长期作用，岩土体内部一种缓慢的调整性形变，实际上是趋于破坏的一个演变过程；只有当应力值接近或超过岩土体长期抗剪强度时，斜坡才能加速蠕动。因此，斜坡最终破坏总要经过一定的过程，或短暂，或时间漫长。

斜坡蠕动大致可分为表层蠕动和深层蠕动两种基本类型。

1）表层蠕动。斜坡浅部岩土体在重力的长期作用下，向临空方向缓慢变形构成一剪变带，其位移由坡面向坡体内部逐渐降低直到消失，这便是表层蠕动。

破碎的岩质斜坡及疏松的土质斜坡，表层蠕动甚为典型。当坡体内还不能形成连续滑动面之前，会形成一剪变带，出现缓慢的塑性变形。岩质斜坡的表层蠕动，通常称为岩层末端“挠曲现象”。是指岩层或层状结构面较发育的岩体，在重力长期作用下，沿结构面错动和局部破裂而成的屈曲现象，如图6-9所示。

2）深层蠕动。深层蠕动主要发育在斜坡下部或坡体内部，按其形成机制特点，深层蠕动有软弱基座蠕动和坡体蠕动两类。

坡体基座产状较缓且有一定厚度的相对软弱岩层，在上覆层重力作用下，致使基座部分向临空方向蠕动，并引起上覆层的变形与解体，是“软弱基座蠕动”的特征。软弱基座塑性较大，坡脚主要表现为向临空方向蠕动、挤出，如图6-10所示。坡体沿缓倾软弱结构面向临空方向缓慢移动变形，称为坡体蠕动。它在卸荷 裂隙较发育并有缓倾结构面的坡体中比较普遍，如图6-11所示。蠕动初期出

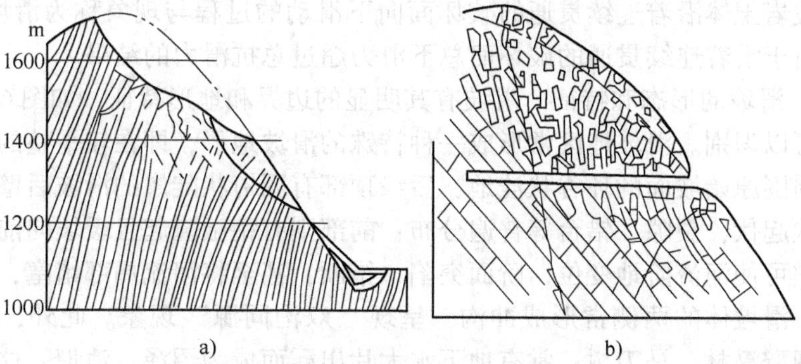

图6-9　岩质斜坡表层蠕动

a）阿尔卑斯山谷反倾斜岩层中蠕动　b）湖南砂岩、板岩中的蠕动

现张性羽裂，将转折端切断（切角滑移）；继续破坏，形成次一级剪面，并伴随有架空现象；进一步便会形成连续滑动面（滑动形成）。滑面一旦形成，其推滑力超过抗滑力，便导致斜坡破坏。

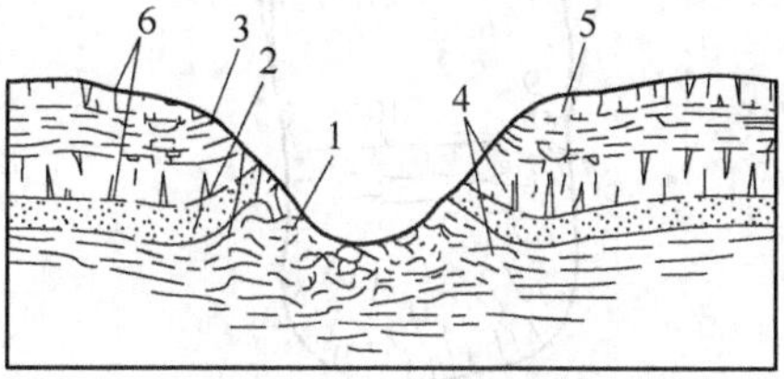

图6-10　软弱基座蠕动

1—粘土岩　2—砂岩　3、5—灰岩
4—页岩　6—张裂隙

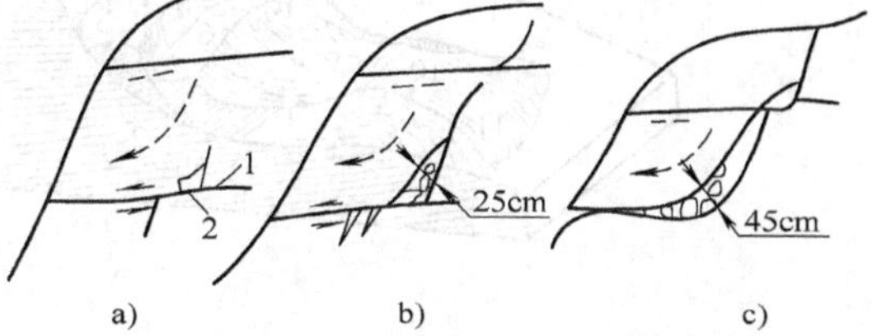

图6-11　坡体蠕动

a）切角滑移　b）剪面形成　c）滑面形成
1—层面　2—羽裂

2. 斜坡破坏

斜坡中出现了与外界连续贯通的破裂面，被分割的坡体便以一定加速度滑移或崩落，脱离母体，称为斜坡破坏。斜坡破坏的形式很多，本节主要讲述崩塌、滑坡。

斜坡前缘的部分岩体，被陡倾结构面分割，并以突然的方式脱离母体，翻滚而下，岩块互相冲撞、破坏，最后堆积于坡脚而形成岩堆，这种过程与现象称为崩塌。其规模相当悬殊，有大规模的山崩，也有小型块石塌落，如图6-12所示。

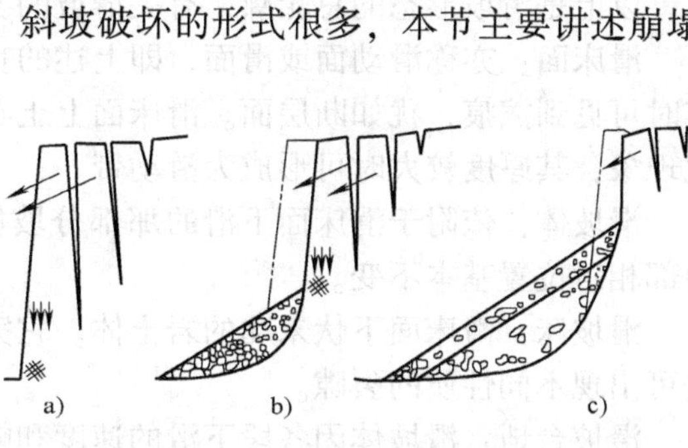

图6-12　崩塌过程示意图

a）崩塌初期　b）形成崩塌　c）崩塌继续发展

斜坡岩土体沿着连续贯通的破坏面向下滑动的过程与现象称为滑坡。显然，滑坡是由于沿着连续贯通的破坏面总下滑力超过总抗滑力的结果。

（1）滑坡的形态和特征　滑坡有其明显的边界和地形特征，如图6-13所示，在野外可以识别。滑坡地区常形成一种特殊的滑坡地形，即在较平整的坡面上出现低于周围原始坡面的环谷状洼地，后缘顶部有圈椅状陡崖的滑坡后壁；洼地中往往坡状起伏，裂隙、错台等普遍分布；前部则有稍微隆起且缓坡向前延伸的滑坡舌。它可使河流阶地变位，阶面突陷、错断，甚至将河流局部堵塞，主河道逼向对岸。滑坡体的两侧常形成冲沟，呈现“双沟同源”现象。此外，滑坡体上还会出现醉汉林、马刀树；常有地下水大片出露而成为沼泽、池塘。这些现象可作为判定滑坡的存在及其周界位置的依据。

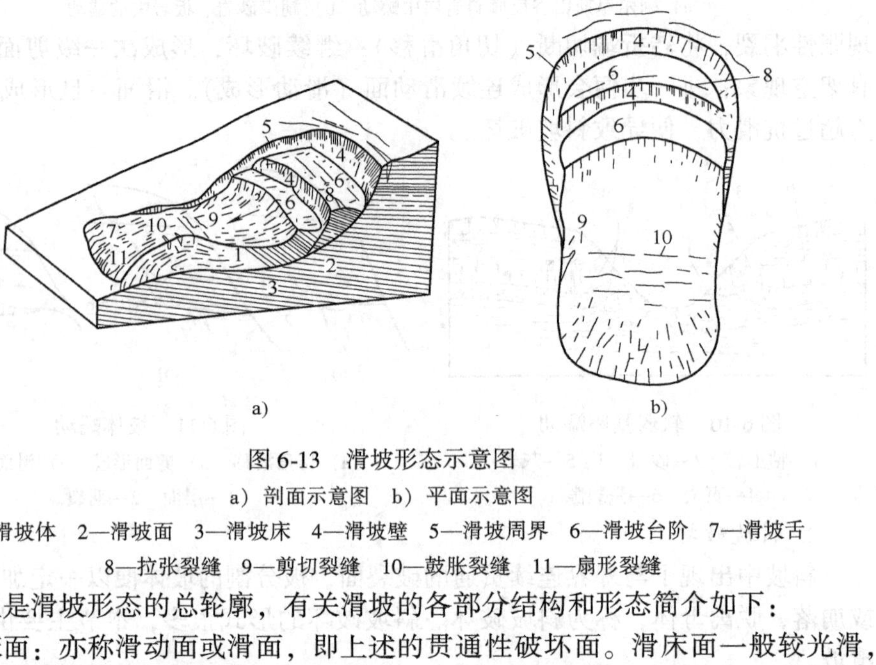

图6-13　滑坡形态示意图

a）剖面示意图　b）平面示意图

1—滑坡体　2—滑坡面　3—滑坡床　4—滑坡壁　5—滑坡周界　6—滑坡台阶　7—滑坡舌　8—拉张裂缝　9—剪切裂缝　10—鼓胀裂缝　11—扇形裂缝

以上是滑坡形态的总轮廓，有关滑坡的各部分结构和形态简介如下：

滑床面：亦称滑动面或滑面，即上述的贯通性破坏面。滑床面一般较光滑，有时可见到擦痕，犹如断层面。滑床面上土石破坏比较强烈，发生片理化和糜棱化现象，其厚度较大时可形成为滑动带。

滑坡体：依附于滑床面下滑的那部分坡体。它常可保持岩土体的原始结构，内部相对位置基本不变。

滑坡床：滑床面下伏未动的岩土体。它完全保持原有的结构，但在滑动周界处可出现不同性质的裂隙。

滑坡台地：滑坡体因各段下滑的速度和幅度不同而形成一些错台，出现数个陡坎和高程不同的平缓台面。

滑坡舌：滑坡体前缘伸出部分，常呈舌状，因此得名。

滑坡裂隙：滑坡体在滑动过程中各部位受力性质和移动速度不同，受力不均，则产生不同力学属性的裂隙系统。一般可将裂隙分为拉张裂隙（分布在后缘）、羽状剪切裂隙（分布在两侧）、鼓张裂隙（鼓丘部位）和扇形张裂隙（前缘舌部为多）等。

（2）滑坡的形成条件及影响因素

滑坡的发生，是斜坡岩（土）体平衡条件遭到破坏的结果。由于斜坡岩（土）体的特性不同，滑动面的形状有各种形式，基本的为平面形和圆柱状两种。两者表现虽有不同，但平衡关系的基本原理还是一致的。

斜坡岩（土）体沿平面 AB 滑动时的力系如图6-14所示。

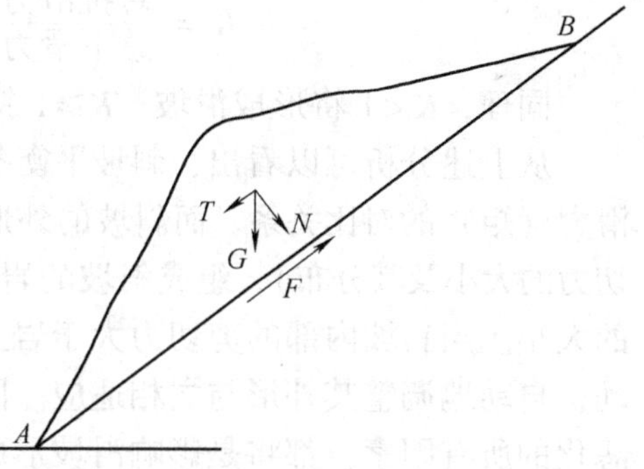

图6-14　平面滑动的平衡示意图

其平衡条件为由岩（土）体重力 G 所产生的侧向滑动分力 T 等于或小于滑动面的抗滑分力 F，通常以稳定系数 K 表示这两力之比，即

$$K=\frac{\text{总抗滑力}}{\text{总下滑力}}=\frac{F}{T} \tag{6-6}$$

很显然，若 $K<1$，斜坡平衡条件将遭破坏而形成滑坡。若 $K\geqslant1$，则斜坡处于稳定或极限平衡状态。

斜坡岩（土）体沿圆柱面滑动时的力系如图6-15所示。

图中 AB 为假定的滑动圆弧面，其相应的滑动中心为 O 点，R 为滑弧半径。过滑动圆心作一铅直线 OO'，将滑体分成两部分，在 OO' 线右侧部分为“滑动部分”，其重心为 O_1，重力为 G_1，它使斜坡岩（土）体具有向下滑动的趋势，对 O 点的滑动力矩为 G_1d_1，在 OO_1 线左侧部分为“随动部分”，起着阻止斜坡滑动的作用，具有与滑动力矩方向相反的抗力矩 G_2d_2。因此，其平衡条件为滑动部分对 O 点的滑动力矩 G_1d_1 等于或小于随动部分对 O 点的抗滑力矩 G_2d_2 与滑动面上的抗滑力矩 $\tau\overset{\frown}{AB}R$ 之和，即

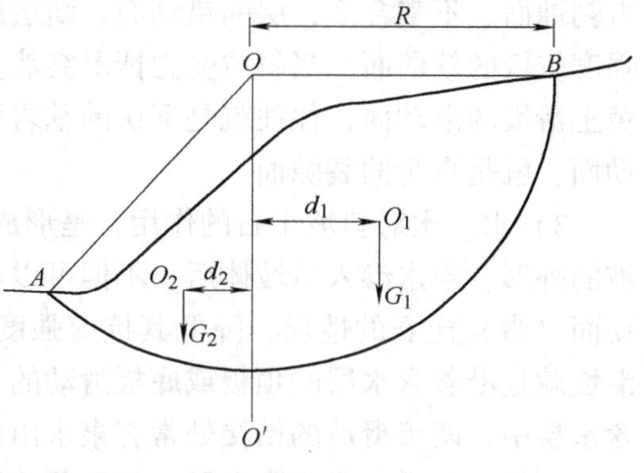

图6-15　圆弧滑动的平衡示意图

$$G_1 d_1 \leqslant G_2 d_2 + \tau \widehat{AB} R \tag{6-7}$$

式中　τ——滑动面上的抗剪强度。

其稳定系数 K 为

$$K = \frac{\text{总抗滑力矩}}{\text{总下滑力矩}} = \frac{G_2 d_2 + \tau \widehat{AB} R}{G_1 d_1} \tag{6-8}$$

同理，$K<1$ 将形成滑坡，$K \geqslant 1$ 斜坡处于稳定或极限平衡状态。

从上述分析可以看出，斜坡平衡条件的破坏与否，取决于下滑力（矩）与抗滑力（矩）的对比关系。而斜坡的外形，基本上决定了斜坡内部的应力状态（剪切力的大小及其分布），组成斜坡的岩土性质和结构决定了斜坡各部分抗剪强度的大小。当斜坡内部的剪切力大于岩土的抗剪强度时，斜坡将发生剪切破坏而滑动，自动地调整其外形与之相适应。因此，凡是引起斜坡外形改变和使岩土性质恶化的所有因素，都将是影响滑坡形成的因素。这些因素，概括起来，主要有：

1）岩性。滑坡主要发生在易于亲水软化的土层中和一些软质岩层中，当坚硬岩层或岩体内存在有利于滑动的软弱面时，在适当的条件下也可能形成滑坡。容易产生滑坡的土层有胀缩粘土、黄土和黄土类土，以及粘性的山坡堆积层等。它们有的与水作用容易膨胀和软化，有的结构疏松，透水性好，遇水容易崩解，强度和稳定性容易受到破坏。容易产生滑坡的软质岩层有页岩、泥岩、泥灰岩等遇水易软化的岩层。此外，千枚岩、片岩等在一定的条件下也容易产生滑坡。

2）构造。埋藏于土体或岩体中倾向与斜坡一致的层面、夹层、基岩顶面、古剥蚀面、不整合面，层间错动面、断层面、裂隙面、片理面等，一般都是抗剪强度较低的软弱面，当斜坡受力情况突然变化时，都可能成为滑坡的滑动面。如黄土滑坡的滑动面，往往就是下伏的基岩面或是黄土的层面，有些粘土滑坡的滑动面，就是自身的裂隙面。

3）水。水对斜坡土石的作用，是形成滑坡的重要条件。地表水可以改变斜坡的外形，当水渗入滑坡体后，不但可以增大滑坡的下滑力，而且将迅速改变滑动面（带）土石的性质，降低其抗剪强度，起到“润滑剂”的作用。所以有些滑坡就是沿着含水层的顶板或底板滑动的，不少黄土滑坡的滑动面，往往发育在含水层中。两级滑坡的衔接处常有泉水出露。大规模滑坡多在久雨之后发生，都可以说明水在滑坡形成和发展中的重要作用。

此外，如风化作用、降雨、人为不合理的切坡或坡顶加载、地表水对坡脚的冲刷以及地震等，都能促使上述条件发生有利于斜坡土石向下滑动的变化，激发斜坡发生滑动现象。尤其是地震，由于地震的加速度使斜坡土体（或岩体）承受巨大的惯性力，并使地下水位发生强烈变化，促使斜坡发生大规模滑动。如1973 年 2 月的四川炉霍地震，1974 年 5 月的云南昭通地震，以及 1976 年 5 月的云南龙陵地震，7月的河北唐山地震，8月的四川松潘—平武地震。尽管区域地质构造和地貌条件不同，凡地震烈度在Ⅶ度以上的地区，都有不同类型的滑坡发生，尤其在高、中山区，更为严重。

(3) 滑坡分类　为了对滑坡进行深入研究和采取有效的防治措施，需要对滑坡进行分类。但由于自然条件千变万化，且分类的目的原则和指标不尽相同，因此对滑坡的分类至今尚无统一的认识。下面介绍两种常用的分类方法：

1) 按滑动面与层面关系分类。这种分类应用最广，是较早的一种分类，可分为均质土滑坡、顺层滑坡和切层滑坡三类。均质土滑坡是发生在均质的没有明显层理的岩体中的滑坡，滑动面不受层面控制，而是决定于斜坡应力状态和岩体的抗剪强度的相互关系。顺层滑坡是沿着岩层层面发动滑动的滑坡。该滑坡是自然界分布较广的滑坡，而且规模较大。切层滑坡是滑坡面切过岩层面而发生的滑坡，滑坡面常呈圆柱形，或对数螺旋曲线。

2) 按滑动的力学性质分类。滑坡可分为牵引式滑坡和推动式滑坡。牵引式滑坡主要是由于坡脚被切割（人为开挖或河流冲刷等）使斜坡下部先变形滑动，因而使斜坡的上部失去支撑，引起斜坡上部相继向下滑动。牵引式滑坡的滑动速度比较缓慢，但会逐渐向上延伸，规模越来越大。推动式滑坡主要是由于斜坡上部不恰当地加荷（如建筑、填堤、弃渣等）或在各种自然因素作用下，斜坡上部先变形滑动，并挤压推动下部斜坡向下滑动。推动式滑坡的滑动速度一般较快，但其规模在通常情况下不再有较大发展。

6.3.3　斜坡的稳定性评价

斜坡稳定性评价包括两方面任务：一方面要对与工程活动有关的天然斜坡或已建成的人工边坡的稳定性作出评价；另一方面要为设计合理的人工边坡和整治斜坡的措施提供设计依据。

斜坡稳定性评价的方法可概括为两大类，即定性评价（包括成因历史分析法、工程地质类比法和赤平投影法等）和定量评价（包括极限平衡计算法、有限单元法和破坏概率计算法等）。

1. 工程地质定性评价

由于地质条件的复杂性和人们认识事物的局限性，工程地质定性评价在斜坡稳定性评价中仍然占有极其重要的地位。下面介绍几种常用的定性评价方法。

(1) 成因历史分析法　成因历史分析法就是通过研究斜坡形成的地质历史和所处的自然地质环境，它的外形和地质结构、变形破坏形迹以及影响斜坡稳定性的各种因素特征和相互关系，从而对它的演变阶段和稳定状况作出评价和预测。

(2) 工程地质类比法　类比法就是将所有研究的斜坡或拟设的人工边坡与已经研究过的斜坡或人工边坡进行类比，评价其稳定性及其可能的变形破坏方式，确定其极限坡角和坡高。类比时必须全面分析研究工程地质条件和影响斜坡稳定性的各种因素，比较其相似性和差异性。只有相似程度较高的才能进行类比，即类比的原则是相似性。

（3）赤平极射投影分析法　赤平极射投影的特点是能用二维平面图形表达物体空间方位的几何要素，并方便地求得它们之间的夹角与组合关系。在斜坡稳定性研究中，能表示出可能滑移面与坡面的空间关系及其稳定性，所以被人们广泛采用。有关赤平极射投影分析法的原理及作图方法请参阅相应的教科书及参考书。

2. 数学力学定量评价

数学力学定量评价方法包括刚体极限平衡计算法和有限单元法。刚体极限平衡计算将在“土力学”中详细介绍，不再重复。斜坡稳定性评价中有限单元法的基本原理和步骤就是通过离散化，将坡体变换成离散的单元组合体，假定各单元为均匀、连续、各向同性的完全弹性体，各单元由节点相互连接，内、外力由节点来传递，单元所受的力按静力等效原则移置到节点，成为节点力。当按位移求解时，取各节点的位移作为基本未知数，按照一定的函数关系求出各节点位移后，即可进一步求得单元的应变和应力，分析评价斜坡的变形破坏机制，进而对其稳定性作出评价。

6.3.4 斜坡变形破坏的防治

1. 防治原则

斜坡不发生变形破坏，或发生变形破坏之后不再继续恶化，必需加强斜坡变形和破坏的防治。防治的原则是“以防为主，及时治理”。

具体的防治原则可概括为以下几点：

（1）以查清工程地质条件和了解影响斜坡稳定性的因素为基础　查清斜坡变形破坏地段的工程地质条件是最基本的工作环节，在此基础上分析影响斜坡稳定性的主要及次要因素，并有针对性地选择相应的防治措施。

（2）整治前必须搞清斜坡变形破坏的规模和边界条件　变形破坏的规模不同，处理措施也不相同，要根据斜坡变形的规模大小采取相应的措施。此外，还须掌握变形破坏面的位置和形状，以确定其规模和活动方式，否则就无法确切地布置防治工程。

（3）按工程的重要性采取不同的防治措施　斜坡失稳后后果严重的重大工程，势必要提高稳定安全系数，防治工程的投资大；而非重大的工程和临时工程，则可采取较简易的防治措施。同时，防治措施要因地制宜，适合当地情况。

2. 防治措施

防治斜坡变形和破坏的措施归纳为两点：一是提高抗滑力；二是减小下滑力。具体措施包括：

（1）挡墙　挡墙是防治滑坡常用的有效措施之一，并与排水等措施联合使用。它是借助于自身的重力以支挡滑体的下滑力。挡墙的基础一定要砌置于最低的滑动面之下，以避免其本身滑动而失去抗滑作用。因此，必须查清最低滑动面的形状和位置，据此设计挡墙基础的砌置深度。抗滑挡墙的墙体下部应设置泄水孔，并与墙后盲沟连结起来。这样一方面可削弱作用于挡墙上的静水压力，另一方面可防止墙后积水浸泡基础而造成挡墙的滑移。

（2）抗滑桩　抗滑桩是用以支挡滑体下滑力的桩柱，一般集中设置在滑坡的前缘附近，如图6-16所示。它施工简便、可灌注、也可以锤击贯入。这种支挡工程对正在活动的浅层和中厚层滑坡效果较好。

（3）锚杆（索）　岩质斜坡一般采用预应力锚杆或锚索加固，这是一种很有效的防治滑坡和崩塌的措施。利用锚杆或锚索上所施加的预应力，以提高滑动面上的正应力，进而提高该面的抗滑力。锚杆（索）的方向和设置深度应视斜坡的结构特征而定，如图6-17所示。

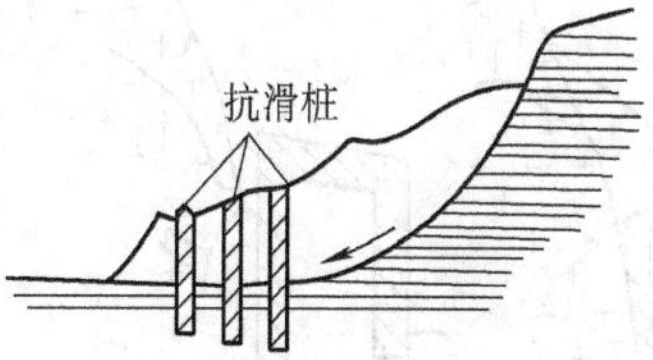

图6-16　抗滑桩

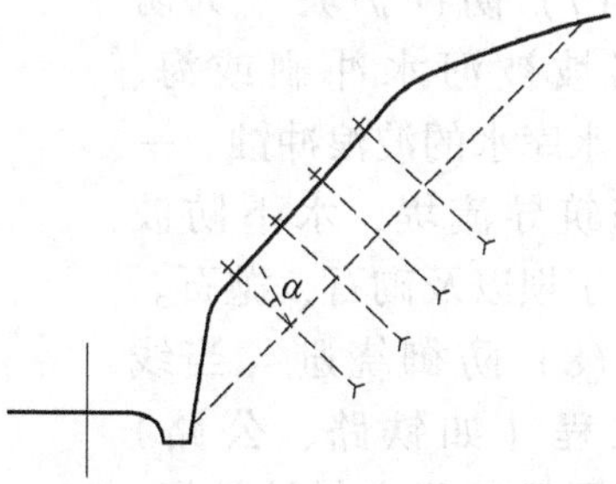

图6-17　预应力锚杆

（4）支撑　这种方法主要用来防治陡峭斜坡顶部的危岩体，制止其崩落，如图6-18所示。施工时，将支撑的基础埋置于新鲜基岩中，且在危岩体中打入锚杆，将危岩与支撑连结起来。

（5）表里排水　表里排水包括排除地表水和地下水。首先要拦截流入斜坡变形破坏区的地表水流，包括泉和雨水，应在变形破坏区外设置环形截水沟和排水渠，将水流引走。在变形破坏区内也应充分利用地形和自然沟谷，布置成树枝状排水系统，如图6-19所示。排水沟渠应用片石或混凝土砌填。排除地下水可减少滑动力，也使附近岩土体的含水量或孔隙水压力降低，以强抗滑力，提高斜坡的稳定性。

（6）削坡减荷　这种措施的目的是为了降低坡体的下滑力，其主要的方法是将较陡的边坡减缓或将滑坡体后缘的岩土体削去一部分。这种措施在滑坡防治中应用较广，尤其对推动式滑坡效果更佳。有时单纯的减荷不能起到有效阻滑的作用，所以最好与反压措施结合起来，即将减荷削下的土石堆于滑体前缘的阻滑部位，使之起到既降低下滑力，又增加抗滑力的良好效果。

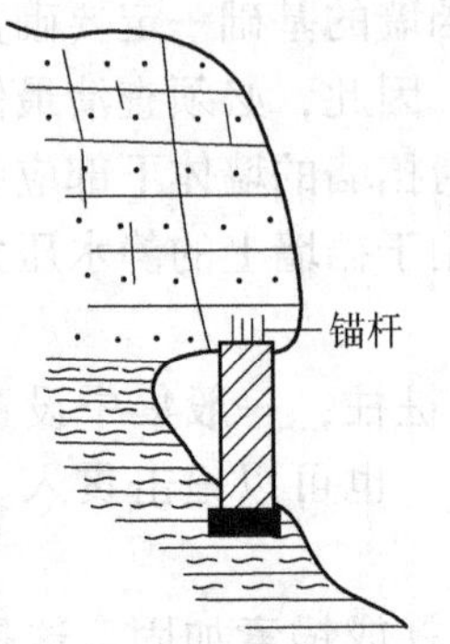

图 6-18　混凝土支撑保护危岩

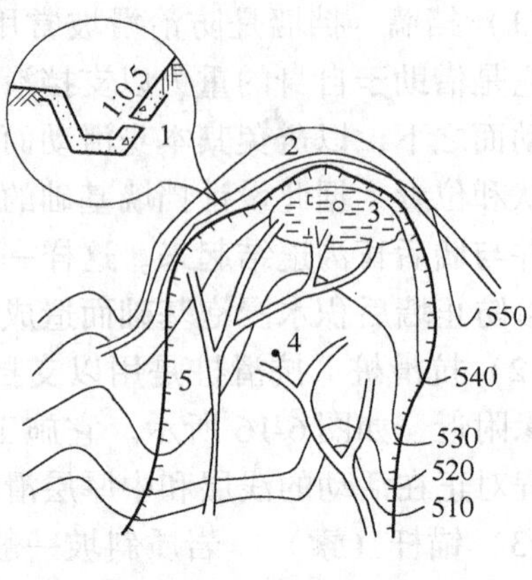

图 6-19　地表排水系统

1—泄水孔　2—截水沟　3—湿地　4—泉　5—滑坡周界

(7) 防冲护坡　为防止斜坡被河水冲刷或海、湖、水库水的波浪冲蚀，一般修筑导流堤，水下防波堤，丁坝以及砌石、抛石。

(8) 防御绕避　当线路工程（如铁路、公路）遇到严重不稳定斜坡地段，处理又很困难时，可采用防御绕避措施。其具体工程措施有明硐和御塌棚（见图6-20），内移修建隧道或外移修建桥梁等。

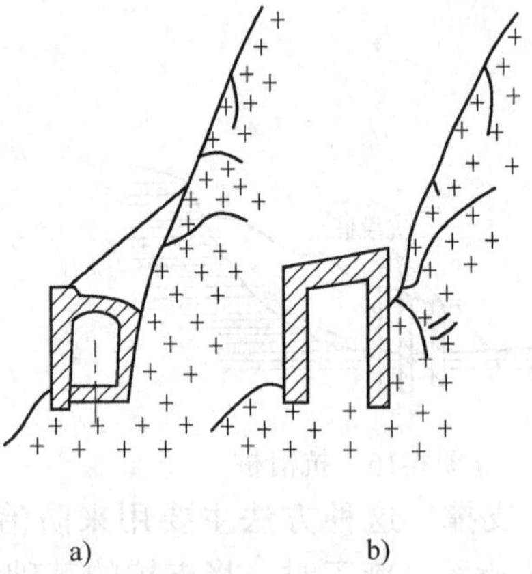

图 6-20　道路通过崩落区的防御结构

a) 明硐　b) 御塌棚

6.4 岩溶与土洞

岩溶是指地表水或地下水对可溶性岩石进行侵蚀、溶蚀而产生的一系列地质现象的总称。土洞则是由于地表水和地下水对土层溶蚀、冲刷产生空洞，空洞进一步扩展，导致地表陷落的地质现象。

岩溶与工程的关系密切。在水利水电建设中，岩溶造成的库水渗漏是水工建设中主要的工程地质问题。在岩溶地区修建隧洞，一旦揭穿高压岩溶管道水时，就会造成大量突水，有时挟有泥沙喷射，给施工带来严重困难，甚至淹没坑道，造成机毁人亡等事故。在地下洞室施工中遇到巨大溶洞时，洞中高填方或桥跨施工困难，造价昂贵，有时不得不另辟新道，因而延误工期。

土洞发展到一定程度时，上部土层发生塌陷，破坏地表原来的形态，进而影响建筑物的稳定与安全。

为此，研究岩溶与土洞的形成及发展规律，查明影响岩溶发育及土洞形成的条件，预测对建筑物可能产生的危害，并采取有效的防治措施，以正确指导岩溶区的工程建设。

6.4.1　岩溶

1. *岩溶发育的基本条件及规律*

（1）岩溶发育的基本条件　岩溶发育必须具备下列四个条件：可溶岩层的存在；可溶岩必须是透水的；具有侵蚀能力的水；水是流动的。

1）岩石的可溶性。岩石的可溶性取决于岩石的岩性成分和结构。按岩性成分，可溶岩可划分为：易溶的卤素盐类、中等溶解度的硫酸盐类和难溶的碳酸盐盐类。卤素盐类及硫酸盐类虽易溶解，但分布面积远不如碳酸盐类岩石。碳酸盐岩以纯灰岩地区的岩溶最为发育，白云岩次之，硅质和泥质灰岩最难溶蚀。结构不同的碳酸盐岩以生物礁岩最易溶蚀，它主要有生物碎屑组成，孔隙大且多。经过重结晶作用的碳酸盐岩，孔隙度小，最不易溶蚀。

2）岩石的透水性。碳酸盐岩的初始透水性取决于它的原生孔隙和构造裂隙的发育程度。厚层质纯的灰岩，构造裂隙发育很不均匀，各部分初始透水性差别很大，溶蚀作用集中于水易于进入的裂隙发育部位；薄层的碳酸盐岩，通常裂隙发育比较均匀，连通性好的层面裂隙尤其发育。

3）水的溶蚀性。水的溶蚀性主要决定于水溶液的成分。含有碳酸的水，对碳酸盐类的侵蚀能力比纯水大得多。水中二氧化碳的含量越多，水的溶蚀力越大。

4）水的流动性。水的溶蚀能力与水的流动性关系密切。只有当地下水不断流动，与岩石广泛接触，富含二氧化碳的渗入水不断补充更新，水才能经常保持侵蚀性，溶蚀作用才能持续进行。

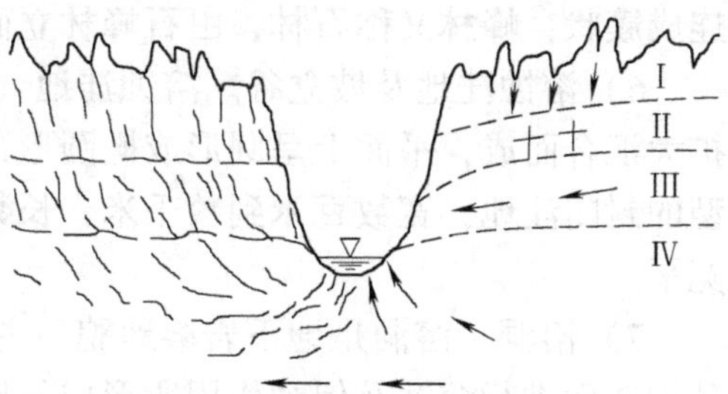

图6-21　岩溶水的垂直分带

Ⅰ—垂直循环带　Ⅱ—季节变化带

Ⅲ—水平循环带　Ⅳ—深部循环带

（2）岩溶发育规律　岩溶发育以地下水的流动为前提。因此，厚层裸露碳酸盐地区地下水的分布规律及运动特性也就决定了该地区岩溶的发育规律。该地区岩溶水的循环动态如图6-21所示，大致分为四个带：

1）垂直循环带。此带位于地表以

下、潜水面之上，平时无水，为雨雪水时沿裂隙向下渗流的地带，水流以垂直运动为主，因此主要发育垂直形态的岩溶地形如岩溶漏斗、落水洞等。

2）季节变化带。此带位于最高和最低潜水位之间的地带，旱季时为包气带的一部分，雨季有成为饱水带的一部分。水流呈垂直运动及水平运动交替出现，因此此带竖向岩溶形态和水平向岩溶形态交替出现。

3）水平循环带。此带位于最低潜水位以下，是受主要排水河道控制的饱水层。水流的运动主要沿水平方向进行，广泛发育有水平溶洞、地下河等大型水平延伸的岩溶形态。

4）深部循环带。该带地下水的运动不受附近水系的控制，而是由地质构造决定的。地下水的运动很缓慢，岩溶作用很微弱。

（3）岩溶地貌　常见的岩溶地貌形态主要有：

1）溶沟、石芽。溶沟（见图6-22中1）是灰岩表面上的一些沟槽状凹地，是由地表水流顺坡或沿节理裂隙，长期进行溶蚀作用的结果。沟槽宽深不一，形态各异。在沟槽间突起状的石脊称为石芽（见图6-22中2）。

2）岩溶漏斗。岩溶漏斗是在岩溶强烈发育区，地表经常出现的一种漏斗状凹地（见图6-22中3）。其平面形态呈圆或椭圆状，直径数米或数十米，深度数米或十余米。

3）落水洞（见图6-22中5）。落水洞是地表通向地下深处的通道，其下部多与溶洞或暗河连通，是地表及地下岩溶地貌的过渡类型。

4）干谷。岩溶地区发育的古河谷，当地壳上升，地表河流不是随之下切，而是沿着后期在谷底上发育的岩溶孔道（漏斗、落水洞等），将水吸干，谷底干涸遂形成干谷（见图6-22中Ⅳ）。

5）峰丛、峰林。峰丛、峰林总称为峰林地形（见图6-22中Ⅲ），都是在高温多雨的湿润气候条件下，长期岩溶作用的产物。峰丛多分布于碳酸盐岩山区的中部，或靠近高原、山地的边缘部分，顶部为尖锐的或圆锥状的山峰，而基部相连成簇状；峰林又称石林，由石峰林立而得名。

6）溶蚀洼地及坡立谷。溶蚀洼地（见图6-22中4）由许多相邻的漏斗不断扩大汇合而成，平面上呈圆形或椭圆形，直径由数米到数千米；坡立谷是一种大型的封闭洼地，宽数百米到数千米，长数百米到数十千米，四周山坡陡峻，谷底宽平。

7）溶洞。溶洞是地下岩溶地貌的主要形态，是地下水流沿可溶性岩层的各种构造面进行溶蚀及侵蚀作用所形成的地下洞穴（见图6-22中6）。

8）伏流、暗河（见图6-22中9）。地面河潜入地下之后称为伏流。暗河是地下水汇集而成的地下河道，具有一定范围的地下汇水流域。因此，暗河有出口而无入口。

图6-22　岩溶地貌形态示意图

1—溶沟　2—石芽　3—溶蚀漏斗　4—溶蚀洼地　5—落水洞　6—溶洞　7—溶柱　8—天生桥　9—暗河及伏流　10—暗湖　11—石钟乳　12—石笋　13—石柱　14—隔水层　15—河成阶地

Ⅰ—岩溶剥蚀面　Ⅱ—剥蚀面上发育的溶沟、溶芽和漏斗

Ⅲ—石林　Ⅳ—洼地，谷地　Ⅴ—溶蚀平原

2. 岩溶地基的稳定性评价

根据已查明的地质条件，包括岩溶发育及分布规律；对稳定性有影响的个体岩溶形态及特征（如溶洞大小、形状、顶板厚度、岩性、洞内充填和地下水活动情况等）；上覆土层岩性、厚度及土洞发育情况；地表建筑荷载的特点及在自然与人为因素影响下地质环境的变化特点等，结合以往的经验，对地基稳定性作出初步评价。

1）在地基主要受压层范围内，当下部基岩面起伏较大，其上部又有软土分布时，应考虑其对建筑所产生的不均匀沉降。

2）当基础砌置在基岩上，因溶隙、落水洞的存在可能形成临空面时，应考虑地基沿倾向临空面的软弱结构面产生滑动的可能性。

3）当基础底板以下的土层厚度大于地基压缩层的计算深度，同时又不具备形成溶洞的条件时，如地下水动力条件变化不大，水力梯度小，可以不考虑基岩内的洞穴对地基稳定性的影响。若基础底板以下土层厚度小于地基压缩层的计算深度时，应根据溶洞的大小和形状、顶板厚度、岩体结构及强度、洞内充填情况、岩溶水活动特点等因素，并结合上部建筑荷载的特点进行洞体稳定性分析，直到作出定量评价。

4）地基主要受压层范围内，当溶洞洞体的平面尺寸大于基础尺寸，溶洞顶板厚度小于洞跨，岩性破碎，且洞内未被充填物填满或洞内有水流时，应考虑为不稳定溶洞。

3. 岩溶地基的处理措施

当岩溶地基稳定不能满足要求时，必须事先进行处理，做到防患于未然。常视具体条件合理选择以下措施。

（1）挖填　当洞穴埋藏不深时，可挖除其中的软弱充填物，回填碎石、灰土、混凝土等，以增强地基强度。

（2）跨盖　当基础下有小溶洞、溶沟和落水洞时，可采用钢筋混凝土梁板跨越；或用刚性大的平板基础覆盖，但支承点必须放在稳定性较好的岩石上；也可调整柱形基础的柱距。

（3）灌注加固　当基础下洞穴埋藏较深时，可通过钻孔灌注水泥沙浆、混凝土、沥青等，以堵填洞穴、溶隙，提高其强度，或防止洞穴进一步坍塌。

（4）桩基　当基岩顶面起伏不平，其上覆土层性质较软弱，厚度又较大，不易清除时，可视建筑物需要作支承桩或摩擦桩。

（5）合理疏导水气　对水、气的处理不能盲目填堵，应视具体情况合理疏导。

（6）绕避　对已查明的洞穴系统或巨大的溶洞和暗河分布区，其稳定条件又很差时，在布置建筑物时宜绕避，重新选择地质条件良好的场地。

（7）强夯　覆盖型岩溶区上覆松软土，通过强夯法使其压缩性降低，强度提高。

6.4.2 土洞

土洞因地下水或者地表水流入地下土体内，将颗粒间可溶成分溶滤，带走细小颗粒，使土体被掏空成洞穴而形成。该地质作用称为潜蚀。当土洞发展到一定程度时，上部土层发生塌陷，破坏地表原来形态，危害建（构）筑物安全和使用。

1. 土洞的形成

土洞的形成主要是潜蚀作用导致的。潜蚀是指地下水流在土体中进行的溶蚀和冲刷作用。如果土体内不含有可溶成分，则地下水流仅将细小颗粒从大颗粒间的孔隙中带走，这种现象我们称之为机械潜蚀。如果土体内含有可溶成分，例如黄土含碳酸盐、硫酸盐或氯化物的砂质土和粘质土等，地下水流先将土中可溶成分溶解，而后将细小颗粒从大颗粒间的孔隙中带走，这种具有溶滤作用的潜蚀被称为溶滤潜蚀。溶滤潜蚀为机械潜蚀创造条件。

机械潜蚀的发生，除了土体中的结构和级配成分能容许细小颗粒在其中搬运移动外，地下水的流速是搬运细小颗粒的动力。能起动颗粒的流速称为临界流速（v_{cr}），不同直径（d）大小的颗粒具有一定的临界流速，表6-6列出了不同直径（d）颗粒临界流速（v_{cr}）。

表6-6 不同直径颗粒的能起动流速

被挟出的颗粒直径 d/mm	1	0.5	0.1	0.05	0.01	0.005	0.001
水流临界速度 v_{cr}/（cm/s）	10	7	3	2	0.5	0.12	0.02

2. 土洞的工程地质评价

土洞对建筑物的稳定性与安全性有很大影响。如果土洞密集分布，并且位于地下水交替积极的循环带内，洞径大，顶板薄，裂隙发育，则该场地不宜作为建筑场地和地基。但如果土洞是早期形成的，已被第四纪沉积物所充填，并且已证实目前这些土洞已不再活动，这种情况，可根据洞的顶板承压性能，决定其是否作为地基。另外，在土洞密集分布的地区，抽取地下水会引起地下水位的大幅度下降，减弱地下水对土层的浮托力，加大了地下水的循环，一些土洞顶板的平衡条件被打破，进而引起某些土洞顶板的破坏和地表塌陷。

6.5 采空区地表塌陷

由于采矿活动所形成的地下采空区包括两种基本形式：一种是由于开采固体矿床所遗留的由开采矿洞、巷道和期间的残留矿柱所组成的采空区；一种是使用溶矿技术开采易溶矿床，如岩盐等所形成的大面积地下溶蚀空穴。在一定的地质结构条件下，采空区上覆岩层自重和围岩压力可能导致采空区顶板岩体冒落、顶底板岩体闭合，进而引起上覆岩体下沉变形。

6.5.1 采空区地表变形

地表变形开始形成凹地，随着采空区的不断扩大，凹地不断发展而成凹陷盆地，此盆地称为移动盆地。移动盆地的面积一般都比采空面积大，其位置和形状与矿层的倾角大小有关，矿层倾角平缓时盆地位于采空区的正上方，形状对称于采空区；矿层倾角较大时，盆地在沿走向方向仍对称于采空区，而沿倾向方向随着倾角的增大，盆地中心愈向矿层倾斜方向偏移。

1. 地表变形分区

根据地表变形值的大小和变形特征，自移动盆地中心向边缘分为三个区：

（1）均匀下沉区（中间区） 该区为盆地中心的平底部分。区内地表下沉均匀，地面平坦，一般无明显裂缝。

（2）移动区（危险变形区） 该区内地表下沉不均匀，变形种类较多，对建筑物破坏作用较大。在移动区内如出现裂缝，该区域称为裂缝区。

(3) 轻微变形区　该区地表的变形值较小，一般对建筑物不起损坏作用。该区与移动区的分界，一般是以建筑物的容许变形值来划分。轻微变形区外边界，实际上难以确定，一般是以地表的下沉值10mm为标准来划分的。

2. 地表变形的分类

为了对地表变形进行分析研究，将地表变形分为两种移动和三种变形。两种移动是垂直移动（下沉）和水平移动；三种变形是倾斜、弯曲（曲率）和水平变形（伸张或压缩）。

3. 地表变形的影响因素

(1) 矿层条件　矿层埋深越大（即开采深度愈大），变形扩展到地表所需时间越长，地表变形值也越小，变形比较平缓均匀，但地表移动盆地的范围越大；矿层厚度越大，采空区的空间就越大，会促使变形加强，变形值越大。矿层的倾角大时，会使水平移动值增大，地表出现裂缝的可能性越大，移动盆地和采空区的位置更不对称。

(2) 岩性条件　上覆岩层强度高，分布厚度大时，产生地表变形所需的采空面积大，破坏过程所需时间长，厚度大的坚硬岩层，甚至地表长期不产生变形；强度低、分层薄的岩层，产生较大的地表变形，且速度快，但变形均匀，地表不常出现裂缝。脆性岩层地表易产生裂缝。厚而塑性大的软弱岩层，覆盖于硬脆岩层上时，后者产生的破坏会被前者缓冲或掩盖，地表变形平缓；反之，地表变形会很快，并出现裂缝。岩层软硬相间且倾角较陡时，接触处常出现层离现象。地表第四纪堆积物越厚，则地表变形值增大，但变形平缓均匀。

(3) 地质构造　岩层裂隙发育，会促进变形加快，增大变形范围，扩大地表裂隙区。断层会破坏地表移动的正常规律，改变移动盆地的大小和位置，断层带上的地表变形更加剧烈。

(4) 地下水　地下水的活动（特别是抗水性差的岩层）会加速变形速度，扩大变形范围，增大地表变形值。

(5) 开采条件　开采和地表处置的方法以及采空区的大小、形状、工作面推进速度等，均影响地表变形的形式、速度和变形值。

6.5.2 采空区工程地质评价

地下采空后，在采空区上方及其周围的地表产生变形，当开采尚未达到“充分采动”（移动盆地尚未形成平底）时，水平和垂直变形都发展较快，且不均匀。这时一般不适宜于建筑，或需根据预算的最大变形值对建筑采取加强措施；当开采已达“充分采动”（移动盆地已形成平底）时，在盆地平底部分可以建筑，但应注意今后是否重新开采。在盆地平底外围部分，当变形仍在发展时，不宜建筑，或根据预算的结果选择垂直变形均匀、水平变形小的地方建筑，并应采取适当的加强措施。

6.5.3　防止地表和建筑物变形的措施

防止地表和建筑物变形可从以下两方面采取措施：

（1）开采工艺方面的措施

1）减小地表下沉量。采用充填法处置顶板，最好及时、全部充填或两次充填；减小开采厚度，或采用条带法开采等，使地表变形值不超过建筑物的容许极限值。

2）使地表下沉平缓。增大采空区宽度，使地表移动充分、建筑物很快处于盆地中部的均匀下沉区；控制开采的推进速度均匀，避免工作面长期停在建筑物下方，合理进行协调开采。

（2）建筑物设计方面的措施　布置总图时，建筑物长轴应垂直于工作面的推进方向；建筑物的平面形状应力求简单，以矩形为宜；基础底部应位于同一标高和岩性均一的地层上，否则应采用沉降缝将基础分开，当基础埋深有变化时，应采用台阶尽量不采用柱廊和独立柱；加强基础刚度和上部结构强度，在结构薄弱易变形处更应加强。

7

第 7 章

地下洞室围岩稳定性分析

地下洞室是指在岩体或土体内挖掘而形成的空洞或通道。国防、水利、电力、交通、采矿，以及储备仓库等方面的建筑也愈来愈多地设置在地下，规模愈来愈大，埋藏愈来愈深。他们的共同特点是：都建设在地下岩土体内，具有一定断面形状和尺寸，并有较大的延伸长度而称为地下洞室（见图 7-1）。洞室可分为过水的（如引水隧洞）和不过水的（如交通隧洞）两大类。前者又有无压和有压之分，后者均属无压的。有压洞室与无压洞室不同，内水压力作用到衬砌和周围岩体上，对其稳定性将增加新的影响。洞室的横断面一般有矩形、方形、圆形和马蹄形等。方形、矩形隧洞的施工方便，而其他带拱形洞壁的洞室则对周围岩土体的稳定有利。

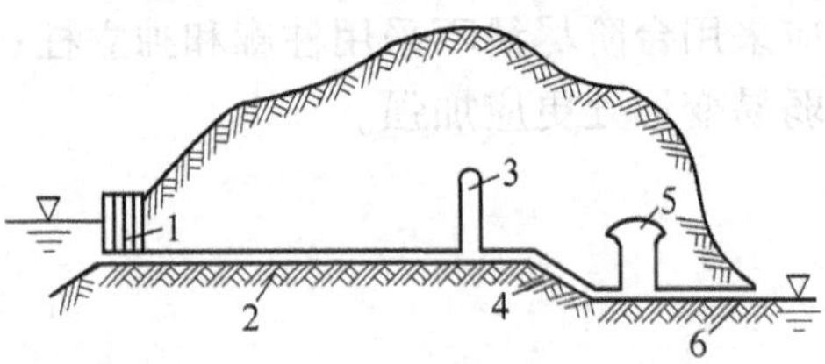

图 7-1　地下水电动室布置剖面示意图
1—进水闸门　2—引水隧道　3—调压室
4—压力斜管　5—地下电站厂房　6—尾水隧道

洞室周围的岩土体简称围岩。狭义上，围岩常常是指洞室周围受到开挖影响、大体相当地下洞室宽度或平均直径 3 倍左右范围内的岩土体。地下室突出的工程地质问题是围岩稳定问题。尤其像地下飞机仓库、大跨度引水隧洞和水电站地下厂房等大型洞室的围岩稳定性，常常是工程地质研究的重点；矿山采空区常出现独特的工程地质现象。

洞室开挖之前，围岩处于一定的应力平衡状态，洞室的开挖，使围岩应力重新分布。只有少数情况下工程地质条件特别优越，洞室围岩的强度能够适应变化后的应力状态，可不采取任何人力措施，便能保持洞室稳定。但多数情况下围岩的强度低，或其中应力状态的变化大，以致围岩不适应变化后的应力状态，洞室将产生各种变形破坏，这时，若不及时采取加固措施或加固而未能保证质量，都会引起破坏事故，对施工、运营造成危害。国内外建筑史上因围岩失稳而造成的事故为数不少。澳大利亚悉尼输水压力隧洞（混凝土衬砌）使用期间在 300m 长的地段上，发现洞内有压水大量渗入围岩而未达地表。放空后检修发现：洞室中的砂岩节理发育，强度很低，在100m高的内水水头作用下，不合要求的衬砌遭到破坏，洞顶围岩被掀起，出现裂缝，错距达1.0～2.0cm。我国西南某水电站地下厂房施工中，上游边墙失稳向下滑移。及时采取了有效加固措施，才保证了边墙的稳定。另外，对围岩压力估计过高，或对围岩强度估计不足，常使设计保守，提高工程造价，造成浪费。

7.1 洞室围岩应力重分布

洞室开挖前，岩土体一般处于天然应力平衡状态，称一次应力状态或初始应力状态。一个三向应力不等的空间应力场中，由于影响天然应力的因素十分复杂，铅直应力（σ_z）与水平应力（σ_y）间的比值系数（$\lambda=\frac{\sigma_z}{\sigma_y}$）即使在同一地质环境里也有较大变化。实测结果表明，有些地区铅直应力大于水平应力；有的则水平应力大于铅直应力；也有的两者相近，特别是在地壳的深处，天然应力的比值系数接近于1。

洞室开挖后，便破坏了这种天然应力的平衡状态。洞室周边围岩失去原有支撑，就要向洞室空间松胀，结果又改变了围岩的相对平衡关系，形成新的应力状态。作用于洞室围岩上的外部荷载，一般不是建筑物的重力，而是岩土体所具有的天然应力（包括自重应力和构造应力）。这种由于洞室的开挖，围岩中应力、应变调整而引起原有天然应力大小、方向和性质改变的过程和现象，称为围岩应力重分布。它直接影响围岩的稳定性。洞室内若有高压水流作用便对围岩产生一种附加应力，它叠加到衬砌后的围岩应力上，也是影响围岩稳定性的一种因素。

为便于讨论，我们分析连续、均质和各向同性，天然应力比值系数$\lambda=1$的岩体内开挖圆形洞室的围岩重分布应力。

可在垂直洞轴的剖面上以极坐标研究重分布应力（见图7-2）。m点的坐标可用θ和r表示。围绕m点取一单元体，其两个边为半径的一段dr，另两个边为圆周的一段ds和ds'弧。该弧上主应力σ_r平行半径方向，称“径向应力”；这段半径上正应力σ_θ与圆周相切，称“环向应力”（切向应力）；另外，还有剪应力$\tau_{r\theta}$和$\tau_{\theta r}$。此外，还有平行洞轴方向正应力σ_e，称“轴向应力”。

设开挖前岩体内均为压应力，开挖后岩体就向洞室空间松胀位移，位移方向沿半径指向洞室中心，因而导致径向应力减小，且在洞壁上径向松胀位移最充分，径向应力为零。深入围岩内部，松胀位移条件越差，阻力越大；深达一定距离后，松胀位移渐趋于零，可以认为这里径向应力也与天然应力相等（见图7-3）。因此，洞室开挖后围岩松胀位移结果，各点的径向应力σ_r：当$r=a$时$\sigma_r=$

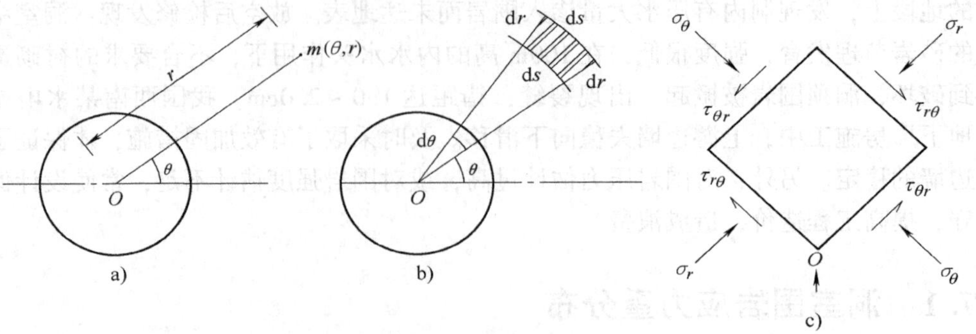

图 7-2　洞室围岩中的应力分布

0；当 $r=b$ 时 $\sigma_r=\sigma$，这里半径为 b 的范围就是径向松胀位移岩体，即所谓狭义的洞室围岩，σ 即为天然应力。

环向应力则与前述径向应力状况相反。洞室开挖后，围岩向洞室中心松胀，实际上是围岩内每个圆周上的质点均向洞室中心移动一定距离。当 $r=m$ 那个圆向洞室中心移动了一段路程后，就变成 $r=n$ 那个圆，圆周变短。这样，缩短方向（圆周方向）上压应力增加。这样，越靠近洞壁环向应力增加值越大，越深入围岩内部环向应力增加值越小，以致到零：当 $r=a$，σ_θ 最大；当 $r=b$，$\sigma_\theta=\sigma$。

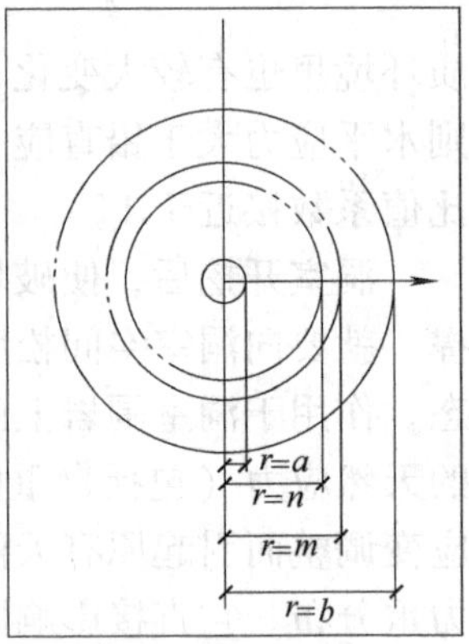

图 7-3　洞室围岩的范围

在这种分析基础上，当岩体为均质、连续、各向同性和 $\lambda=1$ 的情况下，弹性理论导出洞室围岩应力的计算式

$$
\left.\begin{aligned}
\sigma_r &= \left(1-\frac{a^2}{r^2}\right)\sigma \\
\sigma_\theta &= \left(1+\frac{a^2}{r^2}\right)\sigma \\
\tau_{r\theta} &= \tau_{\theta r} = 0
\end{aligned}\right\} \tag{7-1}
$$

由式（7-1）可见，当 $r=a$ 时，$\sigma_\theta=2\sigma$，$\sigma_r=0$；当 $r=b$ 时，$\sigma_\theta=\sigma$。一般认为此深度大约为（5~6）a（相当洞室直径的 3 倍）。这个范围内的岩土体便是所谓的“狭义围岩”（见图 7-4）。显然，在洞壁（$r=a$）处 σ_θ 与 σ_r 的差值是最大的 2σ，因此围岩的破坏多是从洞壁开始。

当 $\lambda\neq1$ 时，则圆形洞室围岩应力分布发生变化，在洞壁上受到剪切应力作用，且其值也最大，并可能出现拉应力，所以洞室周边易遭到破坏。

当洞室断面不是圆形而是其他形状时，应力分布图形都有变化。不同断面洞

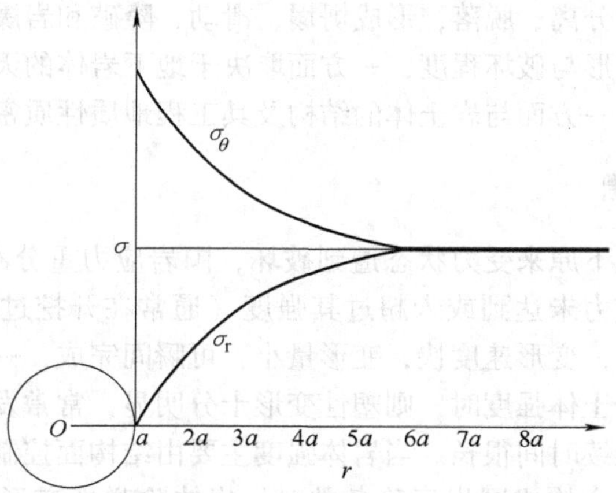

图 7-4　$\lambda=1$ 时圆形洞室围岩应力分布曲线

室围岩中应力分布情况如图 7-5 所示。围岩应力分布的规律是：顶、底板围容易出现拉应力；周边转角处存在很大的剪应力；洞室的高宽比对围岩应力分布的影响极大，设计洞室断面时应考虑铅直应力与水平应力的比值。

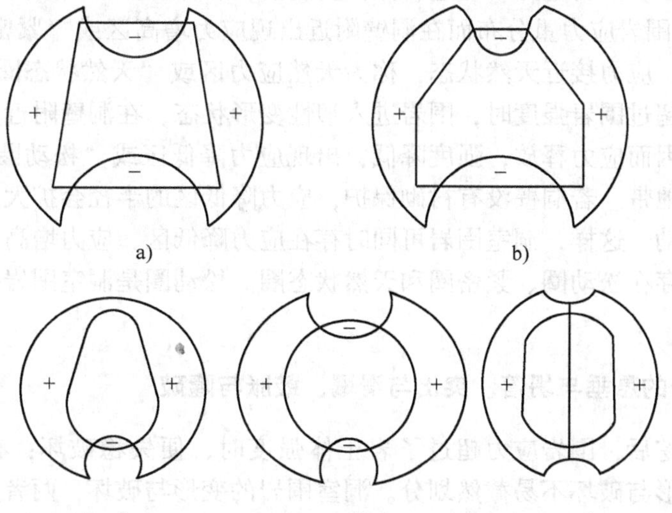

图 7-5　各种不同断面形状洞室周边应力分布曲线

注："+" 压应力；"−" 拉应力

7.2　洞室围岩变形与破坏

洞室开挖后，地下形成了自由空间，原来处于挤压状态的围岩，由于解除束缚而向洞室空间松胀变形；这种变形大小超过了围岩本身所能承受的能力，便发生破坏，从母岩中分离、脱落，形成坍塌、滑动、隆破和岩爆。

洞室围岩的变形与破坏程度，一方面取决于地下岩体的天然应力，重分布应力及附加应力；另一方面与岩土体的结构及其工程地质性质密切有关。

7.2.1 围岩松动圈

洞室开挖使地下原来受力状态遭到破坏，围岩应力重分布，产生变形位移。均质的岩土体中应力未达到或未超过其强度（通常在开挖过程中）以前，其变形以弹性变形为主，变形速度快，变形量小，可瞬间完成，一般不易觉察。当应力已达到或超过岩土体强度时，则塑性变形十分明显，常常发生压碎、拉裂或剪破。塑性变形的延续时间很长。当岩体强度主要由结构面控制时，也与上述情况相同。当结构面组合构成围岩不稳条件时，岩体除弹性变形外，塑性变形很显著，它表现为围岩分离体（岩块）的相互错动及剧烈松动。围岩松动使岩体稳定性降低，又为进一步松动创造了条件。

岩体弹性变形和塑性变形均对围岩应力分布有影响，应力大小和变化又直接影响岩体变形。围岩应力未超过岩体强度之前，岩体以弹性变形为主；当岩体的 $\lambda=1$ 时，因围岩应力重分布而在洞壁附近出现应力增高区或“紧密圈”。离开3倍洞径附近，应力接近天然状态，称为天然应力区或“天然状态圈”。当应力增高值达到或超过围岩强度时，围岩进入塑性变形状态，在洞壁附近产生裂隙、破坏、松胀，因而应力释放，强度降低，出现应力降低区或“松动圈”，为围岩强度被削弱的地带。若洞壁没有衬砌保护，应力降低区的半径会扩大，应力增高区也向深处移动。这样，洞室围岩可同时存在应力降低区、应力增高区和天然应力区；即同时存在松动圈、紧密圈和天然状态圈。松动圈是洞室围岩变形与破坏的重要地带。

7.2.2 围岩的悬垂与坍落、突出与滑塌、鼓胀与隆破

洞室开挖后，围岩应力超过了岩土体强度时，便失稳破坏；有的突然而显著，有的变形与破坏不易截然划分。洞室围岩的变形与破坏，两者是连续发展的过程。弹脆性岩石构成的围岩变形尺寸小，发展速度快，不易由肉眼觉察；而一旦失稳，突然破坏，其强度、规模和影响都极显著。弹塑性岩石和塑性土构成的围岩，变形尺寸大，甚至堵塞整个洞室空间，但其发展速度极缓慢，而且破坏形式有时很难与变形区别。一般情况下，洞室围岩的变形与破坏，按其发生的部位，可概括地划分为顶围（板）悬垂与坍落，侧围（壁）突出与滑塌、底围（板）鼓胀与隆破；有的笼统称为冒顶、垮帮和底鼓。

1. 顶围悬垂与坍落

洞室开挖时，顶壁围岩除瞬时完成的弹性变形外，还可由塑性变形及其他原

因而继续变形，使顶壁轮廓发生明显改变，但仍可保持其稳定状态。这大都在开挖初始阶段中出现，而且在水平岩层中最典型（见图7-6）。进一步发展，围岩中原有结构面或由重分布应力作用下新生的局部破裂面会发展扩大。顶围原有的和新生的结构面相互汇合交截，便可能构成数量不一、形状不同、大小不等的分离体。它在重力作用下与围岩母体脱离，突然坍落而终至形成坍落拱。它与围岩的结构面和风化程度等因素密切有关，且在洞室的个别地段上最为典型。如结构面发育强烈的所有坚硬岩石和砂质页岩、泥质砂岩、钙质页岩、钙质砂岩、云母片岩、千枚岩、板岩地段经常发生顶围坍落。而在断层破碎带，裂隙密集带附近顶围坍落最为严重。疏松砂土，含水量很高的软土和淤泥地区，洞室开挖中会碰到很特殊的围岩变形和破坏。

图7-6 层状岩体的围岩变形

2. 侧围突出与滑塌

洞室开挖时，侧壁围岩继续变形会使洞室轮廓发生明显突出而不产生破坏，这在铅直层岩体中最为典型。进一步发展，由于侧围原有的和新生的结构面相互汇合、交截、切截，构成一定大小、数量和形状各异的分离体。当有具备滑动条件的结构面存在时便向洞室滑塌。侧围滑塌改变了洞室的尺寸和顶围的稳定条件，在适当情况下又会影响到顶围，造成顶围坍落，并扩大顶围坍落范围和规模。

3. 底围鼓胀与隆破

洞室开挖时，常见有底壁围岩向上鼓胀。它在塑性、弹塑性的岩石裂隙中十分发育，具有适当结构面或开挖深度较大时，表现得最充分、最明显，但仍不失其完整性。一般情况下，这种现象极不明显，难以观察。我国京西史家滩煤矿某巷道的底围鼓胀最为突出，几乎所有开挖在距地面100~200m的页岩中的巷道，掘进后10~15天就发现底围鼓胀，岩石挤山，支撑折断；鼓起一般达0.2~0.3m（见图7-7）。其他如抚顺煤矿在泥质页岩和凝灰岩中的巷道，阜新煤矿在砂质页岩中的巷道，都发生严重的底围鼓胀。

洞室开挖后，底围总是或大或小、或隐或显地发生鼓胀现象。进一步发展，在适当条件下，底围便可能被破坏，失去完整性冲向洞室空间，甚至堵塞全部洞室，形成隆破（见图7-8）。

4. 围岩缩径及岩爆

（1）围岩缩径　洞室开挖中或开挖以后，围岩变形可同时出现在顶围、侧

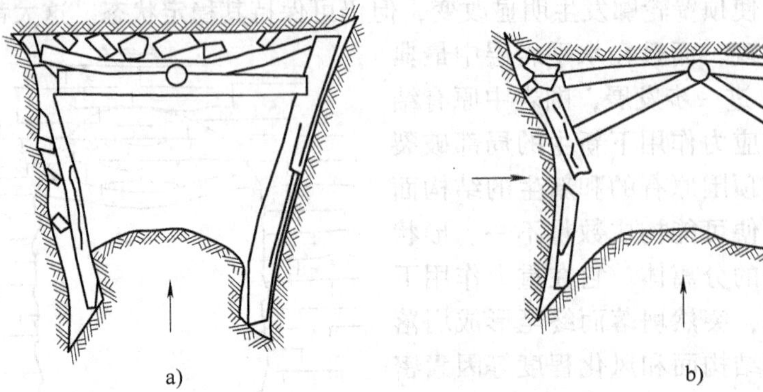

图 7-7　京西史家滩某巷道底围鼓胀示意图
a）底围鼓胀　b）侧围突出与底围鼓胀

围、底围之中。因所处地质条件或施工措施不同，它可在某一方向或某些方向上表现得充分而明显。实践证明，在塑性地层或弹塑性岩体之中，常可见到顶围、侧围、底围三者以相似的大小和速度，向洞室空间方向变形，而不失其完整性。实际上，这种情况很难区分出它的变形与破坏的界限，但它可导致支撑和衬砌的破坏。这便是在粘性土或粘土岩、泥灰岩，凝灰岩中常见的围岩缩径（见图 7-9），又谓“全面鼓胀”。

（2）岩爆　坚硬而无明显裂隙或者裂隙极稀微而不联贯的弹脆性岩体，如花岗岩、片麻岩、闪长岩，辉绿岩、白云岩和致密灰岩等，在人们可能活动的深度上开挖洞室，围岩的变形大小极不明显，并在短促的时间内完成这种变形。实际上，由于它的微小和不明显，其变形是可以忽略不计的。但在这种条件下经常可遇到一种特殊的围岩破坏，洞室开挖过程中，周壁岩石有时会骤然以爆炸形式，呈透镜体碎片或者碎块突然弹出或抛出，并发生类似射击的噼啪声响，这就是所谓“岩爆”，也有称谓“山岩射击”。被抛出或弹出的岩块或碎片，大者达几十吨，小者仅几千克。由于应力解除，其体积突然增加；而在洞室周壁上留下的凹痕或凹穴，体积突然缩小。因此，被抛出或弹出的岩块或碎片，不能放回原处。岩爆对地下工程常造成危害，可破坏支护，堵塞坑道，或造成重大伤亡事故。

岩爆多发生在深度大于 200～250m 的洞室中；有时深度不大，甚至在采石场或露天开挖中也可发生岩爆。岩爆本质上是在一定地质条件下，围岩弹性应变能的高度而迅速集中继而又突然剧烈释放的过程。围岩弹性应变能的高度而迅速集中的原因很多，归纳起来主要有两个方面：一是机械开挖、施工爆破和重分布应力（有时有构造应力）的叠加影响，使围岩应力迅速而高度集中；二是开挖断面的推进和渐进破坏，引起围岩应力迅速而高度地向某些部位集中。两者造成围岩局部弹脆性破裂，会引起围岩的弹性冲击与振荡。当这些冲击与振荡同步相

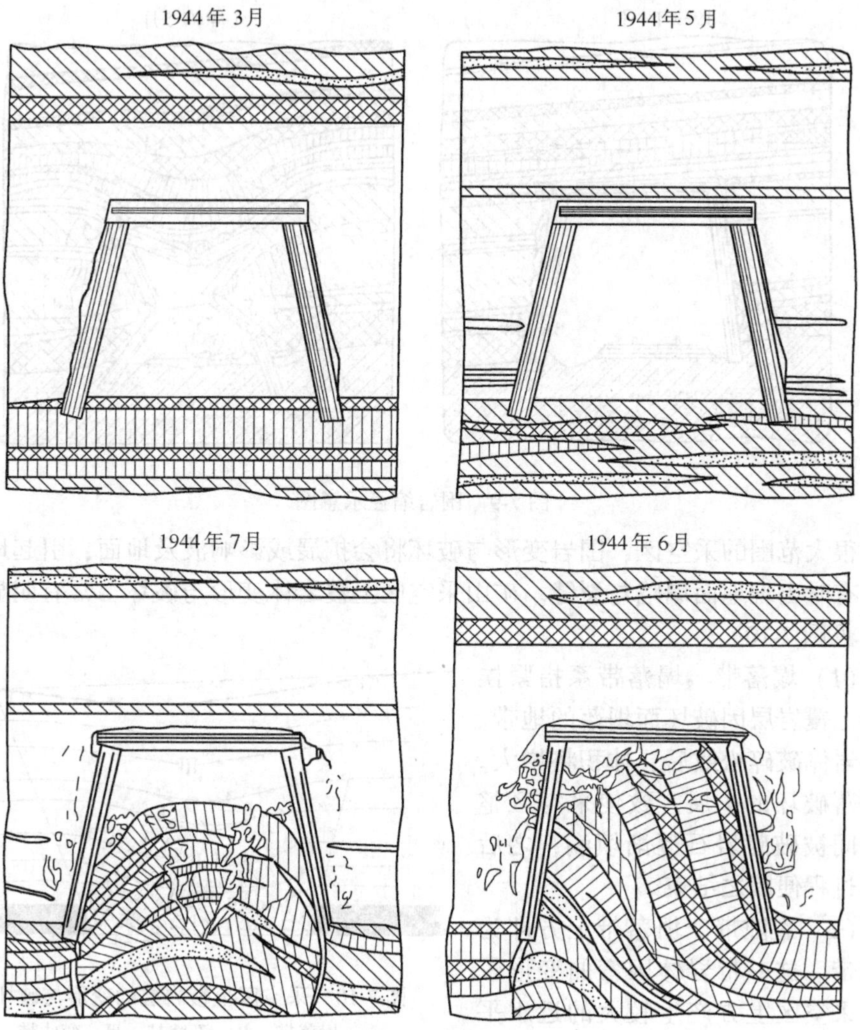

图7-8　底围隆破

遇，围岩应力会突然增加到极大数值。特别在围岩应力增高区内应力已接近其极限强度情况下，由于这种迅速而高度集中的应力作用，围岩便以爆炸形式，骤然而剧烈地破坏，形成岩爆。

7.2.3　围岩破坏导致的地面沉降

洞室围岩的变形与破坏，导致洞室周围岩体向洞室空间移动。如果洞室位置很深或其空间尺寸不大，围岩的变形破坏将局限在较小范围以内，不致波及地面。但是，当洞室位置很浅或其空间尺寸很大，特别在矿山开发中，地下开采常

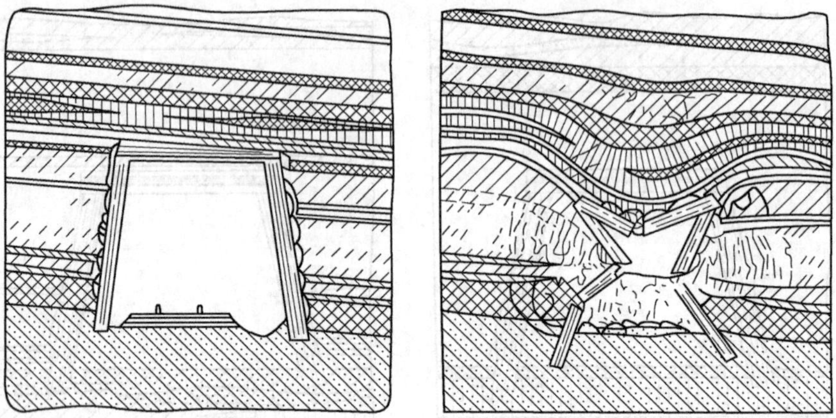

图 7-9　围岩缩径示意图

留下很大范围的采空区，围岩变形与破坏将会扩展或影响波及地面，引起地面沉降，有时出现地面塌陷与裂缝。矿山采空区上覆岩体变形与破坏，常有明显分带性（见图 7-10）。

(1) 塌落带　塌落带系指紧挨矿体上覆岩层因破坏而坍落的地带。坍落岩体破碎松散后，体积将增大。因坍落破坏的扩展，致使采空区整个空间被破碎岩石逐渐填满，之后坍落过程便因之结束。

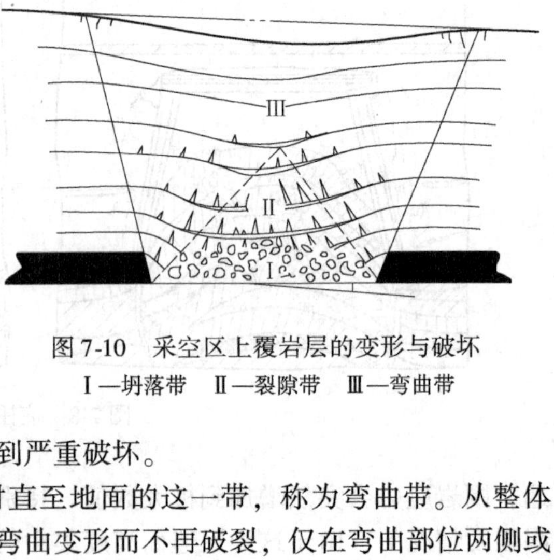

图 7-10　采空区上覆岩层的变形与破坏

Ⅰ—坍落带　Ⅱ—裂隙带　Ⅲ—弯曲带

(2) 裂隙带　坍落带上方即为裂隙带。这一带岩体因弯曲变形较大，采空区上方产生较大的近水平的拉应力，两侧承受较大剪应力，因而岩体中出现大量裂隙，整体性遭到严重破坏。

(3) 弯曲带　裂隙带以上，有时直至地面的这一带，称为弯曲带。从整体上看，该带岩体只在自重作用下产生弯曲变形而不再破裂，仅在弯曲部位两侧或在地面沉降区边缘，因弯曲变形而出现拉应力的部位，产生一些随深度增加而逐渐闭合的张性裂隙。

应该注意，采空区深度、高度和范围不同，上述三带不一定同时存在。采空区较浅、较高、较大，坍落带可直达地面，形成地面塌陷坑穴；采空区较深，裂隙带有时会达到地面，出现大量裂隙，且因它直通采空区而对邻近井下作业威胁很大；采空区相当深，波及地面的主要表现为弯曲变形造成的地面沉降，或者对地面实际上并无影响。

7.3 洞室围岩稳定性因素分析

洞室修筑之前，首先要选择适宜的工程位置或线路，这就要研究该地区的地质情况，并分析围岩稳定因素。影响围岩稳定的因素有天然的，也有人为的。天然因素中经常起控制作用，主要有岩石特性、地质构造、地下水和岩溶作用。弄清了这些主要因素，对围岩稳定性做出的分析才比较客观，才符合实际。

7.3.1 岩石特性

坚硬完整的岩石一般对围岩稳定性影响较小。而软弱岩石则由于强度低，抗水性差，受力容易变形和破坏，对围岩稳定性影响较大。

岩浆岩、变质岩中大部分岩石均是坚硬完整的，如新鲜未风化的花岗岩、闪长岩、致密玄武岩、安山岩、流纹岩，混合岩、片麻岩、石英片岩、变质砾岩等。一般不超过300~500m或稍深、跨度不超过10m或稍大的洞室，这些岩石的强度是能满足围岩稳定要求的。但有些岩石是软弱的，如粘土质片岩、绿泥石片岩、千枚岩和泥质板岩等。在这些岩石中开挖洞室易坍塌，或只有短期稳定。宝成路施工中发生的一些隧洞坍塌事故，许多都是在软弱的变质岩中。宝凤23号隧洞坍塌，发生在绿泥石片岩地段。

沉积岩较复杂，其强度比岩浆岩和变质岩要差。除胶结良好的砂岩、砾岩和石灰岩、白云岩比较坚硬外，大都比较软弱，如泥质页岩、钙质页岩、粘土岩、石膏、岩盐、煤，还有胶结不良的砂岩、砾岩和部分凝灰岩等。四川红层中粘土页岩新鲜岩样，两个月便风化裂成大小为0.5cm的碎块；辽宁的安山凝灰岩新鲜岩样，两个月也风化碎裂。

疏松土层总的说来是强度低，易变形，若无特殊措施，在其中开挖大跨度洞室，是十分困难的。饱水砂层，常可出现流砂。秦岭坛子湾隧洞原在基岩内掘进，后遇沟谷底部砂卵石堆积，洞顶坍落，地面坍塌，边挖边塌，进度迟缓，四个月才掘进60m。

7.3.2 地质构造

围岩常是强度不等的坚硬和软弱岩层相间的岩体。软弱岩层强度较低，容易变形破坏。构造变动中，常沿坚硬和软弱岩层接触处错动，形成厚度不等的层间破碎带，大大破坏了岩体完整性。洞室通过坚硬和软弱相间的层状岩体时，易在接触面处变形或坍落。若洞室轴线与岩层走向近于直交，可使工程通过软弱岩层的长度较短；若与岩层走向近于平行而不能完全布置在坚硬岩层里、断面又通过不同岩层时，则应适当调整洞室轴线高程或左右偏移轴线位置使围岩得到较好的稳定性。洞室应尽量设置在坚硬岩层中，或尽量把坚硬岩层作为顶围（见图 7-11）。

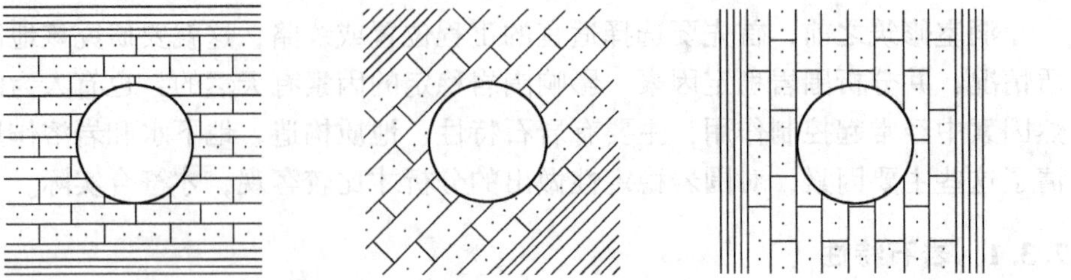

图 7-11 层状岩体中隧道

褶皱的形式、疏密程度及其轴向与洞室轴线的交角不同，围岩稳定性是不同的。洞身横穿褶皱轴，比平行褶皱有利。模式口引水洞位于向斜轴部的一段，石英云母片岩和辉绿岩破碎，风化严重，深风化岩石已呈土状，围岩稳定性很差。甘肃某工程导流洞进口桩号 0 +000 到 0 +008. 5 段顶围多次坍落，系背斜轴部岩层严重风化破碎所致。岩层陡倾时，多有平行褶皱轴向和垂直褶皱轴向的两组近于铅垂的陡倾断裂切割。岩层缓倾时，常有与褶皱轴斜交的一对或几对高角度 X 型节理切割。洞室沿背斜轴部通过，顶围向两侧倾斜，由于拱的作用，有利于顶围的稳定。而向斜则相反，两侧岩体倾向洞内，并因洞顶存在张裂，对围岩稳定不利（见图 7-12）。另外，向斜轴部多易储聚地下水，且多承压，更削弱了岩体稳定性。通过复杂形式褶皱，如不对称的、平卧的、倒转的、扇形的或箱形的褶皱，其挤压疏密程度和岩石破碎程度不同，地下水动力条件各异，对围岩稳定的影响不同，应作具体分析。

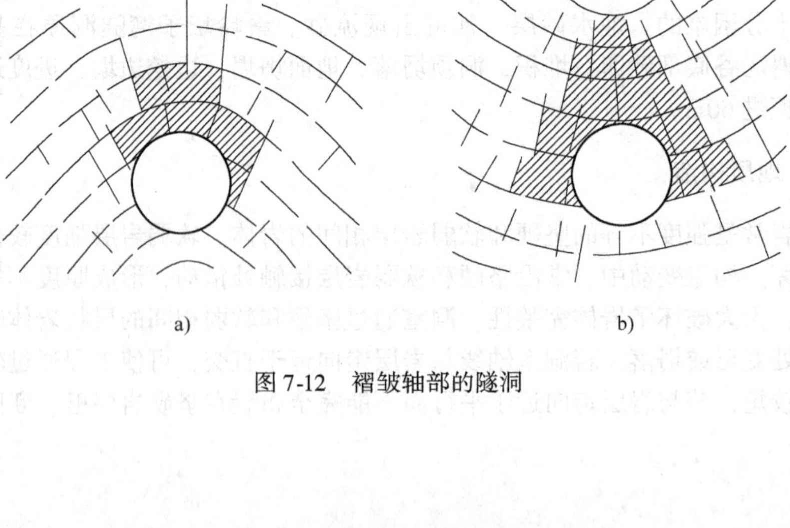

a) b)

图 7-12 褶皱轴部的隧洞

洞室通过断层，若断层带宽度愈大，走向与洞轴交角愈小，它在洞内的出露距离便越长，对围岩稳定性的影响便越大。断层带破碎物质的碎块性质及其胶结情况也都影响围岩稳定性，破碎带组成物质如为坚硬岩块，且挤压紧密或已胶结，便比软弱的断层泥与组织疏松的糜棱岩或未胶结的压碎岩要稳定些。断层带的构造岩，如断层泥、糜棱岩、角砾岩、压碎岩、碎块岩与片状岩，在同一断层带中一起出现的几率少见，大多只有其中几种。它们多沿断层走向呈带状分布，或连续性好，或断续出现；它们在断层带中出现的组合形式、宽度和物质特性等，都与构造运动强度和原岩性质有关，应详细研究其特性和变化规律。此外，在断层带还应特别注意以下几点：①断层泥、未胶结的糜棱岩、片状岩或揉皱带，一般在构造岩带中起“软弱层”的作用，要特别注意其分布特点和力学性质。②胶结的角砾岩和紧密的压碎岩具有一定强度，稳定性尚好；未胶结或疏散的，稳定性甚差。③断层带中地下水的影响更应注意。各类构造岩的透水性差异很大，地下水运移方式和富集情况也各异。断层带地下水的水动力条件，常是分析围岩稳定的重要依据。洞室通过大断裂带，应将破碎带视为散粒结构体来对待，这里的围岩稳定性很差。此外，隧洞通过裂隙密集带或挤压破碎带，也应按照上述进行研究去论证围岩稳定性。

7.3.3 岩体结构

层状或块状岩体中围岩破坏，常由几组结构面组合构成一定几何形态的结构体，即围岩分离体的坍落、滑塌；但只在分离体的尺寸小于洞室尺寸的情况下才不稳定。

围岩分离体有楔形、锥形、棱形、方形等，它们出现在顶围、侧围或底围，其稳定性不同。简化其边界，可概括为两种典型分离体的稳定特征。

（1）方顶块分离体　顶围由陡倾结构面和近水平结构面组合构成的分离体，如方形块状体、板状体、柱状体和三角柱状体等，代表形体是方顶块状分离体。其近似水平的顶面是割裂面，陡立侧面是滑面。这种分离体的稳定程度，与割裂面的密度、滑面的软弱程度，特别是有无夹泥以及分离体与洞室轴线间方位有关。一般水平结构面愈密，如形成平铺板状体，愈易坍落，比柱状体稳定性差。另外，洞室轴线与分离体的方位关系，对围岩稳定性也有影响。

（2）尖顶块分离体　两组走向平行但倾向相反的结构面和另一组与其走向垂直或斜交的陡倾结构面组合构成的尖顶块分离体可以是半尖顶或尖锥顶的分离体。实际上，尖顶是由几个倾斜侧面向顶部收敛而成，倾斜侧面的强度比陡立侧面要小，其倾角小至近水平，便成为割裂面。这种分离体，一般认为没有典型的割裂面和典型的滑动面。其稳定程度与倾斜削面的倾角大小和出现密度关系很大。倾角愈小，密度越大，分离体便越不稳定。

7.3.4 地下水与岩溶

洞室通过含水层，便成为排水通道，改变了原来地下水动力条件。裂隙水常以管状或脉状方式溃入洞内。较大断层破碎带或延伸较远的张开裂隙，常常有大量地下水涌出。洞室通过向斜轴部，一般可见丰富的地下水涌出，并常以承压水的形式出现，流量很大，水头很高，冲力很猛。灰岩地区洞室通过地下暗河或其他集中水流时，将有大量的地下水突然涌水。洞室遇有地下水，会影响施工；突然涌水，会造成严重事故。

地下水通过断层、裂隙、破碎带或裂隙密集带流向洞内，水力坡度有时会很大，可能产生机械潜蚀，严重者可形成流砂，水带泥砂一起涌向洞室。永定河某工程引水洞导坑内遇到断层地下水，导致两断层间的尖顶块分离体顺断层面滑塌，造成严重事故。同时、地下水还使软弱夹层软化或泥化，降低强度；对一些特殊岩层，还会产生膨胀、崩解和溶解，这些都不同程度地影响围岩稳定及洞室施工。

有压洞室还应考虑内水压力与外水压力对稳定性的影响。有的地下水对洞室混凝土衬砌还有一定侵蚀性，也应引起足够重视。

岩溶洞穴在我国西南地区很普遍，华北某些地方也有发育；东北溶洞数量不多，但也有单个长达几千米的。大溶洞可作为地下建筑的场所，但在不少情况下反倒是工程上的威胁。溶洞在洞室底下，底围不稳；在洞室顶上，影响顶围稳定；直穿洞底，施工前又无法预料和准备，有泥砂卵石充填的溶洞，会出现坍落和滑塌；处理溶洞又增加工程造价；溶洞的突然涌水，威胁更大。

7.3.5 构造应力

构造应力具有明显的方向性，它控制着地下洞室围岩的变形和破坏。洞室设计中，如何考虑构造应力的影响，正确地认识并适应之，或者利用它，或减轻或消除它的作用，近年来已累积了一些经验。工程布置方式上，洞室轴线的最优方向，一般应与最大主应力方向一致。

构造应力最大主压应力方向水平或近于水平并垂直洞轴的情况下，可使顶围和底围不出现拉应力，所以它对顶围、底围的稳定有利。这种应力较大时，加大洞室跨度，能增大顶围的稳定。

7.4 洞室围岩压力

洞室围岩由于应力重分布而形成塑性变形区，在一定条件下，围岩稳定性便可能遭到破坏。为保证洞室的稳定，常需进行支护和衬砌。这样，洞室支护和衬砌上便必然受到围岩变形与破坏的岩土体的压力。这种由于围岩的变形与破坏而作用于支护或衬砌上的压力，称为“围岩压力”。

围岩压力是设计支护或衬砌的依据之一，它关系到洞室正常运用，安全施工、节约资金和多快好省地进行建设的问题。围岩稳定程度的判别与围岩压力的确定紧密相关。永定河模式口隧洞的中段系辉绿岩，乍看岩体较稳定，故仅用少量松木支撑，过3个月，发现撑木普遍歪斜，便立即增补立柱。此过程中，30cm粗的松木支撑已折断3根。前后补增撑木3次，直到立柱根根相挨，撑木的歪斜才停止发展。依此估计，支撑所受的围岩压力约为4MPa/m。

围岩压力按其形成方式，有变形围岩压力、松动围岩压力、膨胀围岩压力和冲击围岩压力等。按其计算方法的理论根据，有的把围岩视为松散介质，确立了平衡拱理论的计算方法；有的把围岩视为弹塑性体，确立相应的计算方法；有的把围岩视为具有一定结构面的地质体，确立计算方法。但到目前为止，围岩压力的计算问题还没有得到圆满解决。围岩压力不仅与围岩地质因素和洞室断面形状有关，还与地区天然应力状态、衬砌或支护的性能以及施工方法和速度有关。所以，确定围岩压力的大小和方向，是一个极为复杂的问题。下面主要介绍一定简化条件下的松动围岩压力理论即平衡拱理论。

1. 普氏f_k法

目前我国用得最普遍的是沿用已久的普氏f_k法。

M. M. 普罗托齐雅科诺夫根据实际观察和砂模试验结果认为，洞室开挖后围岩一部分砂体失去平衡而向下坍落，坍落部位以上和两侧砂体，处于新的平衡状态而稳定。坍落边界轮廓呈拱形。若洞室侧围砂体沿斜面滑动，洞顶仍坍落呈拱形。显然，若及时支撑或衬砌，作用在支撑或衬砌上的压力，便是拱圈以内坍落砂体重量，而拱圈以外的砂体可维持自身平衡，这个拱便称为“天然平衡拱”。

设洞壁铅直，把侧围三角形滑塌体内最大主应力方向视为铅直的，则天然条件下滑塌斜面就会与侧壁呈$45° - \frac{\varphi}{2}$的夹角。由此，对散粒土体根据静力平衡的平面问题作出假定条件后，便可求出拱圈（坍落体）高度。

取平衡拱之半（见图7-13），拱顶作用均匀分布的土体铅直自重应力σ_z^0，右半拱传来水平推力为T，拱脚A点水平反力为F，铅直反力为V。设此拱在T，F，V，σ_z^0四力作用下平衡，对A点取力距。据静力平衡条件写出

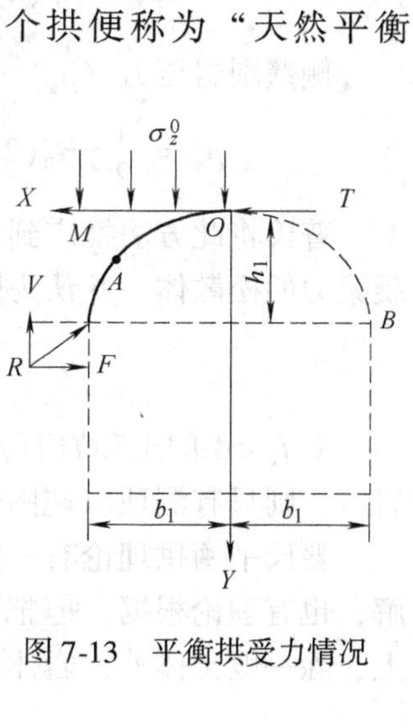

图7-13 平衡拱受力情况

$$h_1 = \frac{\sigma_z^0}{2T} b_1^2 \tag{7-2}$$

平衡时该点的反力 $F = T$，$V = \sigma_z^0 \times b_1$。把 F 视为由 V 产生的摩擦阻力，并引用一个特有的强度指标 f_k（坚固系数）来代替土的内摩擦系数；粘性土 $f_k = \tan\varphi + \frac{c}{\sigma}$，无粘性土 $f_k = \tan\varphi$。因此

$$F = Vf_k = \sigma_z^0 b_1 f_k$$

为使拱圈有足够稳定性使 $F > T$，取安全系数为 2，即

$$\frac{F}{T} = \frac{\sigma_z^0 b_1}{T} f_k = 2$$

则

$$T = \frac{1}{2}\sigma_z^0 b_1 f_k$$

代入式（7-2）有

$$h_1 = \frac{b_1}{f_k}$$

普氏认为，平衡拱呈抛物线形，因此洞顶围岩压力（Q）便可按下式计算

$$Q = \frac{4\gamma b_1^2}{3f_k} \tag{7-3}$$

式中　γ——土的重度。

设单位面积上侧围压力为 p_a（见图 7-14），则

$$p_{a1} = \gamma h_2 \tan^2\left(45° - \frac{\varphi}{2}\right) - 2\cot\left(45° - \frac{\varphi}{2}\right)$$

$$p_{a2} = \gamma(h_2 + H_0)\tan^2\left(45° - \frac{\varphi}{2}\right) - 2\cot\left(45° - \frac{\varphi}{2}\right)$$

侧壁围岩压力（p_a）便可按下式计算

$$p_a = \frac{1}{2}\gamma H_0(2h_2 + H_0)\tan^2\left(45° - \frac{\varphi}{2}\right) - 2H_0\cot\left(45° - \frac{\varphi}{2}\right) \tag{7-4}$$

普氏将此方法推广到岩体上，认为被许多裂隙切割的岩体也可以视为具一定凝聚力的松散体，并认为坚固系数为岩石抗压强度 R_c 的 1/100，即

$$f_k = \frac{R_c}{100}$$

对 $f_k < 4$ 的土和岩石，同前面一样计算洞顶和洞壁的围岩压力；对 $f_k > 4$ 的岩石，则只有洞顶出现围岩压力，一般没有侧壁围岩压力。

普氏平衡拱理论有一定优点，把坍落体的重力视为围岩压力，很直观，易理解，也有理论根据。但把所有围岩坍落体均视为拱形，便有很大局限性。实际上，除一般土体外，岩体坍落体大都不呈拱形。普氏理论完全不考虑岩体结构、

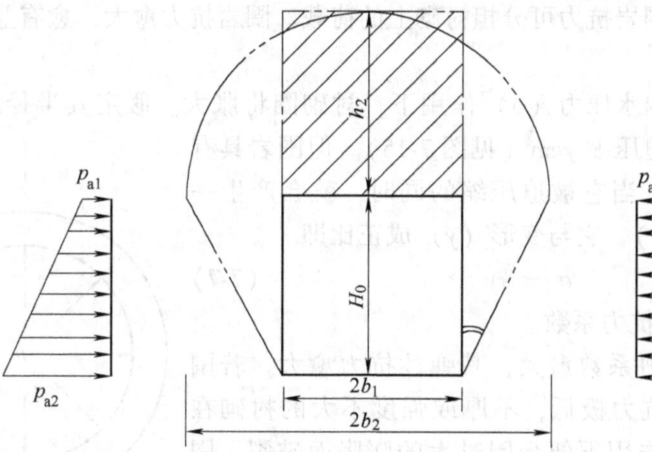

图 7-14　侧壁围压分布示意图

构造应力，特别是围岩应力重分布的影响。

2. 围岩压力系数法

我国水电部 1966 年归纳了水电工作成果，整理了不同岩石和不同风化破碎程度岩石的 f_k 值，提出围岩压力系数 S，估算围岩压力，方法简便。

铅垂围岩压力的计算公式为

$$q = S_z B\gamma \tag{7-5}$$

水平围岩压力的计算公式为

$$p = S_x H_0 \gamma \tag{7-6}$$

式中　S_z、S_x——铅垂和水平围岩压力系数；

γ——围岩重度；

B——洞室宽度；

H_0——洞室高度。

该法只适用于洞室 $H_0 \leqslant 1.56$ 的断面情况下。S_z 与 f_k 的关系，大体为 $f_k = \frac{1}{2S_z}$。该法仍属普氏理论范畴，但较普氏提出的 $f_k = \frac{R_c}{100}$ 假定更完善。

7.5　洞室围岩承载性能

承压洞室构筑在地下岩土体内，应考虑围岩的承载能力。围岩承载能力系一广义概念，是有压洞室围岩的承担荷载能力的总称。它包括两个方面：一是洞室围岩在内水压力作用下的整体稳定性，即围岩整体能够承担多大内水压力；二是洞室围岩对由内水压力而产生的衬砌变形所表现出来的抗力。在围岩整体稳定性可靠的前提下，围岩抗力可分担衬砌上的荷载。圈岩抗力愈大，愈有益于衬砌的稳定。

有压洞室在内水压力（p）作用下，衬砌圈将胀大。假定其半径胀大 $y$cm，便意味着洞壁被迫压缩 $y$cm（见图 7-15）。但围岩具有一定弹性和强度，当它被迫压缩的同时，就会产生一定的弹性抗力（σ），它与变形（y）成正比即

$$\sigma = ky \tag{7-7}$$

式中 k——弹性抗力系数。

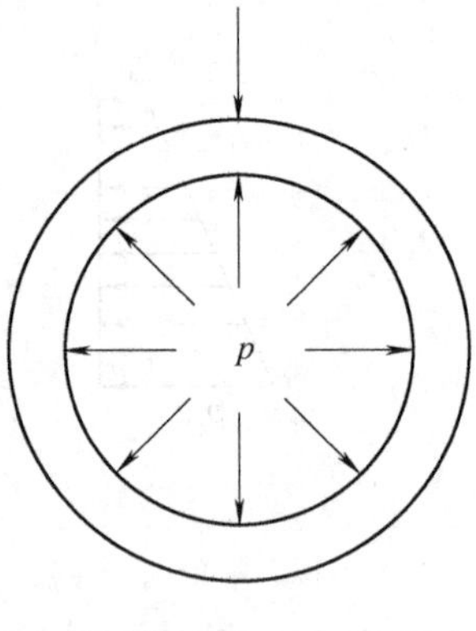

图 7-15 在内水压力作用下洞径胀大示意图

围岩弹性抗力系数愈大，其弹性抗力愈大。若围岩很软弱，弹性抗力极低，不厚或强度不大的衬砌在过大的内水压力作用下便会因过大的膨胀而破裂。围岩的弹性抗力实际上是能够分担衬砌上一部分内水压力的能力，起到保护衬砌的作用。充分利用围岩弹性抗力，就可以减薄衬砌厚度，节省材料而降低造价。假若过高地估计围岩弹性抗力，将会产生严重后果。

围岩抗力系数的物理意义是，迫使洞壁移动一个单位距离所需施加的力；或者说，洞壁被迫压缩退后一个单位距离所产生的弹性抗力。

洞室的半径不同，弹性抗力系数（k）值不同、同一岩体中洞室半径（r）愈大，弹性抗力系数值愈小，相反则愈大。

7.6 洞室围岩的外水压力

洞室常开挖在有地下水的岩体中，地下水作用在洞室衬砌上的静水压力，有时会超过围岩压力。洞室设计中通常把这种作用于衬砌上的地下水静水压力称为外水压力。此外，地下水常会大量突然涌入洞室，使岩体软弱夹层强度减低；同时还伴随着泥砂溃入、泥岩膨胀等，造成洞室变形与破坏，给洞室施工和运用带来很大困难。

外水压力是作用在洞室衬砌上的一种荷载，所以当洞室埋藏较深、地下水位较高的情况下，它对衬砌型式和厚度的设计常起控制作用。但外水压力是洞室工程中较难确定的外力之一，目前只能采用较粗略的方法估算。

洞室工程设计中，过去根据其顶壁至最高地下水位间的水柱高度来估算外水压力。但多年实践证明，作用于洞室衬砌上的外水压力并不都等于其全部水柱高度，常常只有它的一部分，甚至等于零。因此，设计中应根据具体水文地质条件，乘以相应折减系数（β），即

$$p = \beta\gamma_W h \tag{7-8}$$

式中 γ_W——水的重度，一般取$1g/cm^3$；

h——洞室顶壁至水位间的水柱高；

β——折减系数，据我国实践，一般取$\beta = 0.25 \sim 1.0$。

折减系数（β）的选择是一个复杂的问题，既要考虑水文地质条件，又要考虑工程设置和工程运营。岩体中的地下水是沿岩体裂隙、孔隙或溶隙中储存和运移的，其埋深与含水层性质、厚度、隔水层位置、补给与排泄条件有关。

岩浆岩和变质岩体中地下水，主要受裂隙控制，而裂隙常分布不匀，所以地下水分布便很复杂。裂隙随深度变小，地下水便越深越少。不少洞室挖到离地表100～200m处，地下水已很少，甚至干涸，只有局部的大断层带或岩脉的接触带，才有较大渗水。断层破碎带附近，衬砌表面承受的地下水压力，几乎与衬砌表面以上的地下水水头相等。所以，从安全角度考虑，破碎带处折减系数（β）可取1；当衬砌具有一定透水能力，一般裂隙带（β）可取0.2～0.4，甚至更低。若适当配合排水措施，β值可取零。

沉积岩地区问题复杂些。溶洞水或孔隙水形成统一含水层，作用于衬砌上的水头便是地下水水头。设计时，折减系数（β）应选得较大；从安全角度可采用$\beta = 1$。若在洞室以上存在隔水层，应论证含水层间的连通性，若不连通，可采用下层水的水头计算外水压力；若连通，则采用上层自由水面计算外水压力。对于砂砾岩与页岩互通的岩体，地下水沿裂隙运动，径流条件与岩浆岩、变质岩情况相似，β可酌情选择小些。

地下水位与其补给、排泄条件有关，又按地区地下水动态变化着，所以从安全角度考虑，一般要用最高地下水位来计算外水压力。水库修建后引起地下水位上升，应用蓄水后的最高水位来计算外水压力。

计算外水压力，还应考虑工程设置条件。洞室开挖后，地下水自洞室排走，地下水位便不断降低，外水压力就逐渐减小，甚至等于零。因此，洞室不衬砌时，主要考虑涌水而不考虑外水压力。对于有压洞室，应考虑内水压力与外水压力的大小关系。选定折减系数（β）值时，还要考虑衬砌质量。衬砌可渗水，会消耗一部分水量，减小地下水头，所以（β）值可取得小些。不易掺水的衬砌，（β）值应取的大些。衬砌外水压力（如钢板衬砌）时，$\beta = 1$，即外水压力为该处地下水的安全水头。

7.7 保障洞室围岩稳定性措施

研究洞室围岩稳定性，不仅在于正确地进行工程设计与施工，也为了有效地改造围岩，提高其稳定性，这是至关重要的。

保障围岩稳定性的途径有二：一是保护围岩原有稳定性，使之不至于降低；二是赋与岩体一定的强度，使其稳定性有所增高。前者主要采用合理的施工和支护衬砌方案，后者主要是加固围岩。

7.7.1 合理施工

围岩稳定程度不同，应选择不同的施工方案。施工方案选定合理，对保护围岩稳定性有很大意义。所遵循的原则：一是尽可能先挖断面尺寸较小的导洞，二是开挖后及时支撑或衬砌。这样就可以缩小围岩松动范围，或制止围岩早期松动，防止围岩松动，或把松动范围限制在最小限度。针对不同稳定程度的围岩，已有不少施工方案。归纳起来，可分为三类。

1. *分部开挖，分部衬砌，逐步扩大断面*

围岩不太稳定，顶围易塌，那就在洞室最大断面的上部先挖导洞（见图7-16a），立即支撑，达到要求的轮廓，作好顶拱衬砌。然后在顶拱衬砌保护下扩大断面，最后做侧墙衬砌。这便是上导洞开挖、先拱后墙的办法。为减少施工干扰和加速运输，还可以用上下导洞开挖，先拱后墙的办法（见图7-16b）。

围岩很不稳定，顶围坍落，侧围易滑。这样可先在设计断面的侧部开挖导洞（见图7-16c），由下向上逐段衬护到一定高程，再挖顶部导洞，作好顶拱衬砌，最后挖除残留岩体。这便是侧导洞开挖、先墙后拱的方法，或称为核心支撑法。

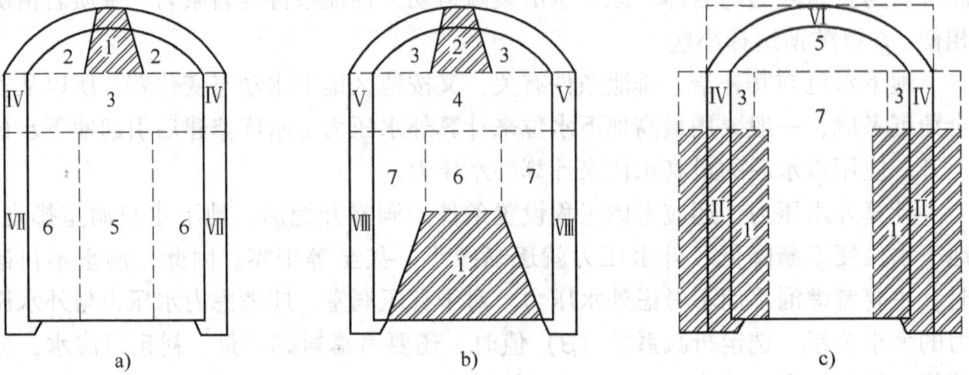

图7-16 分部开挖、逐扩断面示意图
a）上导洞先拱后墙 b）上下导洞先拱后墙 c）侧导洞先拱后墙
1、2、3…—开挖顺序 Ⅳ、Ⅴ…—衬砌顺序

2. *导洞全面开挖，连续衬砌*

围岩较稳定，可采用导洞全面开挖、连续衬砌的办法施工；或上下双导洞全面开挖，或下导洞全面开挖，或中央导洞全面开挖。将整断面挖成后，再由边墙

到顶拱一次衬砌。这样施工速度快，衬砌质量高。

3. 全断面开挖

围岩稳定，可全断面一次开挖。施工速度快，出渣方便。小尺寸隧洞常用这种方法。

7.7.2 支撑、衬砌与锚喷加固

支撑是临时性加固洞壁的措施，衬砌是永久性加固洞壁的措施。此外还有喷浆护壁、喷射混凝土、锚筋加固及锚喷加固等。

支撑手续简便，开挖后立即进行，可防止围岩早期松动，是保护围岩稳定性的简易可行的办法。

衬砌的作用与支撑相同，但经久耐用，使洞壁光坦。砖石衬砌较便宜，钢筋混凝土、钢板衬砌的成本最高。衬砌一定要与洞壁紧密结合，只有“填严塞实”其间空隙才能起到良好效果。做顶拱的衬砌时，一般还要预留压浆孔，衬砌完后，再实施灌浆，以达到严实的目的。在渗水地段也可起防渗作用。

喷浆护壁、喷射混凝土、锚筋加固等与前述衬砌有许多相同的作用，但成本低得多，又能充分利用围岩自身强度来达到保护围岩并使之稳定的目的。我国应用日益广泛，国外采用也很普遍。

喷浆护壁较简便而又经济，对保护易风化围岩的稳定性效果较好。当洞室开挖后及时在洞壁上喷射水泥砂浆，形成保护层，保护围岩的原有强度。

喷射混凝土与喷浆方法相仿，但作用大不相同。混凝土内加速凝剂，及时（越早越好）喷射到洞体上，它便很快地凝固并有较大强度，可防止洞壁早期松动。

锚筋加固又称锚杆加固，目前大量采用。将锚筋插入围岩，使洞周松动围岩与稳定围岩固定，起到钉子的作用（见图7-17a）。常用的有楔头锚筋（见图7-17b）和砂浆锚筋（风图7-17c）两种。砂浆锚筋是将钢筋放入围岩孔内，再用水泥砂浆将孔灌满。钢筋在孔内呈弯曲状，效果更好。楔头锚筋是把钢筋里端开一小缝，放上铁楔，将钢筋打入孔内，再用锤打紧。铁楔尖劈使里端张开成叉，将钢筋卡在孔内；外端用螺帽拧紧，便把可能松动的岩块固定在岩体上。有时也用砂浆灌孔，增加锚固效果。锚筋加固适用于比较坚硬的岩体，一般在 $f_k>3\sim4$ 的岩体内效果好。锚入深度应大于围岩松动带厚度，或大于平衡拱高度，或大于分离体的尺寸。

7.7.3 灌浆加固

裂隙严重的岩体和极不稳定的第四纪堆积物中开挖洞室，常需要加固以增大围岩稳定性，降低其渗水性。最常用的加固方法就是水泥灌浆，其次有沥青灌

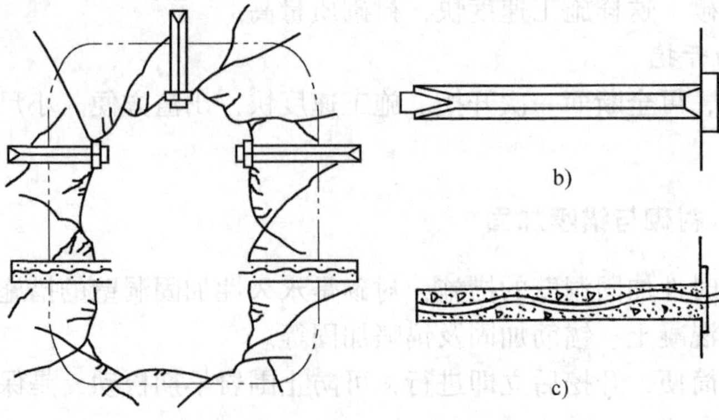

图 7-17　锚筋加固洞室围岩示意图

a）加固断面　b）楔头锚筋　c）砂浆锚筋

浆、水玻璃（硅酸性）灌浆，还有冻结法，等等。通过这种办法，在围岩中大体形成一圆柱形或球形的固结层。

第8章 工程地质勘察

8

任何建筑工程都是建造在地基上，地基岩土的工程地质条件将直接影响建筑物安全。因此，在建筑物进行设计之前，必须通过各种勘察手段和测试方法进行工程地质勘察，为设计和施工提供可靠的工程地质资料。

8.1 工程地质勘察任务及勘察阶段划分

8.1.1 工程地质勘察的任务

工程地质勘察是工程建设的先行工作，其目的就是为工程建设规划、设计、施工提供可靠的地质依据，以充分利用有利的自然地质条件，避开或改造不利的地质因素，保证建筑物安全和正常使用。具体而言，工程地质勘察的任务可归纳为：

1）查明与场地的稳定性和适宜性有关的不良地质现象，如强震区的重大工程场地的断裂类型，尤其是断裂的活动性及其地震效应；岩溶及其伴生土洞的发育规律和发育程度，预测其危害性；滑坡的范围、规模、稳定程度，进而预测其发展趋势和危害程度；崩塌的产生条件、范围、规模与危害性；泥石流的产生及其类型、规模、发育程度和活动规律以及地下采空区、大面积地表沉降、河岸冲刷、沼泽相沉积等。

2）查明场地的地层类别、成分、厚度和坡度变化等，特别是基础下持力层和软弱下卧层的工程地质性质。

3）查明场地的水文地质条件：河流水位及其变化、地表径流条件、地下水的埋藏类型、赋存方式、补给来源、排泄途径、水力特征、化学成分及污染程度等。

4）提供满足设计、施工所需的土的物理性质和力学性质指标等。

5）在地震设防区划分场地土类型和场地类别，并进行场地与地基的地震效应评价。

6）推荐承载力及变形计算参数，提出地基基础设计和施工的建议，尤其是不良地质现象的处理对策。

工程地质勘察工作具体内容、工作量、工作方法等应以岩土勘察等级为依据，即应根据工程重要性等级、场地复杂程度等级和地基复杂程度等级综合确定。

8.1.2 工程地质勘察的阶段划分

建设工程项目设计一般分为可行性研究、初步设计和施工图设计三个阶段。为了提供各设计阶段所需的工程地质资料，勘察工作也相应地划分为选址勘察（可行性研究勘察）、初步勘察、详细勘察三个阶段。对于地质条件简单，建筑物占地面积不大的场地，或有建设经验的地区，可适当简化勘察阶段。

1. 选址勘察阶段

选址勘察工作对于大型工程是非常重要的环节，其目的在于从总体上判定拟建场地的工程地质条件能否适宜进行工程建设。一般通过取得几个候选场址的工程地质资料进行对比分析，对拟选场址的稳定性和适宜性作出工程地质评价。选择场址阶段应进行下列工作：

1）搜集区域地质、地形地貌、地震、矿产、当地的工程地质、岩土工程和建筑经验等资料。

2）在充分搜集和分析已有资料的基础上，通过踏勘了解场地的地层、构造、岩性、不良地质作用和地下水等工程地质条件。

3）当拟建场地工程地质条件复杂，已有资料不能满足要求时，应根据具体情况进行工程地质测绘和必要的勘探工作。

4）当有两个或两个以上拟选扬地时，应进行比较分析。

在选址时，宜避开下列地段：

1）不良地质现象发育且对场地稳定性有直接危害或潜在威胁。

2）地基土性质严重不良。

3）对建筑抗震不利。

4）洪水或地下水对建筑场地有严重不良影响。

5）地下有未开采的有价值的矿藏或未稳定的地下采空区。

2. 初步勘察阶段

这一阶段的勘察应符合初步设计或扩大初步设计的要求。其主要任务是对拟建建筑地段的稳定性作出评价。依据资料为：拟建工程的有关文件、工程地质和岩土工程资料以及工程场地范围的地形图等。勘察要求为：初步查明地质构造、地层结构、岩土工程特性；在季节性冻土地区，应调查场地土的标准冻结深度；

查明场地不良地质现象的成因、分布、对场地稳定性的影响及其发展趋势；对抗震设防烈度大于或等于6度的场地，应评价场地和地基的地震效应；初步勘察，尚应调查地下水类型、补给、径流和排泄条件，实测地下水位并初步确定其变化幅度，以及判别地下水对建筑材料的腐蚀作用。

3. 详细勘察阶段

详细勘察应按单体建筑物或建筑群提出详细的岩土工程资料和设计、施工所需的岩土参数；对建筑地基做出岩土工程评价，并对地基类型、基础形式、地基处理、基坑支护、工程降水和不良地质作用的防治等提出建议。详细勘察阶段主要应进行下列工作：

1）搜集附有坐标和地形的建筑总平面图，场区的地面整平标高，建筑物的性质、规模、载荷、结构特点，基础形式、埋置深度，地基允许变形等资料。

2）查明不良地质作用的类型、成因、分布范围、发展趋势和危害程度，提出整治方案的建议。

3）查明建筑范围内岩土层的类型、深度、分布、工程特性，分析和评价地基的稳定性、均匀性和承载力。

4）对需进行沉降计算的建筑物，提供地基变形计算参数，预测建筑物的变形特征。

5）查明埋藏的河道、沟浜、墓穴、防空洞、孤石等对工程不利的埋藏物。

6）查明地下水的埋藏条件，提供地下水位及其变化幅度。

7）在季节性冻土地区，提供场地土的标准冻结深度。

8）判定水和土对建筑材料的腐蚀性。

8.2 工程地质测绘和调查

工程地质测绘和调查是通过搜集资料、调查访问、地质测量、遥感解译等方法，来查明场地的工程地质要素，并绘制相应的工程地质图件的一种工程地质勘察的方法。对岩石出露的地貌，地质条件复杂的场地应进行工程地质测绘，在地质条件简单的场地，可用调查代替工程地质测绘。工程地质测绘宜在可行性研究或初步勘察阶段进行。在详细勘察阶段可对某些专门地质问题作补充调查。

8.2.1 工程地质测绘和调查主要内容

1. 工程地质测绘与调查范围

工程地质测绘与调查范围要求包括场地及其附近地段。一般情况下，测绘范围应大于建筑占地面积，但也不宜过大，以解决实际问题的需要为前提。一般情况下应考虑以下因素：

（1）建筑类型　对于工业与民用建筑，测绘范围应包括建筑场地及其邻近地段；对于渠道和各种线路，测绘范围应包括线路及轴线两侧一定宽度范围内的地带；对于洞室工程的测绘，不仅包括洞室本身，还应包括进洞山体及其外围地段。

（2）工程地质条件复杂程度　主要考虑动力地质作用可能影响的范围。例如建筑物拟建在靠近斜坡的地段，测绘范围则应考虑到邻近斜坡可能产生不良地质现象的影响地带。

2. 工程地质测绘比例尺

1）可行性研究勘察阶段、城市规划或工业布局时，可选用1：5000～1：50000的小比例尺；在初步勘察阶段可选用1：2000～1：10000的中比例尺；在详细勘察阶段可选用1：200～1：2000的大比例尺。

2）工程地质条件复杂时，比例尺可适当放大；对工程有重要影响的地质单元体（如滑坡、断层、软弱夹层、洞穴等），必要时可采用扩大比例尺表示。

3）建筑地基的地质界线和地质观测点的测绘精度在图上的误差不应超过3mm。

3. 工程地质测绘主要内容

（1）地貌条件　查明地形、地貌特征及其与地层、构造、不良地质作用的关系，并划分地貌单元。

（2）地层岩性　查明地层岩性是研究各种地质现象基础，评价工程地质的一种基本因素。因此应调查地层岩土的性质、成因、年代、厚度和分布，对岩层应确定其风化程度，对土层应区分新近沉积土、各种特殊性土。

（3）地质构造　主要研究测区内各种构造形迹的产状、分布、形态、规模及结构面的力学性质，分析所属构造体系，明确各类构造岩的工程地质特性。分析其对地貌形态，水文地质条件，岩体风化等方面的影响，还应注意新构造活动的特点及其与地震活动的关系。

（4）水文地质条件　查明地下水的类型，补给来源、排泄条件及径流条件，井、泉的位置、含水层的岩性特征、埋藏深度、水位变化、污染情况及其与地表水体的关系等。

（5）不良地质现象　查明岩溶、土洞、滑坡、泥石流、崩塌、冲沟、断裂、地震震害和岸边冲刷等不良地质现象的形成、分布、形态、规模、发育程度及其对工程建设的影响；调查人类工程活动对场地稳定性的影响，包括人工洞穴、地下采空、大挖大填、抽水排水及水库诱发地震等；监测建筑物变形，并搜集临近工程建筑经验。

8.2.2 工程地质测绘方法

工程地质测绘有像片成图法和实地测绘法。

1. 像片成图法

像片成图法是利用地面摄影或航空（卫星）摄影的像片，在室内根据判释标志，结合所掌握的区域地质资料，把判明的地层岩性、地质构造、地貌、水系和不良地质现象等，调绘在单张像片上，并在像片上选择需要调查的若干地点和线路，然后据此做实地调查，进行核对、修正、补充。将调查的结果转绘在地形图上而成工程地质图。

2. 实地测绘法

当该地区没有航测等像片时，工程地质测绘主要依靠野外工作的实地测绘法，常用实地测绘法有以下三种：

（1）路线法　它是沿着一些选择的路线，穿越测绘场地，将沿线所测绘或调查的地层、构造、地质现象、水文地质、地质界线和地貌界线等填绘在地形图上。路线可为直线型或折线型。观测路线应选择在露头及覆盖层较薄的地方；观测路线方向大致与岩层走向、构造线方向及地貌单元相垂直，这样就可以用较少的工作量而获得较多的工程地质资料。

（2）布点法　它是根据地质条件复杂程度和测绘比例尺的要求，预先在地形图上布置一定数量的观测路线和观测点。观测点一般布置在观测路线上，但要考虑观测目的和要求，如为了观察研究不良地质现象、地质界线、地质构造及水文地质等。布点法是工程地质测绘中的基本方法，常用于大、中比例尺的工程地质测绘。

（3）追索法　它是沿地层走向或某一地质构造线，或某些不良地质现象界线进行布点追索，主要目的是查明局部的工程地质问题。追索法通常是在布点法或路线法基础上进行的，它是一种辅助方法。

8.3 工程地质勘探

工程地质勘探是工程地质勘察中查明地基岩土性质和分布、采集岩土试样或进行原位测试采用的基本手段。勘探可分为钻探、井探、槽探、洞探和地球物理勘探等。下面介绍工程地质勘探中常用的几种方法。

8.3.1 工程地质钻探

钻探是勘探方法中应用最广泛的一种，它采用钻探机具向地下钻孔，用以鉴别和划分地层、测定地下水位，并采取原状土样和水样以供室内试验，确定土的物理、力学性质指标和地下水的化学成分。需要时还可以在钻孔中进行原位测试。

钻探的钻进方式可以分为回转式、冲击式、振动式、冲洗式四种。每种钻进方法各有独自特点，分别适用于不同的地层。根据《岩土工程勘察规范》的规定，钻进方法可根据地层类别及勘察要求按表 8-1 进行选择。

表 8-1　钻探方法的适用范围

钻探方法		钻进地层					勘察要求	
		粘性土	粉土	砂土	碎石土	岩石	直观鉴别，采取不扰动土样	直观鉴别，采取扰动土样
回转	螺旋钻	+ +	+	+	—	—	+ +	+ +
	无岩芯钻探	+ +	+ +	+ +	+	+ +	—	—
	岩芯钻探	+ +	+ +	+ +	+	+ +	+ +	+ +
冲击	冲击钻探	—	+	+ +	+ +	—	—	—
	锤击钻探	+ +	+ +	+ +	+	—	+ +	+ +
振动钻探		+ +	+ +	+ +	+	—	+	+ +
冲洗钻探		+	+ +	+ +	—	—	—	—

注：“+ +”表示适用，“+”表示部分适用，“—”表示不适用。

在地基勘察中，对岩土层的钻探有如下具体要求：

1）钻进深度、岩土分层深度的量测误差范围应为 ±0.05m。

2）非连续取芯钻进的回次进尺，对螺旋钻探应在 1m 以内，对岩芯钻探应在 2m 以内。

3）对鉴别地层天然湿度的钻孔，在地下水位以上应进行干钻。当必须加入或使用循环液时，应采用双层岩芯管钻进。

4）岩芯钻探的岩芯采取率，对完整和较完整的岩体不应低于 80%，对较破碎和破碎岩石不应低于 65%。定向钻进的钻孔应分段进行孔斜测量，倾角和方位的测量精度应分别为 ±0.1°和 ±3.0°，对需重点查明的部位（滑动带、软弱夹层等）应采用双层岩芯管连续取芯。当需确定岩石质量指标 RQD 时，应采用 75mm 口径（N 型）双层岩芯管，且宜采用金刚石钻头。RQD 的意义是：岩芯中长度为 100mm 以上的分段长度总和与该回次钻进深度之比，以百分数表示。国际岩石力学学会建议，量测时应以岩芯中心线为准。RQD 值是对岩体进行工程评价广泛应用的指标。显然，只有在钻进操作统一标准的条件下测出的 RQD 值才具有可比性，才是有意义的。

一般地说，各种钻探的钻孔直径与钻具规格均应符合现行国家标准的规定，尤其注意成孔直径应满足取样、测试和钻进工艺的要求。

勘探浅部地层可采用小口径麻花钻钻进（见图 8-1）、小口径勺形钻钻进、洛阳铲钻进等。

钻孔的记录和编录应符合下列要求：

1）野外记录应由经过专业训练的人员承担；记录应真实及时，按钻进回次逐段填写，严禁事后追记。

2）钻探现场可采用肉眼鉴别和手触方法，有条件或勘察工作有明确要求时，可采用微型贯入仪等定量化、标准化的方法。

3）钻探成果可用钻孔野外柱状图或分层记录表示；岩土芯样可根据工程要求保存一定期限或长期保存，亦可拍摄岩芯、土芯彩照纳入勘察成果资料。

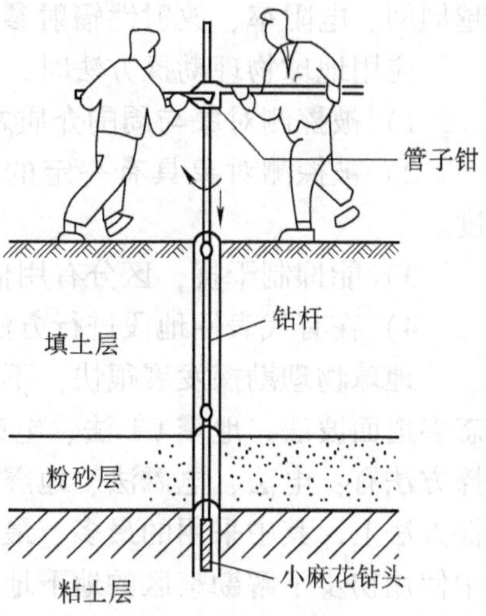

图8-1 小麻花钻钻孔示意图

8.3.2 井探、槽探

当钻探方法难以查明地下情况时，可采用探井探槽进行勘探。探井、探槽主要是人力开挖，也有用机械开挖。利用井探、槽探可以直接观察地层结构的变化，取得准确的资料和采取原状土样。

槽探是在地表挖掘成长条形的槽子，深度通常小于3m，其宽度一般为0.8～1.0m，长度视需要而定。常用槽探来了解地质构造线，断裂破碎带的宽度、地层分界线、岩脉宽度及其延伸方向和采取原状土样等。槽探一般应垂直岩层走向或构造线布置。

井探一般是垂直向下掘进，浅者称为探坑，深者称为探井。断面一般为1.5m×1.0m的矩形或直径为0.8～1.0m的圆形。井探主要是用来查明覆盖层的厚度和性质、滑动面、断面、地下水位以及采取原状土样等。在疏松的软弱土层中，或无粘性的砂、卵石中开挖探井必须支护，探井口部应注意保护。土石不能随意弃置于井口边缘，以免增加井壁的主动土压力，导致井壁失稳，或者土石块坠落伤人。在雨季施工应设防雨棚，挖排水沟，防止雨水浸润井壁或流入井内。

对于探井、探槽除文字描述记录外，尚应以剖面图展示图等反映井、槽壁和底部的岩性、地层分界、构造特征、取样和原位试验位置，并辅以代表性部位的彩色照片。

8.3.3 地球物理勘探

地球物理勘探简称为物探。它是利用仪器在地面、空中、水上测量物理场的分布情况，通过对测得的数据和分析判释，并结合有关的地质资料推断地质性状的勘探方法。各种地球物理场有电场、重力场、磁场、弹性波应力场、辐射场等。

工程地质勘察可在下列方面采用物探：

1）作为钻探的先行手段，了解隐蔽的地质界线、界面或异常点。

2）作为钻探的辅助手段，在钻孔之间增加地球物理勘察点，为钻探成果的内插、外推提供依据。

3）作为原位测试手段，测定岩土体的波速、动弹性模量、动剪切模量、卓越周期、电阻率、放射性辐射参数、土对金属的腐蚀等参数。

应用地球物理勘探方法时，应具备下列条件：

1）被探测对象与周围介质之间有明显的物理性质差异。

2）被探测对象具有一定的埋藏深度和规模，且地球物理异常有足够的强度。

3）能抑制干扰，区分有用信号和干扰信号。

4）在有代表性地段进行方法的有效性试验。

地球物理勘探发展很快，不断有新的技术方法出现。如近年来发展起来的瞬态多道面波法、地震CT法、电磁波CT法等，效果很好。当前，常用的工程物探方法有：电法、电磁法、地震波法和声波法、地球物理测井等。在工程地质物探方法上，其中采用的最多、最普遍的是电法勘探。它常在初期的工程地质勘察中使用初步了解勘察区的地下地质情况，配合工程地质测绘用，此外，常用于古河道、暗浜、洞穴、地下管线等勘测的具体查明。为此，在这里着重介绍有关电法勘探的基本知识。

自然界的各种岩石由于其矿物成分、结构、含水量、含盐量、温度等条件的不同而具有不同的导电性质。电法勘探就是以各种岩石所具有的不同的导电特性为基础，来探测某些工程地质问题的。下面介绍电法勘探中的电阻率法。岩土的电阻率及其测定方法如下：

电阻率是数值上等于电流在材料里均匀分布时，该种材料单位立方体所呈现的电阻。常用单位为欧姆·米，记作Ω·m。电阻率是岩土的一个重要电学参数，它表示岩土的导电特性。不同的岩土有不同的导电性，因而不同的岩土具有不同的电阻率。岩土的电阻率变化范围很大。表8-2列除了各类岩土的电阻率变化范围。

岩层电阻率的测定：设地下岩层为均质且各向同性，则其电阻率（ρ）可视为恒定的。如图8-2所示，A、B为两个供电电极，M、N为测量电极。用电位计可测得M、N两点间的电流强度（I）及电位差（Δu_{MN}），则可求得该点的视电阻率ρ_s为

$$\rho_s = \frac{2\pi}{\frac{1}{AM} - \frac{1}{AN} - \frac{1}{BM} + \frac{1}{BN}} \cdot \frac{\Delta u_{MN}}{I} = K\frac{\Delta u_{MN}}{I} \tag{8-1}$$

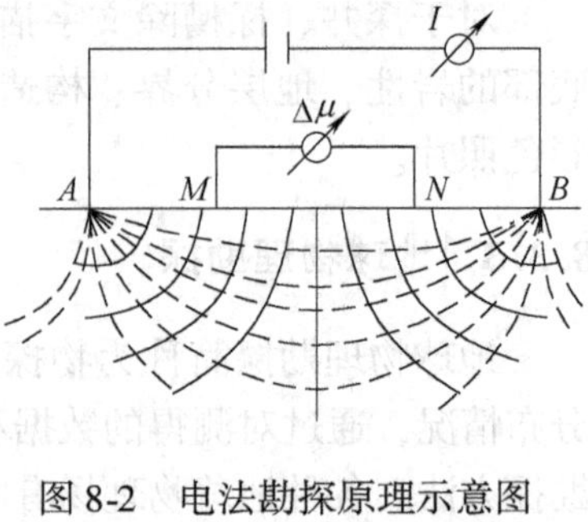

图8-2 电法勘探原理示意图

注：虚线表示电流线分布图，实线表示电位线。

式中　Δu_{MN}——M、N 两极的电位差，$\Delta u_{MN}=u_M-u_N$，其中 u_M、u_N 分别为观测点 M、N 处产生的电位。

K——装置系数，与供电和测量电极间距有关。

表 8-2　各类岩土电阻率变化范围表

岩土类别		电阻率/Ω·m							
		0	10^0	10^1	10^2	10^3	10^4	10^5	10^6
岩浆岩						—	—	—	—
变质岩					—	—	—	—	
沉积岩	粘土		—	—					
	软页岩		—	—					
	硬页岩			—	—				
	砂				—	—			
	砂岩				—	—			
	多孔灰岩				—	—			
	致密灰岩						—	—	

由于实际地面的岩层既非各向同性，又不均质，所得的电阻率并非真实电阻率，而是非均质体的综合反映，所以，称这个所得的电阻率为视电阻率。

由于电极极距的装置不同，所反映的地质情况也不同，因此根据极距的装置可将电阻率法分为电测深法、电剖面法。

（1）电测深法　电测深法是在地表以某一点为中心（此点称为常测点），用不同供电极距测量不同深度岩层的视电阻率值，以获取该点处的地质断面的方法。若测点沿勘探线布置时，可得出地质剖面情况。图 8-3 即为根据地下随深度增加的电阻变化情况而绘制的地层剖面情况。

（2）电剖面法　电剖面法是测量电极和供电电极的装置不变，而测点沿某一方向移动，来探测某深度岩层 ρ 值的水平变化规律的方法（见图 8-4）。

对一个工程场地，为了准确获取工程地质资料，并达到理想的技术经济效果，宜将多种勘探手段配合使用，如钻探加触探、钻探加地球物理勘探等。对钻孔和探井应进行妥善回填，否则，可能造成对自然环境破坏，这种破坏往往在短期内或局部范围内不易察觉，但能引起严重后果。

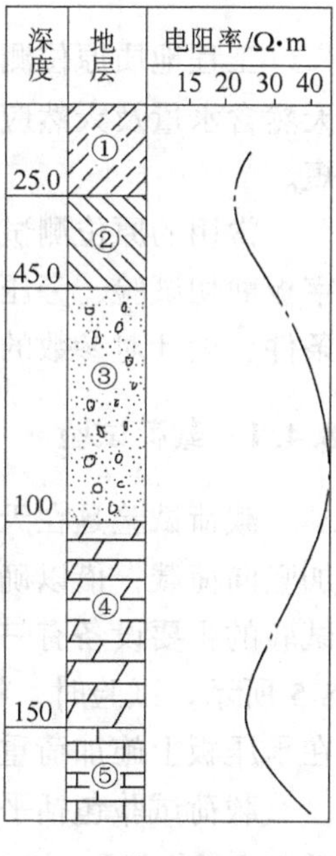

图 8-3　第四系含水层电测深曲线图
①—粉质粘土　②—粘土
③—砂砾石　④—泥灰岩
⑤—灰岩

因此，一般情况下，钻孔、探井和探槽均应回填，且应分段回填夯实。

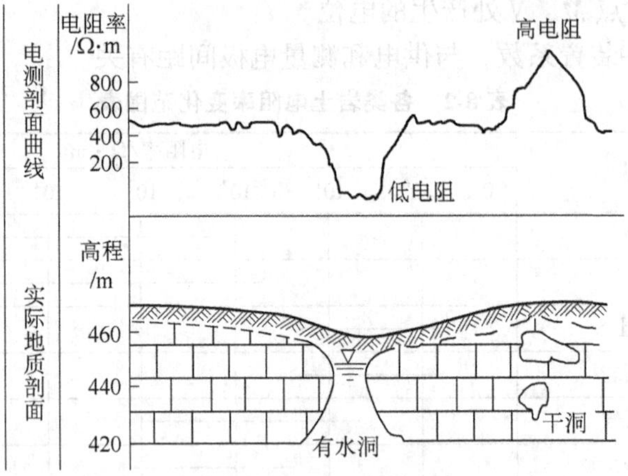

图 8-4　某石灰岩岩溶区电测剖面图

8.4　工程地质原位测试

工程地质原位测试是指在岩土层原来所处的位置上，基本保持其天然结构、天然含水量及天然应力状态下进行测试的技术。它与室内试验相辅相成，取长补短。

常用的原位测试方法主要有：载荷试验、静力触探试验、标准贯入试验、十字板剪切试验、旁压试验、现场直接剪切试验等，选择原位测试方法应根据岩土条件、设计对参数的要求、地区经验和测试方法的适用性等因素综合确定。

8.4.1　载荷试验

载荷试验是在天然地基上模拟建筑物的基础载荷条件，通过承压板向地基施加竖向荷载，借以确定在承压板下应力主要影响范围内的承载力变形参数。载荷试验的主要设备有三个部分：即加荷与传压装置、变形观测系统及承压板，如图 8-5 所示。试验时，将试坑挖到基础的预计埋置深度、整平坑底、放置承压板，在承压板上施加荷重来进行试验。

载荷试验包括平板载荷试验（Plate Loading Test）和螺旋板载荷试验（Screw Plate Loading Test）。平板载荷试验又可分为浅层平板载荷试验和深层平板载荷试验。浅层平板载荷试验适用于浅层地基土；深层平板载荷试验适用于埋深等于或大于 3m 和地下水位以上的地基土，螺旋板载荷试验适用于深部或地下水位以下的地层。本节仅介绍浅层平板载荷试验。

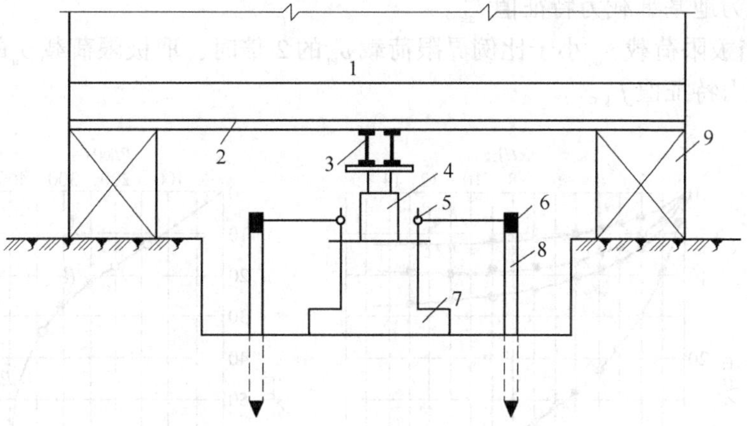

图8-5 堆载-千斤顶静载荷试验示意图

1—堆载 2—排钢梁 3—钢梁 4—千斤顶 5—百分表 6—基准梁
7—基准桩 8—地锚 9—支墩

1. *浅层平板载荷试验装置和基本技术要求*

浅层平板载荷试验应布置在场地内具有代表性位置的基础底面标高处，每个场地不宜少于3个，当场地内岩土体不均时，应适当增加。试坑宽度不应小于承压板宽度或直径的3倍，应注意保持试验土层的原状结构和天然湿度。宜在拟试压表面用不超过20mm厚的粗、中砂找平。承压板面积不应小于$0.25m^2$，对软土不应小于$0.5m^2$。承压板尺寸宜根据裂隙密度确定。

试验时，荷载应分级施加，加荷分级不应小于8级，最大加载量不应小于设计要求的两倍。每级加载后按间隔10、10、10、15、15min，以后为每隔半小时测读一次沉降量，当在连续两小时内，每小时的沉降量小于0.1mm时，则认为已趋于稳定，可加下一级荷载。当出现下列情况之一时，即可终止加载：

1）承压板周围的土明显地侧向挤出。

2）沉降s急骤增大，荷载-沉降（$p-s$）曲线出现陡降段。

3）在某一级荷载下，24h内沉降速率不能达到稳定。

4）沉降量与承压板宽度或直径之比大于或等于0.06。

当满足前三种情况之一时，其对应的前一级荷载定为极限荷载。

2. *浅层平板载荷试验成果的应用*

根据载荷试验结果，可绘制如图8-6所示的压力(p)与稳定沉降量(s)的关系曲线。这些资料主要应用于以下几个方面：

（1）确定地基承载力的特征值　按载荷试验$p-s$曲线确定地基承载力特征值的规定如下：

1）当载荷试验$p-s$曲线上有明显的比例界限时，取该比例界限所对应的荷载p_{cr}作为地基承载力特征值f_{ak}。

2）当极限荷载p_u小于比例界限荷载p_{cr}的2倍时，取极限荷载p_u的1/2作为地基承载力特征值f_{ak}。

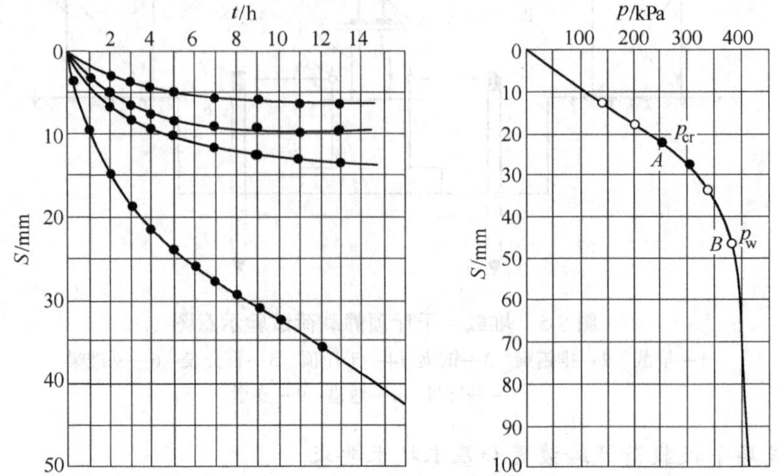

图8-6　载荷试验的沉降曲线

3）不能按上述两点确定时，可按限制沉降量取值。当承压板面积为0.25～0.5m² 时，可采用［s］＝0.01b～0.015b所对应的荷载值作为地基承载力特征值f_{ak}，但其值不应大于最大加载量的1/2。

同一土层参加统计的试验点不应少于三点，特征值的极差（最大值与最小值之间的差值）不应超过平均值的30%。当符合以上规定时取其平均值作为该土层地基承载力特征值f_{ak}。

（2）确定地基土的变形模量E_0　根据$p-s$曲线并假定地基为均质、各向同性、半无限弹性介质，可求得承压板下有限深度内土层的平均变形模量E_0

$$E_0 = I_0(1-\mu^2)\frac{p}{s}b \tag{8-2}$$

式中　I_0——刚性承压板的形状系数，圆形承压板取0.785；方形承压板取0.886；

μ——土的泊松比，碎石土取0.27，砂土取0.30，粉土取0.35，粉质粘土取0.38，粉土取0.42；

b——承压板的边长或直径（m）；

p、s——相应于地基承载力特征值的荷载及其所对应的沉降的特征值。

（3）估算地基土基床反力系数（k_s）　根据承压板边长为30cm的平板载荷试验的$p-s$曲线，可按下式计算出基准基床系数k_v。

$$k_v = \frac{p}{s} \tag{8-3}$$

式中 $\frac{p}{s}$——$p-s$ 曲线直线段斜率。如果 $p-s$ 曲线无直线段，p 值可取临塑荷载 p_{cr} 的 1/2，s 取相对应的沉降量。

根据基准基床系数可确定地基土基床反力系数 k_s。

粘性土
$$k_s = \frac{0.305}{B_f}k_v \tag{8-4a}$$

砂土
$$k_s = \left(\frac{B_f + 0.305}{2B_f}\right)^2 k_v \tag{8-4b}$$

式中 B_f——基础的宽度（m）。

8.4.2 静力触探试验

静力触探试验是通过静压力将一个内部装有传感器的触探头，以匀速压入土中，由于地层中各种土的软硬不同，探头所受阻力自然也不一样。传感器将感受到的大小不同的贯入阻力，通过电信号输入到电子量测仪中。因此，通过贯入阻力变化情况，可以达到了解土层的工程性质的目的。

静力触探试验适用于粘性土、粉土、砂土及含少量碎石的土层。尤其是对地层变化较大的复杂场地，以及不易取得原状土样的饱和砂土、高灵敏度软粘土地层的勘察，显示出其独特的优越性。但是静探不能直接识别土层，而且对碎石类土和较密实的砂土层难以贯入。所以在工程地质勘察中，它只能作为钻探的配合手段。

1. *静力触探试验仪器设备及技术要求*

静力触探设备主要由三部分组成：触探头、触探杆和记录器。其中触探头是静力触探设备中的核心部分。它的类型很多，目前国内大多采用电阻应变式触探头。当触探杆将探头匀速压入土层时，一方面是引起锥尖以下局部土层的压缩，产生了作用于锥尖的阻力；另一方面又在孔壁周围形成一圈挤密层，产生了作用于探头侧壁的摩阻力。探头的这两种阻力是土的力学性质的综合反映。这两种阻力通过设置于探头内的应变元件转变成电信号，并由仪表（或静探微机）量测出来。

常用的静力触探探头按其功能可分为单桥探头和双桥探头两种。探头圆锥锥底截面积国际通用标准为 $10cm^2$，但国内勘察单位广泛使用 $15cm^2$ 探头，$10cm^2$ 与 $15cm^2$ 的贯入阻力相差不大，在同样的土质条件和机具贯入能力的情况下，$10cm^2$ 比 $15cm^2$ 贯入深度更大，为了向国际标准靠拢，最好使用锥头底面积为 $10cm^2$ 的探头。探头的几何形状及尺寸会影响测试数据的精度，因此，应定期进行检查。单桥侧壁高度应分别采用 57mm 或 70mm，双桥探头侧壁面积应采用

150～300cm^2，锥尖锥角应为60°。

单桥探头（见图8-7）测得的是包括锥尖阻力和侧壁摩阻力在内的总贯入阻力P（kN），通常用比贯入阻力p_s（kPa）表示，即

$$p_s = \frac{P}{A} \tag{8-5}$$

式中 A——探头截面积（m^2）。

双桥探头（见图8-8）可以同时分别测得锥尖阻力和侧壁阻力。用Q_c（kN）和P_f分别表示锥尖总阻力和侧壁总阻力。则单位面积锥尖阻力q_c（kPa）和侧壁阻力f_s（kPa）分别为

$$q_c = \frac{Q_c}{A} \tag{8-6}$$

$$f_s = \frac{P_f}{F_s} \tag{8-7}$$

式中 F_s——外套筒的总侧面积（m^2）。

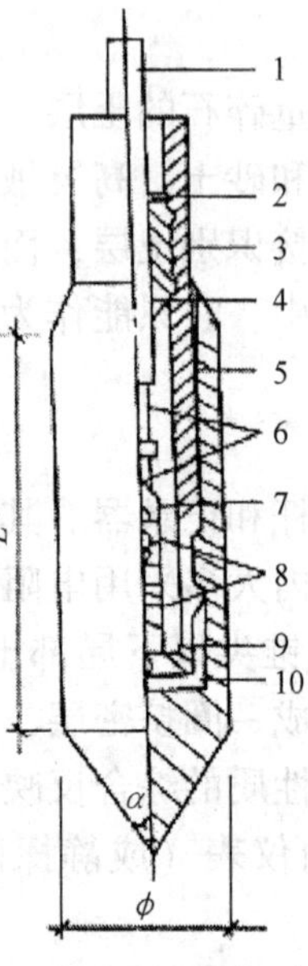

图8-7 单桥探头结构示意图

1—四心电缆 2—密封圈 3—探头管 4—防水塞 5—外套管 6—导线 7—空心柱 8—电阻片 9—防水盘根 10—顶柱

α—探头锥角 ϕ—探头锥底直径 L—有效侧壁长度

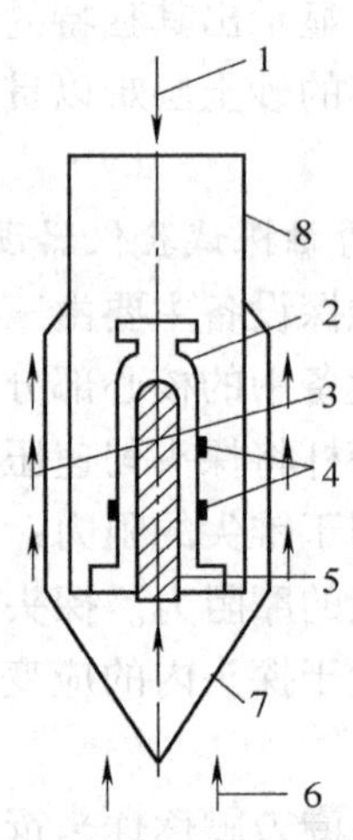

图8-8 双桥探头工作原理示意图

1—贯入力 2—空心柱 3—侧壁摩阻力 4—电阻片 5—顶柱 6—锥尖阻力 7—探头套 8—探头管

根据锥尖阻力 q_c 和侧壁阻力 f_s 可计算同一深度处的摩阻比 R_f

$$R_f = \frac{f_s}{q_c} \times 100\% \tag{8-8}$$

在静力触探试验的整个过程中，探头应匀速、垂直地压入土层中，贯入速率一般控制在（1.2±0.3）m/min。探头测力传感器应连同仪器、电缆进行定期标定，室内率定探头测力传感器的非线性误差、重复性误差、滞后误差、温度漂移，归零误差均应小于±1%FS。在现场当探头返回地面时应记录归零误差，现场的归零误差不得超过3%，它是试验数据质量好坏的重要标志。同时探头的绝缘度不能小于500MΩ。触探时，记录误差不得大于触探深度的±1%。当贯入深度大于30m时，或穿过厚层软土再贯入硬土层时，应采取措施防止孔斜或断杆，也可配置测斜探头，量测触探孔的偏斜角，校正土层界线的深度。

2. *静力触探试验成果的应用*

静力触探试验的主要成果有：比贯入阻力－深度（p_s-h）关系曲线（见图8-9a）；锥尖阻力－深度（q_c-h）关系曲线（见图8-9b）；侧壁阻力－深度（f_s-h）关系曲线和摩阻比－深度（R_f-h）关系曲线（见图8-9c）等。

根据目前的研究与经验，静力触探试验成果的应用主要有以下几个方面：

（1）划分土层界线　根据贯入曲线的线型特征（见图8-9），并结合相邻钻孔资料和地区经验，可以来划分土层。由于地基土层特性变化的复杂性，在划分土层的界线时，应注意以下两个问题。一是在探头贯入不同工程性质的土层界线时，p_s 或 q_c 及 f_s 值的变化一般是显著的，但并不是突变的，而是在一段距离内逐渐变化的。如图8-10中的曲线 ABC 段所示，探头由软土层向硬土层贯入时测得的值有提前和滞后现象，即当探头离硬土层面一定距离时，开始逐渐增大，并且当探头贯入硬土层一定深度才达到其最大值。同理，当探头通过硬土层而贯入软土层时的情形也是如此，只不过值由最大逐渐变小。因此，软土层与硬土层的分界线应为 B 点和 E 点。二是工程实践中经常发现，静力触探所划分的土层界线与实际分界线在深度不大时，两者相差不多，约差20～40cm。当触探深度较大超过40m以上，而且下部有硬土层存在时，静力触探定出的分层深度往往比钻探所定的分层深度大。产生这种误差的原因是在触探中深度记录误差过大和细长的探杆发生挠曲，探直弯曲后就沿弯曲方向继续贯入，使触探深度大于实际深度。产生深度误差的这两个因素，通过严格认真的操作，并在探头内附设测斜装置，是能够将误差控制在规定的范围之内的。综上所述，用静力触探曲线划分土层界线的原则如下：

1）上下层贯入阻力相差不大时，取超前深度和滞后深度的中心，或中心偏向小阻力土层5～10cm处作为分层界线。

2）上下层贯入阻力相差一倍以上时，取软土层最后一个（或第一个）贯入

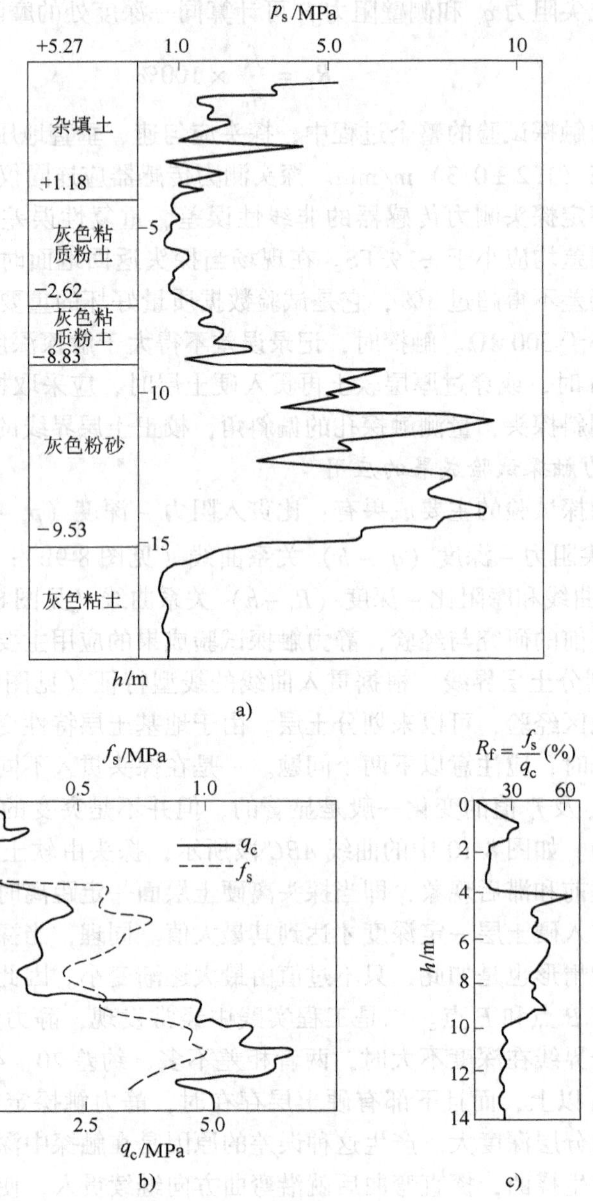

图 8-9 静力触探曲线

a) 静力触探 p_s-h 曲线 b) 静力触探 q_c-h 和 f_s-h 曲线

c) 静力触探 R_f-h 曲线

阻力小值偏向硬土层 10cm 处作为分层界线。

3）上下层贯入阻力无甚变化时，可结合 f_s 或 R_f（摩阻比）的变化确定分层界线。

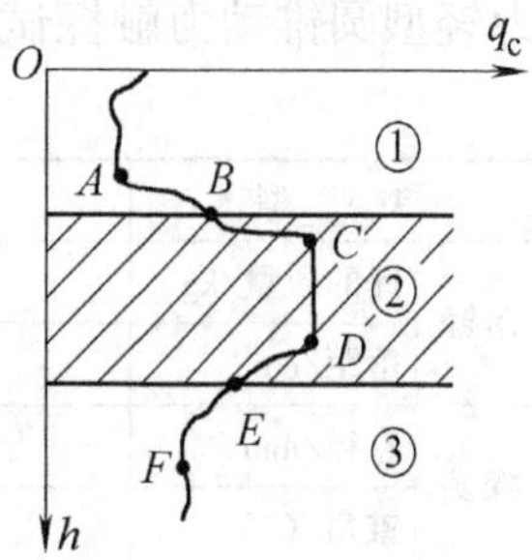

图 8-10 不同土层界线处的超前和滞后

（2）评定地基土的强度参数 对于粘性土，由于静力触探试验的贯入速率较快，因此对量测粘性土的不排水抗剪强度是一种可行的方法。经过大量试验和研究，探头锥尖阻力基本上与粘性土的不排水抗剪强度呈某种确定的函数关系，而且将大量的测试数据经数理统计分析，其相关性都很理想。其典型的实用关系式见表8-3。

对于砂土，其重要的力学参数是内摩擦角 φ，我国铁道部《静力触探技术规则》根据静力触探比贯入阻力，按表8-4可估算砂土内摩擦角 φ。

此外，静力触探试验成果还能用来估算浅基或桩基的承载力、砂土或粉土的液化。利用静探资料估算变形参数时，由于贯入阻力与变形参数间不存在直接的机理关系，可能可靠性差些。

表 8-3 用静力触探估算粘性土的不排水抗剪强度 （单位：kPa）

实用关系式	适用条件	来　源
$C_u = 0.071q_c + 1.28$	q_c < 700kPa 的滨海相软土	同济大学
$C_u = 0.039q_c + 2.7$	q_c < 800kPa	铁道部
$C_u = 0.0308p_s + 4.0$	p_s = 100－1500kPa 新港软粘土	一般设计研究院
$C_u = 0.0696p_s - 2.7$	p_s = 300－1200kPa 饱和软粘土	武汉静探联合组
$C_u = 0.1q_c$	φ = 0 纯粘土	日本
$C_u = 0.105q_c$		Meyerhof

表 8-4 用静力触探比贯入阻力 p_s 估算砂土内摩擦角 φ

p_s/MPa	1.0	2.0	3.0	4.0	6.0	11.0	15	30
φ（°）	29	31	32	33	34	36	37	39

8.4.3 圆锥动力触探试验

圆锥动力触探试验是用一定质量的重锤，以一定高度的自由落距，将标准规格的圆锥形探头贯入土中，根据打入土中一定距离所需的锤击数，判定土力学特性，具有勘探和测试双重功能。圆锥动力触探的优点是设备简单、操作方便、工效高、适应性广，并且具有连续贯入的特性。对于难以取样的砂土、粉土和碎石土等，圆锥动力触探是十分有效的探测手段。圆锥动力触探类型可分为：轻型、重型、超重型三种，其规格和适用性应符合表8-5 圆锥动力触探类型。图 8-11

为轻型圆锥动力触探试验仪器示意图。

表 8-5 圆锥动力触探类型

类型		轻型	重型	超重型
落锤	锤的质量/kg	10	63.5	120
	落距/cm	50	76	100
探头	直径/mm	40	74	74
	锥角（°）	60	60	60
探杆直径/mm		25	42	50~60
指标		贯入 30cm 的读数 N_{10}	贯入 10cm 的读数 $N_{63.5}$	贯 10cm 的读数 N_{120}
主要适用岩土		浅部的填土、砂土、粉土、粘性土	砂土、中密以下的碎石土、极软岩	密实和很密的碎石土、软岩、极软岩

1. 圆锥动力触探试验技术要求

1）采用自动落锤装置。

2）触探杆最大偏斜度不应超过 2%，锤击贯入应连续进行；同时防止锤击偏心、探杆倾斜和侧向晃动，保持探杆垂直度；锤击速率宜为 15～30 击/min。

3）每贯入 1m，宜将探杆转动一圈半；当贯入深度超过 10m，每贯入 20 cm 宜转动探杆一次。

4）对轻型动力触探，当 $N_{10}>100$ 或贯入 15cm 锤击数超过 50 时，可停止试验；对重型动力触探，当连续三次 $N_{63.5}>50$ 时，可停止试验或改用超重型动力触探。

2. 圆锥动力触探试验成果的应用

圆锥动力触探试验成果主要是：锤击数与贯入深度关系曲线，下面简要介绍圆锥动力触探试验成果的应用。

（1）确定地基土承载力 重型圆锥动力触探在我国已有近 50 年的应用经验，各地积累了大量资料。铁道部第二勘测设计院通过筛选，采用了 59 组对比数据，包括卵石、碎石、圆砾、角砾，分布在四川、广西、辽宁、甘肃等地，数据经修正（见表 8-6），统计分析了与地基承载力关系（见表 8-7）。

（2）评价碎石土的密实度 根据重型圆锥动力触探试验锤击数，可按表（8-8）把碎石土密实度划分为松散、稍密、中密、密实四种状态。此外，根据圆锥动力触探试验指标和地区经验，可进行力学分层、评定土的强度、变形参数、估算单桩承载力，查明土洞、滑动面、软硬土层界面、检测地基处理效果等。

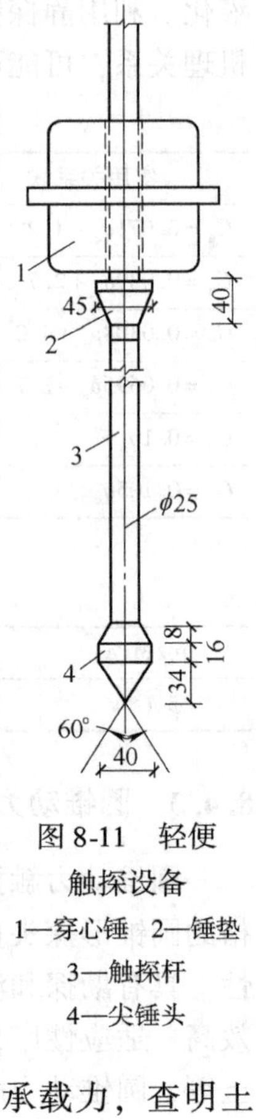

图 8-11 轻便触探设备

1—穿心锤 2—锤垫 3—触探杆 4—尖锤头

表 8-6 修正系数

l/m \ $N_{63.5}$	5	10	15	20	25	30	35	40	≥50
≤2	1.0	1.0	1.0	1.0	1.0	1.0	1.0	1.0	1.0
4	0.96	0.95	0.93	0.92	0.90	0.98	0.87	0.86	0.84
6	0.93	0.90	0.88	0.85	0.83	0.81	0.79	0.78	0.75
8	0.90	0.86	0.83	0.80	0.77	0.75	0.73	0.71	0.67
10	0.88	0.83	0.79	0.75	0.72	0.69	0.67	0.64	0.61
12	0.85	0.79	0.75	0.70	0.67	0.64	0.61	0.59	0.55
14	0.82	0.76	0.71	0.66	0.62	0.58	0.56	0.53	0.50
16	0.79	0.73	0.67	0.62	0.57	0.54	0.51	0.48	0.45
18	0.77	0.70	0.63	0.57	0.53	0.49	0.46	0.43	0.40
20	0.75	0.67	0.59	0.53	0.48	0.44	0.41	0.39	0.36

表 8-7 $N_{63.5}$与地基承载力的关系

$N_{63.5}$	3	4	5	6	8	10	12	14	16
σ_0/kPa	140	170	200	240	320	400	480	540	600
$N_{63.5}$	18	20	22	24	26	28	30	35	40
σ_0/kPa	660	720	780	830	870	900	930	970	1000

表 8-8 碎石土的密实度

重型圆锥动力触探锤击数 $N_{63.5}$	$N_{63.5}\leqslant5$	$5<N_{63.5}\leqslant10$	$10<N_{63.5}\leqslant20$	$N_{63.5}>20$
密实度	松 散	稍 密	中 密	密 实

8.4.4 标准贯入试验（SPT）

标准贯入试验实质上仍属动力触探类型之一，所不同的是其触探头不是圆锥形探头，而是标准规格的圆筒形探头（由两个半圆管合成的取土器），称之为贯入器。因此，标准贯入试验是用质量为63.5kg的穿心锤，以76cm的落距，将标准规格的贯入器，自钻孔底部预打15cm，记录再打入30cm的锤击数，判定土的力学特性。

标准贯入试验仪器主要有三部分组成（见图8-12）：触探头、触探杆以及穿心锤。设备规格如表8-9所示。

表 8-9 标准贯入试验设备规格

落锤		锤的质量/kg	63.5
		落距/cm	76
贯入器	对开管	长度/mm	>500
		外径/mm	51
		内径/mm	35
	管靴	长度/mm	50~76
		刃口角度(°)	18~20
		刃口单刃厚度/mm	2.5
钻杆		直径/mm	42
		相对弯曲	<1/1000

标准贯入试验适用于砂土、粉土和一般粘性土。试验时，结合钻孔进行，国内统一使用直径42mm的钻杆，国外也有使用直径50mm或60mm的钻杆。标准贯入试验设备简单、操作方便、土层的适应性广，而且通过贯入器可以采取扰动土样，对它进行直接鉴别描述和有关的室内土工试验。如对砂土作颗粒分析试验，本试验特别对不易钻探取样的砂土和砂质粉土物理力学性质的评定，具有独特意义。

标准贯入试验的技术要求如下：

1）进行标准贯入试验时，宜采用回转钻进方法，以尽可能减少对孔底土的挠动，钻至试验标高以上15cm处，消除孔底残土后再进行试验。

钻进时需注意以下几点：①保持孔内水位高出地下水位一定高度，保持孔底土处于平衡状态，不使孔底发生涌砂变松，影响N值；②下套管不要超过试验标高；③要缓慢地下放钻具，避免孔底土的扰动；④细心清孔；⑤为防止涌砂或塌孔，可采用泥浆护壁。

2）标准贯入试验所用钻杆应定期检查，钻杆相对弯曲<1%。

3）采用自动脱钩的自由落锤法进行锤击，并减小导向杆与锤间的摩阻力，避免锤击时的偏心和侧向晃动，保持贯入器、探杆、导向杆联接后的垂直度，锤击速率应小于30击/min。

4）贯入器打入土中15cm后，开始记录每打入10cm的锤

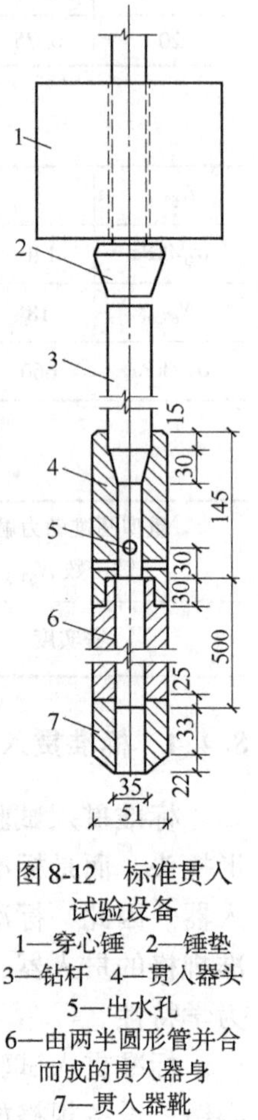

图8-12 标准贯入试验设备
1—穿心锤 2—锤垫 3—钻杆 4—贯入器头 5—出水孔 6—由两半圆形管并合而成的贯入器身 7—贯入器靴

击数，累计打入30cm的锤击数为标准贯入试验锤击数N。当锤击数已达50击，而贯入深度未达30cm时，可记录50击的实际贯入深度ΔS，按下式换算成相当于30cm的标准贯入试验锤击数N，并终止试验。

$$N = 30 \times \frac{50}{\Delta S} \tag{8-9}$$

标准贯入试验锤击数可直接标在工程地质剖面图上，也可绘制单孔标准贯入击数与深度关系曲线，统计分层标贯击数平均值时，应剔除异常值。

根据标准贯入试验锤击数，可以来评价砂土密实程度（见表8-10）。结合地区经验还可以确定地基土承载力，判定粘性土的稠度状态以及评价砂土、粉土的液化势等。

标准贯入试验锤击数N，首先应在勘察报告里提供，不作杆长修正的N值，这是基本数据。《建筑地基基础设计规范》（GB 50007—2011）用标贯击数评定砂土密实度的表格，使用的是未经修正的N值。在其他场合利用N值时，应根据当地积累资料的统计结果，并结合室内试验成果，综合分析，以便确定实测的N值是否应予以修正和如何进行修正。

表8-10 砂土的密实度

标准贯入试验锤击数N	$N\leqslant 10$	$10<N\leqslant 15$	$15<N\leqslant 30$	$N>30$
密实度	松 散	稍 密	中 密	密 实

8.4.5 十字板剪切试验

十字板剪切试验是用插入土中的标准十字板探头，以一定速率扭转，量测土破坏时的抵抗力矩，测定土的不排水抗剪强度。十字板剪切仪构造如图8-13所示。试验时先将套管打到预定的深度，并将套管内的土清除。将十字板装在钻杆的下端后，通过套管压入土中。压入深度约为750mm。然后由地面上的扭力设备仪对钻杆施加转矩，使埋在土中的十字板旋转，直至土剪切破坏。破坏面为十字板旋转所形成的圆柱面（见图8-14）。设剪切破坏时所施加的转矩为M，则它应该与剪切破坏圆柱面（包括侧面和上下面）上土的抗剪强度所产生的抵抗力矩相等，即

$$M = \pi DH \times \frac{D}{2}\tau_V + 2 \times \frac{\pi D^2}{4} \times \frac{D}{3}\tau_H = \frac{1}{2}\pi D^2 H\tau_V + \frac{1}{6}\pi D^3\tau_H \tag{8-10}$$

式中 M——剪切破坏时的转矩（kN·m）；

τ_V、τ_H——剪切破坏时的圆柱体侧面和上下面土的抗剪强度（kPa）；

H、D——十字板高度和直径（m）。

实用上为了简化计算，在常规的十字板剪切试验中仍假设$\tau_V = \tau_H = \tau_f$，将这一假设代入式（8-10）中，得

$$\tau_f = \frac{2M}{\pi D^2\left(H + \frac{D}{3}\right)} \tag{8-11}$$

式中　τ_f——在现场由十字板剪切仪测定的土的抗剪强度（kPa）；其余符号同前。

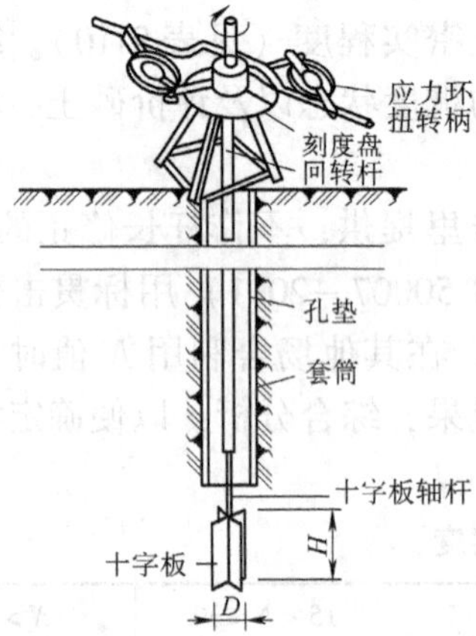

图 8-13　十字板剪切仪

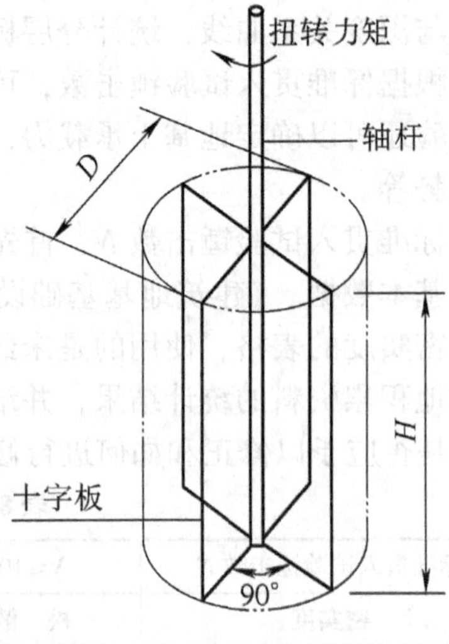

图 8-14　十字板剪切原理

在实际土层中，τ_V 和 τ_H 是不同的。爱斯（Aas）曾利用不同 $\frac{D}{H}$ 值的十字板剪切仪测定饱和粘性土的抗剪强度。试验结果表明：对于所试验的正常固结饱和粘性土，$\tau_H/\tau_V = 1.5 \sim 2.0$；对于稍超固结的饱和软粘土，$\tau_H/\tau_V = 1.1$。这一试验结果说明天然土层的抗剪强度是非等向的，即水平面上的抗剪强度大于垂直面上的抗剪强度。这主要是由于水平面上的固结压力大于侧向固结压力的缘故。

十字板剪切仪适用于饱和软粘土（$\varphi = 0$），它的优点是构造简单、操作方便，原位测试时对土的结果扰动也较小，故在实际中得到广泛的应用。但在软土层中夹薄砂层时，测试结果可能失真或偏高。

8.5　现场检验与监测

现场检验是指在施工阶段根据施工揭露的地质情况，对工程勘察成果和评价建议等进行的检查校核。现场检验的目的是使设计、施工符合场地岩土工程地质实际，以确保工程质量，并总结勘察经验，提高勘察水平。现场监测是指对施工过程中及完成后由于施工运营的影响而引起岩石性状和周围环境条件发生变化进行的各种观测工作。现场监测的目的是了解由于施工引起的影响程度以及监视其变化和发展规律，以便及时在设计、施工上采取相应的防治措施。在施工阶段的检验与监测工作中，如发现场地或地基土条件与预期条件有较大的差别时，应修改岩土工程设计或采取相应的处理措施。

现场检验与监测是岩土工程中的一个重要环节。它不仅能保证工程质量和安全，提高工程效益，还能通过监测手段反求出用其他方法难以得到的某些工程参数。

8.5.1 地基基础检验和检测

1. 天然地基基坑检验

天然地基基坑（基槽）检验，是岩土工程中必须做的常规工作，也是勘察工作的最后一个环节。当施工单位将基槽开挖完毕后，由勘察、设计、施工和使用单位四方面技术负责人共同到施工现场进行验槽。

（1）验槽的目的

1）检验有限的钻孔与实际全面开挖的地基是否一致，勘查报告的结论与建议是否准确。

2）根据基槽开挖实际情况，研究解决新发现的问题和勘查报告遗留的问题。

（2）验槽的基本内容

1）核对基槽开挖平面位置和槽底标高是否与勘察、设计要求相符。

2）检验槽底持力层土质与勘探是否相符。参加验槽人员需沿槽底依次逐段检验。

3）当基槽土质显著不均匀或局部有古井、坟穴时，可用钎探查明平面范围与深度。

4）研究决定地基基础方案是否有必要修改或作局部处理。

（3）验槽的方法　验槽的方法以肉眼观察或使用袖珍贯入仪等简便易行的方法为主，必要时可辅以夯、拍或轻便勘探。

1）观察验槽。观察验槽应重点注意柱基、墙角、承重墙下受力较大的部位。仔细观察基底土的结构、孔隙、湿度及含有物等，并与勘察资料相比较，确定是否已挖到设计土层。对于可疑之处应局部下挖检查。

2）夯、拍验槽。夯、拍验槽是用木夯、蛙式打夯机或其他施工机具对干燥的基坑进行夯、拍（对潮湿和软土地基不宜夯、拍以免破坏基底土层），从夯、拍声音判断土中是否存在土洞或墓穴。对可疑迹象用轻便勘探仪进一步调查。

3）轻便勘探验槽。轻便勘探验槽是用钎探、轻便动力触探、手持式螺旋钻、洛阳铲等对地基主要受力层范围的土层进行勘探，或对上述观察、夯或拍发现异常情况进行探查。

2. 基坑工程监测

目前基坑工程的设计计算，还不能十分准确，无论计算模式还是计算参数，常常和实际情况不一致。为了保证工程安全，监测是非常必要的。通过对监测数据的分析，必要时可调整施工程序，调整支护设计。遇有紧急情况时，应及时发出警报，以便采取应急措施。

从保证基坑安全的角度出发，基坑工程监测方案，应根据场地条件和开挖之后的施工设计确定，并应包括下列内容：

1）支护结构的变形。

2）基坑周边的地面变形。

3）邻近工程和地下设施的变形。

4）地下水位。

5）渗漏、冒水、冲刷、管涌等情况。

3. 沉降观测

建筑物沉降观测能反映地基的实际变形对建筑物影响程度，是分析地基事故及判别施工质量的重要依据，也是检验勘察资料的可靠性，验证理论计算正确性的重要资料。《岩土工程勘察规范》（GB 50021—2001）规定，下列建筑物应进行沉降观测。

1）地基基础设计等级为甲级的建筑物。

2）不均匀地基或软弱地基上的乙级建筑物。

3）加层、接建、邻近开挖、堆载等，使地基应力发生显著变化的工程。

4）因抽水等原因，地下水位发生急剧变化的工程。

5）其他有关规范规定需要做沉降观测的工程。

建筑物沉降观测试验应注意以下几个要点：

1）基准基点的设置以保证其稳定可靠为原则，故宜布置在基岩上，或设置在压缩性较低的土层上。水准基点的位置宜靠近观测对象，但必须在建筑物所产生压力影响范围以外。在一个观测区内，水准基点不应少于 3 个。

2）观测点的布置应全面反映建筑物的变形并结合地质情况确定。数量不宜少于 6 个。

3）水准测量宜采用精密水平仪和钢尺。对于一个观测对象宜固定测量工作，固定人员，观测前仪器必须严格校验。测量精度宜采用Ⅱ级水准测量，视线长度宜为 20～30m，视线高度不宜低于 0.3m。水准测量应采用闭合法。

另外，观测时应随时记录气象资料。观测次数和时间，应根据具体情况确定。一般情况下，民用建筑每施工完一层应观测一次；工业建筑按不同荷载阶段分次观测，但施工阶段的观测次数不应少于4次。建筑物竣工后的观测，第一年不少于3~5次，第二年不少于2次，以后每年一次直到沉降稳定为止。对于突然发生严重裂缝或大量沉降等特殊情况时，应增加观测次数。

8.5.2 不良地质作用和地质灾害的监测

根据《岩土工程勘察规范》（GB 50021—2001）规定，不良地质作用和地质灾害的监测，应根据场地及其附近的地质条件和工程实际需要编制监测纲要，按纲要进行。纲要内容包括：监测目的和要求、监测项目、测点布置、观测时间间隔和期限、观测仪器、方法和精度、应提交的数据、图件等，并及时提出灾害预报和采取措施的建议。

对下列情况应进行不良地质作用和地质灾害的监测：

1）场地及其附近有不良地质作用或地质灾害，并可能危及工程的安全或正常使用时。

2）工程建设和运行，可能加速不良地质作用的发展或引发地质灾害时。

3）工程建设和运行，对附近环境可能产生显著不良影响时。

岩溶对工程的最大危害是土洞和塌陷。而土洞和塌陷的发生和发展又与地下水的运动密切相关，特别是人工抽吸地下水，使地下水位急剧下降时，常引发大面积的地面塌陷。

岩溶土洞发育区应着重监测下列内容：

1）地面变形。

2）地下水位的动态变化。

3）场区及其附近的抽水情况。

4）地下水位变化对土洞发育和塌陷发生的影响。

滑坡监测应包括下列内容：

1）滑坡体的位移。

2）滑面位置及错动。

3）滑坡裂缝的发生和发展。

4）滑坡体内外地下水位、流向、泉水流量和滑动带孔隙水压力。

5）支挡结构及其他工程设施的位移、变形、裂缝的发生和发展。

8.5.3 地下水的监测

地下水的动态变化包括水位的季节变化和多年变化、人为因素造成的地下水的变化、水中化学成分的运移等。对工程的安全和环境的保护，地下水的监测常常是最重要最关键的因素。因此，对地下水进行监测有重要的实际意义。《岩土工程勘察规范》（GB 50021—2001）规定，下列情况应进行地下水监测：

1）地下水位升降影响岩土稳定时。

2）地下水位上升产生浮托力对地下室或地下构筑物的防潮、防水或稳定性产生较大影响时。

3）施工降水对拟建工程或相邻工程有较大影响时。

4）施工或环境条件改变，造成的孔隙水压力、地下水压力变化，对工程设计或施工有较大影响时。

5）地下水位的下降造成区域性地面沉降时。

6）地下水位升降可能使岩土产生软化、湿陷、胀缩时。

7）需要进行污染物运移对环境影响的评价时。

地下水位的监测一般可设置专门的地下水位观测孔，或利用水井、地下水天然露头进行。监测工作的布置可根据监测目的、场地条件、工程要求以及水文地质条件等进行确定。孔隙水压力和地下水压力的监测应特别注意设备的埋设和保护，建立长期良好而稳定的工作状态。水质监测每年不少于4次，原则上可以每季度一次。

8.6 勘察资料的内业整理

工程地质勘察的最终成果是勘察报告书。当现场勘察工作（如调查、勘探、测试等）和室内试验完成后，应对各种原始资料进行整理、检查、分析、鉴定，然后编制成工程地质勘察报告，提供给设计和施工单位使用。

工程地质勘察成果报告的内容，应根据任务要求、勘察阶段、地质条件、工程特点等具体情况确定，一般应包括下列内容：

1）勘察目的、任务要求和依据的技术标准。

2）拟建工程概况。

3）勘察方法和勘察工作布置。

4）场地地形、地貌、地层、地质构造、岩土性质及其均匀性。

5）各项岩土性质指标，岩土的强度参数、变形参数、地基承载力的建议值。

6）地下水埋藏情况、类型、水位及其变化。

7）土和水对建筑材料的腐蚀性。

8）可能影响工程稳定的不良地质作用的描述和对工程危害程度的评价。

9）场地稳定性和适宜性的评价。

10）岩土利用、整治和改造的方案进行分析论证，提出建议。

11）对工程施工和使用期间可能发生的岩土工程问题进行预测，提出监控和预防措施的建议。

12）勘察成果表及所附图件。报告中所附图表的种类应根据工程具体情况而定，常用图表有：勘探点平面布置图、工程地质柱状图、工程地质剖面图、原位测试成果表、室内试验成果图表。当需要时，尚可附综合工程地质图、综合地质柱状图、地下水等水位线图、素描、照片、综合分析图表以及岩土利用、整治和改造方案的有关图表、岩土工程计算简图及计算成果图表等。

当任务需要时，还可根据任务要求提交下列专题报告：岩土工程测试报告、岩土工程检验或监测报告、岩土工程事故调查与分析报告、岩土利用、整治或改造方法报告等。

对丙级岩土工程勘察的报告可适当简化，采用以图表为主，辅以必要的文字说明；对甲级岩土工程勘察的报告除应符合上述要求外，尚可对专门性的岩土工程问题提交专门的试验报告，研究报告或监测报告。

下面将常用图表的编制方法和要求简单介绍如下：

（1）勘探点平面布置图（见图8-15） 勘探点平面布置图是在建筑场地地形图上，把建筑物的位置、各类勘探及测试点的位置、编号用不同的图例表示出来，并注明各勘探、测试点的标高、深度、剖面线及其编号等。

（2）钻孔柱状图（见图8-16） 钻孔柱状图是根据钻孔的现场记录整理出来的。记录中除注明钻进的工具、方法和具体事项外，其主要内容是关于地基土层的分布（层面深度、分层厚度）和地层的名称及特征的描述。绘制柱状图时，应从上而下对地层进行编号和描述，并用一定的比例尺、图例和符号表示。在柱状图中还应标出取土深度、地下水位高度等资料。

（3）工程地质剖面图（见图8-17） 柱状图只反映场地一般勘探点处地层的竖向分布情况，工程地质剖面图则反映某一勘探线上地层沿竖向和水平向的分布情况。由于勘探线的布置常与主要地貌单元或地质构造轴线垂直，或与建筑物的轴线相一致，故工程地质剖面图能最有效地标示场地工程地质条件。

工程地质剖面图绘制时，首先将勘探线的地形剖面线画出，标出勘探线上各钻孔中的地层层面，然后在钻孔的两侧分别标出层面的高程和深度，再将相邻钻孔中相同土层分界点以直线相连。当某地层在邻近钻孔中缺失时，该层可假定于相邻两孔中间尖灭。剖面图中的垂直距离和水平距离可采用不同的比例尺。

在柱状图和剖面图上也可同时附上土的主要物理力学性质指标及某些试验曲线，如静力触探、动力触探或标准贯入试验曲线等。

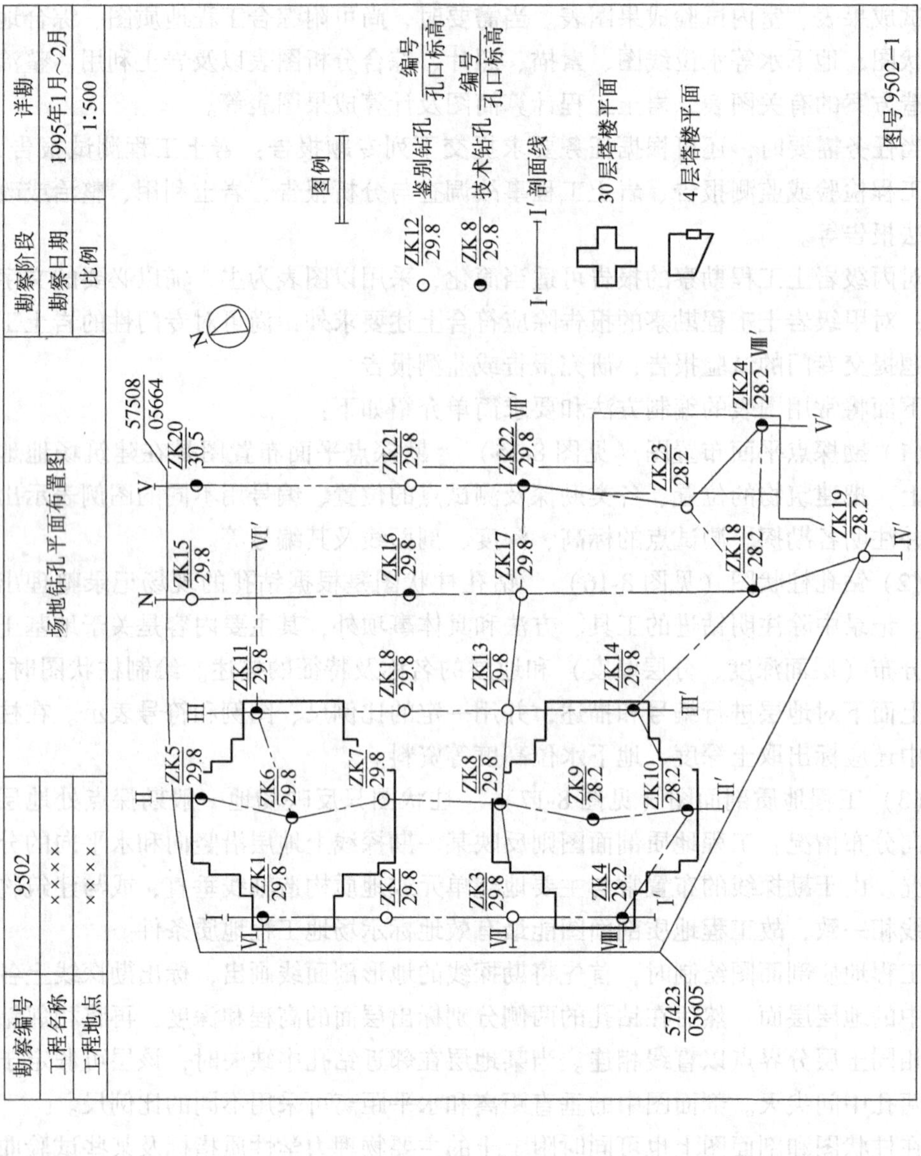

图 8-15 某场地钻孔平面布置图

勘察编号	9502	钻孔柱状图	孔口标高	29.8m
工程名称	××××		地下水位	27.6m
钻孔编号	ZK1		钻探日期	1995年2月7日

地质代号	层底标高/m	层底探度/m	分层厚度/m	层序号	地质柱状 1:200	岩心采取率(%)	工程地质简述	标贯 $N_{63.5}$ 深度/m	标贯 $N_{63.5}$ 实际击数/校正击数	岩土样 编号/深度/m	备注
Q_{ml}		3.0	3.0	①	①	75	填土：杂色、松散，内有碎砖、瓦片、混凝土块、粗砂及粘性土，粘进时常遇混凝土板				
Q_{al}		10.7	7.7	②	② ●	90	粘土：黄褐色，冲积、可塑、具粘滑感，顶部为灰黑色耕作层，底部土中含较多粗颗粒	10.85~11.15	31/25.7	ZK1−1/10.5−10.7	
		14.3	3.6	④	▲ ③	70	砾石：土黄色，冲积、松散。稍密，上部以砾，砂为主。含泥量较大，下部颗粒变粗，含砾石、卵石。粒径一般 2~5cm，个别达7~9cm，磨圆度好				
Q_{el}		27.3	13.0	⑤	④ ●	85	砂质粘性土：黄褐色带白色斑点，残积，为花岗岩风化产物，硬塑−坚硬，土中含较多粗石英粒，局部为砾质粘土	20.55~20.85	42/29.8	ZK1−2/20.2−20.4	
γ_s^3		32.4	5.1	⑥	⑤ ■	80	花岗岩：灰白色−肉红色，粗粒结晶，中−微风化。岩质坚硬，性脆，可见矿物成分有布长石、石英、角闪石、云母等，岩芯呈柱状			ZK1−3/31.2−31.03	
										图号 9502−7	

▲标贯位置　　■岩样位置　　●土样位置

拟编：　　审核：

图 8-16　某场地钻孔柱状图

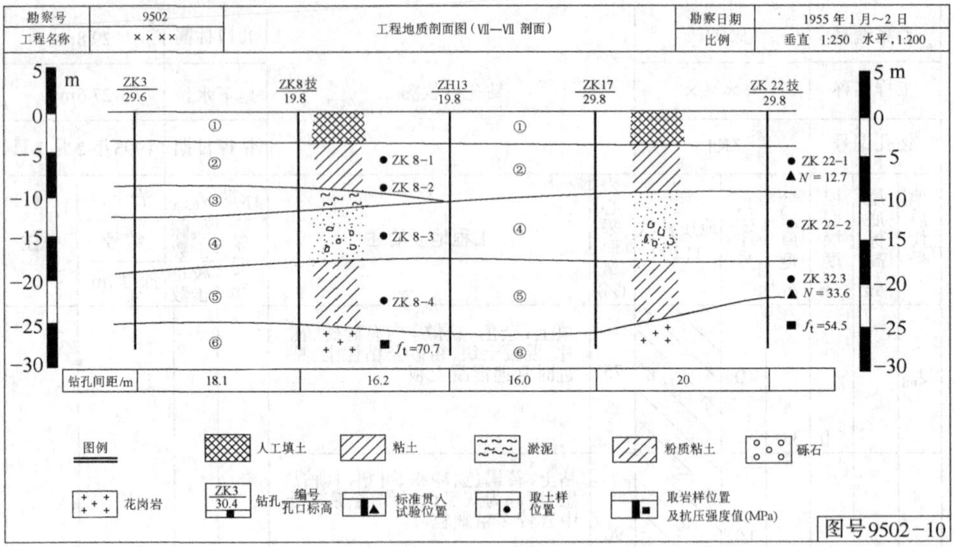

图 8-17　某场地工程地质剖面图

参考文献

[1] 陈希廉. 地质学[M]. 2 版. 北京：冶金工业出版社，1986

[2] 李斌. 公路工程地质[M]. 2 版. 北京：人民交通出版社，1997

[3] 史如平，张景德，魏琅. 土木工程地质学[M]. 南昌：江西高校出版社，1998

[4] F G H Blyth，M H de Freitas A. Geology for Engineers[M]. seventh edition. London：Edward Arnold (Publishers) Ltd，1984

[5] 陆兆溱. 工程地质学[M]. 北京：水利电力出版社，1985

[6] 胡广韬，杨文远. 工程地质学[M]. 北京：地质出版社，1987

[7] 崔冠英. 水利工程地质[M]. 北京：水利电力出版社，1985

[8] 刘春原，朱济祥，郭抗美[M]. 工程地质学. 北京：中国建材工业出版社，2000

[9] 孙家齐. 土木工程地质[M]. 武汉：武汉工业大学出版社，2000

[10] 胡厚田. 土木工程地质[M]. 北京：高等教育出版社，2001

[11] 孔宪立，石振明. 工程地质学[M]. 北京：中国建筑工业出版社，2001

[12] 罗固源，孔思丽. 工程地质学[M]. 重庆：重庆大学出版社，2001

[13] 刘世凯，陆永清，欧湘萍. 公路工程地质与勘察[M]. 北京：人民交通出版社，2001

[14] 许兆义，王连俊，杨成永. 工程地质基础[M]. 北京：中国铁道出版社，2003

[15] 陈晓平，陈书申. 土力学与地基基础[M]. 武汉：武汉工业大学出版社，2003

[16] 徐成彦，赵不亿. 普通地质学[M]. 北京：地质出版社，1988

[17] 陈尚迪. 岩矿地质基础[M]. 北京：地质出版社，1985

[18] 李智毅. 工程地质学基础[M]. 北京：地质出版社，1990

[19] 王思敬，等. 地下工程岩体稳定性分析[M]. 北京：科学出版社，1984

[20] 王钟琦，等. 岩土工程测试技术[M]. 北京：中国建筑工业出版社，1988

[21] 工程地质手册编委会. 工程地质手册[M]. 3 版. 北京：中国建筑工业出版社，1992

[22] 岩土工程手册编委会. 岩土工程手册. [M] 北京：中国建筑工业出版社，1994

[23] 林宗元. 岩土工程勘察设计手册[M]. 沈阳：辽宁科学技术出版社，1996

[24] 林宗元. 岩土工程试验监测手册[M]. 沈阳：辽宁科学技术出版社，1994

[25] GB 50021—2001 岩土工程勘察规范（2009 年版）[S]. 北京：中国建筑工业出版社，2009

[26] 公路工程地质勘察规范（JTJ064—1998）[S]. 北京：人民交通出版社，1999

